定量遥感应用系列

森林草原野火风险预警监测方法及应用

何彬彬 等 著

科学出版社
北 京

内 容 简 介

本书系统介绍了森林草原野火风险评估预警方法及应用。其主要内容包括基于极化 SAR 数据的植被冠层可燃物含水率遥感反演方法、野火风险评估方法及云南省应用验证、全球森林火灾风险时空挖掘及预警预测方法及其在林火多发区域的应用、基于静止卫星的野火火点检测与蔓延速率提取方法。

本书可供从事定量遥感应用、自然灾害监测预警、林业、生态、环境等工作的人员参考，亦可供高等院校遥感、地理信息、空间信息和应急管理等专业的研究生和高年级本科生参考。

审图号：GS 川 (2022) 48 号

图书在版编目(CIP)数据

森林草原野火风险预警监测方法及应用 / 何彬彬等著. —北京：科学出版社，2022.10
 ISBN 978-7-03-069673-1

Ⅰ.①森… Ⅱ.①何… Ⅲ.①森林防火–预警系统 ②草原保护–防火–预警系统 Ⅳ.①S762.3 ②S812.6

中国版本图书馆 CIP 数据核字 (2021) 第 177047 号

责任编辑：李小锐 / 责任校对：彭　映
责任印制：罗　科 / 封面设计：墨创文化

科 学 出 版 社 出版
北京东黄城根北街16号
邮政编码：100717
http://www.sciencep.com

成都锦瑞印刷有限责任公司印刷
科学出版社发行　各地新华书店经销

*

2022 年 10 月第　一　版　　开本：787×1092 1/16
2022 年 10 月第一次印刷　　印张：13 3/4
字数：326 000

定价：148.00 元
（如有印装质量问题，我社负责调换）

《森林草原野火风险预警监测方法及应用》
著 者 名 单

何彬彬　　全兴文　　王　龙　　文崇波　　骆开苇　　刘向苗

前　言

　　森林草原野火是指自然的或非计划的森林草原火,大面积的野火会演变为森林草原火灾。森林草原火灾是一种突发性强、破坏性大、处置救助较为困难的自然灾害。森林草原防火和救援工作是中国防灾减灾工作的重要组成部分,是国家公共应急体系建设的重要内容,事关社会发展稳定的大局。目前主流的森林草原火险预警方案为气象预警,存在精度低、火险预警关键要素(可燃物)不足等问题。而广泛使用的视频监测存在监测范围小、成本高、不能实现灾前预警等问题。因此,亟须研究大范围高精度灾前预警监测方案,将森林草原火灾消灭在萌芽状态。

　　作者团队十余年来一直致力于大范围森林草原火灾风险预警监测方面的研究。通过多学科交叉研究,构建了基于可燃物遥感定量反演和时空大数据挖掘技术的森林草原风险预警理论与方法体系,并研发了全球植被冠层可燃物含水率产品和森林草原火灾预警监测系统,助力科技部国家遥感中心《全球生态环境遥感监测 2019 年度报告》的编制和四川省森林草原防灭火专项治理工作,服务于全球林火多发区域及我国森林草原火灾风险预警监测与防控。相关工作得到科技部国家遥感中心、四川省森林草原防灭火指挥部等部门的肯定。

　　本书是在作者主持的国家自然科学基金项目“森林冠层可燃物含水率遥感反演方法研究”(41671361)、“异质性草原植被 BRDF 模拟及弱敏感参数反演方法研究”(41471293)、四川省重点研发计划项目“森林火灾预警监测关键技术及应用示范”(2020YFS0058)的支持下,在指导 4 名研究生完成学位论文的基础上,总结提升并参考相关研究成果撰写而成。

　　本书分为五大部分,共 17 章。第一部分(第 1～3 章)研究背景及现状及分析,主要包括森林草原可燃物含水率遥感反演方法研究进展及分析、野火风险评估预警方法研究进展及分析、野火火点检测与蔓延速率估算研究进展及分析;第二部分(第 4～7 章)基于极化SAR 数据的植被冠层可燃物含水率遥感反演方法,主要包括研究区概况及数据准备、基于全极化特征分解参数的草地可燃物含水率反演、基于 Dubois 模型和比值方法的草地可燃物含水率反演、基于线性模型和水云模型的森林冠层可燃物含水率反演;第三部分(第 8～11 章)野火风险评估预警方法及应用,主要包括研究区概况及数据提取、野火特征分析、基于 Logistic 回归模型的野火风险评估、野火风险预警方法;第四部分(第 12～14章)全球森林火灾风险时空挖掘及预警预测方法,主要包括可燃物含水率对中国西南森林火灾的作用关系研究、基于深度学习的中国西南森林火灾风险时空挖掘、全球林火多发区域森林火险趋势分析;第五部分(第 15～17 章)基于静止卫星的野火火点检测与蔓延速率提取方法,主要包括研究区概况及数据、Himawari-8 数据火点检测方法、Himawari-8 数据野火蔓延速率提取方法。

　　本书由何彬彬负责统筹策划,具体写作分工为:第一部分由何彬彬、王龙、文崇波、刘向茁编写,第二部分由王龙、全兴文、何彬彬编写,第三部分由文崇波、何彬彬、全兴文编写，第四部分由骆开苇、何彬彬、全兴文编写，第五部分由刘向茁、何彬彬编写。

　　限于时间，本书的很多研究内容主要是前些年作者团队研究成果的一个阶段性总结。主要目的是为森林草原火灾监测预警提供及时、可参考的资料，书中尚有诸多不足之处，欢迎读者批评指正。作者团队后续研究成果还在不断深化和应用中，我们将适时出版相关研究成果。

目　　录

第三部分　野火风险评估预警方法及应用

第五部分　基于静止卫星的野火火点检测与蔓延速率提取方法

第一部分　研究背景及现状

全球气候变暖背景下，特大森林草原火灾等极端气候事件频发，给全球生态环境保护和百姓生命财产安全带来了严峻挑战。大面积的野火[自然的(natural)或非计划(unprescribed)的火[1,2]]会演变为森林草原火灾，破坏生态环境，威胁当地百姓生命财产安全[3]。森林草原火灾是一种突发性强、破坏性大、处置救助较为困难的自然灾害。森林草原防火和救援工作是中国防灾减灾工作的重要组成部分，是国家公共应急体系建设的重要内容，事关社会发展稳定的大局。因此，高精度地定量预估野火发生的潜在可能性(即野火风险预警[4])，将森林草原火灾消灭在萌芽状态，显得尤为迫切和重要。

针对野火风险预警，Pyne等提出了著名的野火环境三角(fire environment triangle)模型，指出森林野火的爆发与气象、地形和可燃物(fuel)三个方面密切相关[5]。目前，国内外相关研究[6-9]和业务化运行的森林火险系统，如中国森林火险气象预报系统(QX/T 77-2007)、加拿大森林林火天气指数系统(Canadian Fire Weather Index System)、美国国家火险等级系统(National Fire Danger Rating System)、澳大利亚森林火险等级系统(Australian McArthur Forest Fire Danger Rating System)等，虽然充分考虑了温度、相对湿度、降雨、风速以及坡度等气象和地形信息，但在可燃物信息方面仅考虑了部分死可燃物信息或绿度因子(greenness factor)[10-13]。其主要原因是气象和地形信息相对容易获取，而大范围、近实时的可燃物信息仍难以获取，导致森林野火风险预警仍存在理论缺陷。

鉴于此，作者团队十余年来一直致力于野火风险预警监测方面的研究，通过多学科交叉研究，构建了基于可燃物遥感定量反演和时空大数据挖掘技术的野火风险预警理论与方法体系，并研发了森林草原火灾预警监测系统，服务于我国森林草原火灾风险预警监测与防控。

第1章　森林草原可燃物含水率遥感反演方法研究进展

经典的野火环境三角模型中，气候和地形相关数据的获取比较容易，因此，准确地描述可燃物的空间分布特征和时间变化规律便成了基于野火环境三角模型评估和预警野火风险的关键。可燃物具体是指野火发生时所有可以被燃烧物质的总和。对于自然植被区域而言，占比最大的可燃物便是地表覆盖的植被(包括植被正常生长发育所产生的枯枝落叶等凋落物)。根据其组成部分的生物学特征，植被可燃物可具体划分为4部分：冠层可燃物、树枝可燃物、枝干可燃物以及地表枯枝落叶等死可燃物。表征植被冠层可燃物特征的参数包括冠层可燃物含水率(canopy fuel moisture content，CFMC)、冠层可燃物载量以及可燃物类别等。其中，植被冠层可燃物载量是指单位地表面积中所有植被冠层叶片的干物质重量，是冠层火发生和燃烧的物质基础，与植被自身特点和生长状态密切相关。可燃物类别是指一个可识别的可燃物要素的组合，主要与植被物种属性相关。以上两种可燃物信息的时空分布均比较稳定，而植被冠层可燃物含水率定义为冠层叶片含水量(canopy water content，CWC)和冠层叶片干物质重量(dry matter content，DMC)的百分比值［式(1-1)］，比较容易受到气候因素(如空气温度和湿度、风速、降水等)的影响，在一个很小的空间或时间尺度上都容易发生较为剧烈的起伏变化，导致植被冠层可燃物含水率的时空监测结果存在较大的不确定性[14-16]，从而直接影响最终野火风险的评估与预警精度。因此，针对野火风险评估与预警的重点就是研究如何高精度地描述植被冠层可燃物含水率在时空尺度上的变化分布特点。

传统的植被冠层可燃物含水率监测方案以人工地面采样为主，具体的测量流程如下：首先选定地表植被空间异质性较低的采样区域；然后在选定的地面采样区域内通过破坏性采样方式采集所有植被冠层叶片并现场称重(记为植被湿重)，将样本带回实验室利用烘箱等设备烘干后再称重(记为植被干重)；最后根据植被冠层可燃物含水率计算[式(1-1)]植被叶片含水量和植被叶片干重的百分比值，即为植被冠层可燃物含水率(CFMC)[17]。

$$CFMC = \frac{植被湿重 - 植被干重}{植被干重} \times 100\% = \frac{CWC}{DMC} \times 100\% \qquad (1\text{-}1)$$

这种基于地面调查的方法可以获取到比较准确的植被冠层可燃物含水率参数数据，但相应地需要大量的地面实测操作以及复杂的后续处理流程，实施过程不但要消耗大量的人力物力，且无法实现及时、宏观和动态的植被冠层可燃物含水率监测[17]。因此，这种方法只在早期的野火防治工作中使用，目前除在采集数量较少的地面验证数据过程中使用外，已基本不用。

遥感技术的兴起与发展使得传统的地面调查方法转换到了空间尺度上的定量描述。相对于传统的地面测量方法而言，遥感技术可以重复性地对地观测，从而获取到大面积、高空间分辨率的多时相对地观测信息，因此越来越多的研究人员尝试利用遥感技术进行植被冠层可燃物含水率参数大范围、多时相的高精度监测。按照传感器的探测波段，遥感技术可具体划分为可见光-近红外遥感、红外遥感以及微波遥感 3 类。由于植被冠层可燃物含水率参数在近红外波段和短波红外波段具有一定的光谱灵敏性[14,17,18]，所以目前国内外已经进行了大量基于可见光-近红外遥感和红外遥感的植被冠层可燃物含水率监测研究。但是可见光-近红外遥感和红外遥感光谱信号的穿透能力较弱，极易受云雨雾等天气条件和日照条件的影响[19]，无法精确监测植被冠层可燃物含水率数据的时空连续变化特点。与此相比，微波信号具有比较强的穿透能力，且不受光照条件的限制，可以全天时全天候地对地观测。同时，地表植被和土壤层对于微波信号的吸收和散射作用主要由介电常数决定，而介电常数又主要受水分含量信息的影响，所以微波信号对于植被水分信息比较敏感[19-22]。因此，微波遥感在植被冠层可燃物含水率监测方面同样具有极高的潜在应用价值。

1.1　基于光学-红外遥感的植被冠层可燃物含水率反演

基于可见光-近红外遥感或者红外遥感的植被冠层可燃物含水率反演方法主要可以划分为两大类：传统的基于经验统计模型的定量估算方法和基于植被辐射传输模型的定量反演方法。

传统的经验统计方法利用多元线性回归等经验统计模型直接对植被冠层可燃物含水率进行遥感估算，目的是寻找植被冠层可燃物含水率参数与多光谱反射率数据或相关典型植被指数〔如叶面积指数(leaf area index，LAI)、归一化差值植被指数(normalized difference vegetation index，NDVI)、归一化红外指数(normalized difference infrared inelex，NDII)以及增强型植被指数(enhanced vegetation index，EVI)等〕之间的线性(或非线性)关系。20世纪80～90年代，Chladil 和 Paltridge 等[23,24]首次基于 NOAA-AVHRR 传感器获取的多光谱反射率数据发现了归一化差值植被指数(NDVI)与植被冠层可燃物含水率(CFMC)参数的正线性相关关系。2012 年，Caccamo 等[25]基于中等分辨率成像光谱仪数据(moderate resolution imaging spectroradiometer，MODIS)，对比了 4 种光谱指数与植被冠层可燃物含水率的相关性差异，发现对于澳大利亚东南部 3 种容易发生火灾的地表植被而言，基于归一化红外指数(NDII)所建立的经验统计模型的植被冠层可燃物含水率遥感估算精度最好。2014 年，Casas 等[17]基于机载可见光/红外成像光谱仪 AVIRIS 和 MODIS 多光谱数据计算多种典型植被指数，采用经验回归的方式定量估算了包含植被冠层可燃物含水率在内的 4 种典型植被参数。传统的经验统计方法虽然可以估算出比较准确的植被冠层可燃物含水率，但基于地面实测数据建立的经验统计模型容易受地表植被类型、下垫面土壤质地特点以及传感器性能差异等因素的影响，具有较差的普适性[16]，一般只适用于基于特定传感器数据和特定研究区域的植被冠层可燃物含水率遥感估算。

基于植被辐射传输模型的植被冠层可燃物含水率反演方法由于具有较好的普适性而受到野火风险评估专家的推崇。此类方法通过同时反演 PROSPECT[26]叶片光学模型中叶片等效水分厚度(equivalent water thickness，EWT)及叶片干物质重量(DMC)两个参数，通过相除运算[式(1-2)]得到植被冠层可燃物含水率(CFMC)[18,27]。

$$CFMC = \frac{EWT}{DMC} \times 100\% \tag{1-2}$$

目前常用的定量反演植被冠层可燃物含水率的植被辐射传输模型主要包括PROSAILH 模型[28](SAILH 模型[29]+PROSEPCT 模型[26])、PROACRM 模型[30](ACRM 模型[30]+PROSEPCT 模型[26])以及 PROGEOSAILH 模型(SAILH 模型[29]+Jasinski 模型[31,32]+PROSPECT 模型[26])3 种。近年来，以澳大利亚国立大学野火风险研究专家 Marta Yebra 为代表的众多研究人员都在尝试基于植被辐射传输模型遥感定量反演植被冠层可燃物含水率，并取得了一定的研究成果[16,18,32-34]。2004 年，Kötz 等[35]分别利用 FLIGHT 和 PROGEOSAILH 植被辐射传输模型对比反演了森林冠层可燃物含水率数据。2009 年，Yebra 等[32]利用 PROSPECT 叶片光学模型耦合 SAILH 冠层辐射传输模型，同时结合长期观测所获得的丰富的先验知识，成功定量反演了地中海区域草地及灌木的冠层可燃物含水率。2013 年，Jurdan 等[16]利用 PROGEOSAILH 植被辐射传输模型反演了地中海区域森林植被的冠层可燃物含水率。虽然基于植被辐射传输模型的植被冠层可燃物含水率数据取得了比较好的参数反演效果，且模型构建过程中考虑了光学-红外信号的辐射传输机制，使得此类方法具有较高的普适性。但是依然存在 4 个方面的主要问题而限制其在大区域尺度下的高精度工程化应用：①干物质重量的光谱弱敏感特性使得基于植被辐射传输模型的植被冠层可燃物含水率参数遥感反演总体精度不高，特别是对于垂直结构更为复杂和空间异质性更强的森林覆盖类型的植被区域而言[36]；②植被辐射传输模型对于地表植被的结构假设比较理想化[37]，导致模型只适用于单一物种和均匀分布结构的植被区域，对于更为复杂的混合分层结构植被(如森林植被)，模型难以准确地描述植被冠层的光谱反射特征，从而影响目标参数的定量反演效果；③以上所有的植被辐射传输模型均需要较多的输入参数来具体描述植被的属性特征，而其中某些参数的参数化过程又比较困难[36]，这种不精确的模型参数化过程对于植被冠层可燃物含水率参数的高精度反演也有一定的限制作用；④植被辐射传输模型未知参数的个数一般多于观测多光谱反射率波段数，并且不同输入参数的差异性组合有可能对应相同或相似的多光谱反射率曲线，导致基于植被辐射传输模型的植被关键参数遥感反演方案本质上是病态多解的[38]。

1.2　基于微波遥感的植被冠层可燃物含水率反演

基于微波遥感的植被冠层可燃物含水率参数定量反演同样可以分为两个类别：传统基于经验统计模型的定量估算方法和基于雷达辐射传输理论的半经验或物理模型的反演方法。

传统基于经验统计模型的植被冠层可燃物含水率遥感定量估算方法主要是统计分析雷达后向散射系数以及相关衍生参数(比值参数、雷达植被指数和极化特征分解参数等)与植被冠层可燃物含水率的线性(或非线性)相关性，并以此来构建相应的估算模型。此类方法同样只适用于特定的且范围比较小的研究区域，普适性较差。相比基于可见光-红外遥感的植被冠层可燃物含水率反演方法，由于微波信号较强的穿透能力以及对于水分信息的高敏感性[20,22]，基于微波遥感的植被冠层可燃物含水率的定量估算方法在多云雾地区（如中国西南）有着比较好的应用前景。目前，传统的经验统计模型仍是基于微波遥感反演植被冠层可燃物含水率参数的主要手段。2002 年，Brihitte 等[39]基于加拿大森林火灾危险等级系统（Canadian Forest Fire Danger Rating System，CFFDRS）[40]，分析了系统内的火险天气指数（fire weather index，FWI）、植被冠层可燃物含水率（CFMC）与雷达后向散射系数之间的线性关系。2015 年，Tanse 等[41]分析了时间序列的等效水分厚度（EWT）、植被冠层可燃物含水率（CFMC）与 L 波段雷达后向散射系数之间的相关性，建立了雷达后向散射系数与 EWT、CFMC 之间的经验线性关系，并以此估算了研究区域内植被冠层可燃物含水率参数的时空分布。

基于雷达辐射传输理论的半经验或物理模型的植被参数反演方法主要是通过耦合微波散射机制而建立的裸土散射模型和植被散射模型，从而建立完整的地表微波散射模型并以此来定量反演相关参数。相比于经验统计模型而言，此类方法在模型构建过程中考虑了地表的微波散射机制，因此具有更高的普适性和更好的应用价值，但是目前并没有基于地表微波散射模型定量反演植被冠层可燃物含水率（CFMC）的相关实验研究。地表微波散射模型已经发展了几十年，常用的裸土散射模型主要分为三大类别：①经验模型，包括线性模型[42]、Oh 模型[43-46]以及 Dubois 模型[47]；②半经验模型，包括 Shi 模型[48]以及 Baghdadi 模型[49]；③理论模型，包括基于麦克斯韦方程组建立的积分方程模型（integral equation model，IEM）和改进的高级积分方程模型（advanced IEM，AIEM）[50-52]，包含物理光学模型（POM）[53]和几何光学模型（GOM）[54]在内的基尔霍夫模型以及小扰动模型（small perturbation model，SPM）[55]。其中，线性模型只考虑地表土壤体积含水量对土壤雷达后向散射贡献的作用，认为土壤的雷达后向散射贡献只与地表土壤体积含水率呈一元线性关系。Oh 模型是基于 L、C 和 X 波段的全极化散射计数据集建立的同极化方式雷达后向散射系数和交叉极化方式雷达后向散射系数比值的经验关系，可以适用于较宽的地表粗糙度范围，能够较好地刻画裸露地表的雷达后向散射情况。Dubois 模型是通过实测数据集建立的裸露地表同极化方式雷达后向散射系数与地表土壤参数（土壤粗糙度和土壤介电常数）、雷达系统参数（微波信号入射频率和入射角）之间的一种经验关系，并且与 Oh 模型一样，模型中并没有考虑地表粗糙度谱的影响。Shi 模型和 Baghdadi 模型则是首先通过数值模拟分析了不同土壤参数（土壤粗糙度和土壤介电常数）对于土壤雷达后向散射贡献的影响，然后建立了不同极化方式组合下雷达后向散射系数与土壤参数（土壤介电常数与土壤粗糙度功率谱）之间的一种对应关系。相比而言，模型在构建过程中考虑了土壤粗糙度谱的影响，在实际的模型应用过程中能够比较好地模拟土壤的雷达后向散射贡献。IEM 模型和 AIEM 模型基于电磁波辐射传输理论而构建，其将表面场分为基尔霍夫场和补偿场，从而得到比基尔霍夫近似更精确的散射场的解。与前面的经验或半经验模型相比，IEM 模型和 AIEM 模型能够更精确地模拟自然地表的雷达后向散射情况，可以应用于更宽的地表粗糙度范围。虽然 IEM 模型和 AIEM 模型的应用精度更高、适用范围更广，但复杂的模型参数化问题同样也制约着模型的广泛应用。相对于前面提到的模型而言，POM 模型、GOM 模型和小扰动模型均存在一定的缺陷，3 个模型的适用范围不存在连续性，均只适用于有限的地表粗糙度范围，而自然界的地表粗糙度在空间上基本都是连续而非离散分布的，所以这 3 个模型的普适性反而相对较弱。

对于地表植被层微波后向散射机制的描述，目前被广泛应用的植被散射模型包括根据 L 波段实测的微波散射计数据集而建立的比值植被模型[56]、基于微波辐射传输理论一阶解而构建的水云模型(water cloud model，WCM)[57]、适用于高密度植被覆盖区域(如森林等)的密歇根微波冠层散射模型(Michigan microwave canopy scattering model，MIMICS)[58]、适用于农作物等低矮均匀分布植被区域的 Roo 模型[56]、针对草原植被特点建立的离散 Tor Vergate 模型[59-62]以及适用于森林植被区域的 Sattchi 模型[63]。比值植被模型假设植被下土壤层的后向散射贡献与雷达观测到的总体后向散射贡献的比值在传感器等固定参数一致的情况下只与地表植被层的相关参数有关，该模型并不根据微波的不同散射特性区分表面散射、二次散射以及多次散射各部分，而是直接考虑雷达的总体后向散射。WCM 模型是一种利用经验系数与植被参数共同表征地表植被冠层一阶微波辐射传输机制的半经验模型。模型在构建过程中，将植被层直接假设为均匀覆盖地表的一层介质，介质内部均匀分布的是球形水滴和干物质的组合，其中干物质的作用只是单纯地保证植被水分在冠层内的均匀分布状态。WCM 模型虽然十分简洁地描述了地表植被层的微波后向散射机制，但其对于地表植被的假设过于理想化。MIMICS 模型同样是基于微波辐射传输理论而建立的植被散射模型，但该模型主要针对垂直结构较为复杂的森林植被，对森林植被的特征刻画得非常详细，主要用于模拟森林植被冠层的雷达后向散射情况。MIMICS 模型虽然能够比较准确地描述森林这类复杂植被覆盖区域的微波后向散射机理，但其理想化假设森林植被覆盖下的地表粗糙度较小，认为森林植被下垫面土壤散射为镜面散射。除此之外，MIMICS 模型的输入参数相对而言比较多。这些问题的存在极为严重地限制了 MIMICS 模型的推广应用。Roo 模型是在原 MIMICS 模型的基础上简化得到的，其针对农作物冠层和茎干之间没有明显区别的特点，忽略了 MIMICS 模型中的树干-地面交叉散射项，将 MIMICS 模型成功改造应用于类似农作物的低矮植被区域。Tor Vergate 模型是针对草原植被而建立的，模型在构建过程中同时考虑了土壤层和植被层的微波后向散射贡献，其中植被的微波后向散射贡献被描述为离散散射体的集合，同时地表植被被简单地描述为一些基础物理图形(如圆盘、圆柱等)的组合。Saatchi 模型同样是基于复杂的森林微波散射机制所建立的，相比于 MIMICS 模型和 Roo 模型而言，该模型结构简单，输入参数少，具有比较强的推广应用能力。但在建模过程中并没有考虑实际条件中森林树木个体之间所存在的间隙信息，在将其应用到存在较大间隙的稀疏森林植被区域时可能会出现问题。

上述裸土散射模型和植被散射模型用来模拟植被下土壤层的雷达后向散射贡献与植被层雷达后向散射贡献的有效性已经在定量反演众多地表关键参数(如地表土壤体积含水量、植被叶面积指数、地上植被生物量等)的过程中得到了广泛验证。2015 年，Bai 和 He[64]耦合 Dubois 裸土散射模型和 WCM 植被散射模型，采用 4 种典型植被参数[叶面积指数(LAI)、植被含水量(VWC)、归一化差值植被指数(NDVI)和增强型植被指数(EVI)]在模型中表征研究区域的植被特征，实现了乌图美仁草原区域的土壤体积含水量定量反演。2018 年，Ma 等[65]基于地面实测的土壤体积含水量数据，通过耦合线性裸土散射模型和改进的 WCM 植被散射模型的方式建立了地表雷达后向散射模型，实现了加拿大某农业区域植被叶面积指数的定量反演。2016年，Xing等[66]在原WCM植被散射模型的基础上，进一步考虑了植被覆盖混合像元的影响，改进了其在稠密植被覆盖区域的表达式，同时在稠密植被覆盖区域应用过程中忽略了下层土壤的雷达后向散射贡献部分，实现了研究区域地上生物量的遥感定量反演。

以上从数据源的角度(可见光-红外遥感和微波遥感)依次介绍了植被冠层可燃物含水率遥感反演的研究现状。从国内外研究现状发现基于可见光-红外遥感的植被冠层可燃物含水率反演研究已进行了许多，并且基本形成了完善的大范围工程化应用思路。但是，光学-红外信号比较弱的穿透能力使得该方法在诸如中国四川省这种多云雨雾区域的应用受到了巨大的挑战。与此同时，微波信号的强穿透性特点以及对植被水分信息的高敏感特性，使得基于微波遥感的植被冠层可燃物含水率反演存在极高的可行性和广泛的应用价值。然而，目前的相关研究很少且基本以经验统计模型为主。因此，基于前人的研究工作，本书将从极化特征分解参数到雷达后向散射系数，从经验统计回归到半经验模型耦合，全面探索星载微波数据用于定量反演植被冠层可燃物含水率参数的可行性。同时本书将以不同环境下的植被覆盖区域作为研究对象来验证所构建植被冠层可燃物含水率反演方法的有效性，从而为发展更普适化、智能化的植被冠层可燃物含水率微波遥感反演方法提供实验基础和理论支持。

通过对国内外关于植被冠层可燃物含水率遥感定量反演方法的研究现状进行分析发现，基于微波遥感数据定量反演植被冠层可燃物含水率参数的关键是耦合合适的土壤后向散射模型和植被后向散射模型，恰当地表征植被下土壤层和植被层的雷达后向散射贡献，从而构建完整的地表雷达后向散射模型。模型中对于地表植被层的雷达后向散射特征全部使用植被冠层可燃物含水率参数来表征。总体的雷达后向散射贡献主要受到植被下土壤层和植被层两部分的作用，因此准确地描述植被下土壤层的后向散射贡献是高精度定量反演植被冠层可燃物含水率的先决条件，但是植被下土壤层的后向散射贡献又主要受地表土壤体积含水量、土壤粗糙度的影响，而这两个土壤参数的空间异质性较强且很难获取到可靠的地面实测数据或卫星反演产品。

主要参考文献

[1] University of Cambridge. Cambridge Advanced Learner's Dictionary (Third ed.). Cambridge: Cambridge University Press, 2009.

[2] CIFFC Glossary Task Team and Training Working Group. CIFFC Canadian Wildland Fire Management Glossary, 2019.

[3] Kilgore B M. The Ecological role of fire in sierran conifer forests: Its application to national park management. Quaternary Research, 2017, 3(3): 496-513.

[4] de Bem P P, de Carvalho Júnior O A, Matricardi E A T, et al. Predicting wildfire vulnerability using logistic regression and artificial neural networks: a case study in Brazil's Federal District. International Journal of Wildland Fire, 2019, 28(1): 35-45.

[5] Pyne S J, Andrews P L, Laven R D. Introduction to wildland fire. Hoboken: John Wiley and Sons, 1996.

[6] 傅泽强, 王玉彬, 王长根. 内蒙古干草原春季火险预报模型的研究. 应用气象学报, 2001, 12(2): 202-209.

[7] 文斌, 谢献强, 孙萌, 等. 基于加权Logistic回归模型的森林火灾预测. 林业与环境科学, 2019, 35(4): 79-83.

[8] Hantson S, Arneth A, Harrison S P, et al. The status and challenge of global fire modelling. Biogeosciences Discussions, 2016,

13(11)：3359-3375.

[9] Tien Bui D, Bui Q-T, Nguyen Q-P, et al. A hybrid artificial intelligence approach using GIS-based neural-fuzzy inference system and particle swarm optimization for forest fire susceptibility modeling at a tropical area. Agricultural and Forest Meteorology, 2017, 233：32-44.

[10] Chowdhury E H, Hassan Q K. Operational perspective of remote sensing-based forest fire danger forecasting systems. ISPRS Journal of Photogrammetry and Remote Sensing, 2015, 104：224-236.

[11] Tanase M A, Panciera R, Lowell K, et al. Monitoring live fuel moisture in semiarid environments using L-band radar data. International Journal of Wildland Fire, 2015, 24(4)：560.

[12] Schlobohm P, Brain J. Gaining an understanding of the National Fire Danger Rating System. National Wildfire Coordinating Group, 2002: 932.

[13] 岳超, 罗彩访, 舒立福, 等. 全球变化背景下野火研究进展. 生态学报, 2020, 40(2):385-401.

[14] 全兴文. 植被冠层反射率模型弱敏感参数遥感反演方法. 成都:电子科技大学, 2017.

[15] Cheng T, Riaño D, Koltunov A, et al. Detection of diurnal variation in orchard canopy water content using MODIS/ASTER airborne simulator (MASTER) data. Remote Sensing of Environment, 2013, 132(6)：1-12.

[16] Jurdao S, Yebra M, Guerschman J P, et al. Regional estimation of woodland moisture content by inverting Radiative Transfer Models. Remote Sensing of Environment, 2013, 132: 59-70.

[17] Casas A, Riaño D, Ustin S, et al. Estimation of water-related biochemical and biophysical vegetation properties using multitemporal airborne hyperspectral data and its comparison to MODIS spectral response. Remote Sensing of Environment, 2014, 148: 28-41.

[18] Yebra M, Dennison P E, Chuvieco E, et al. A global review of remote sensing of live fuel moisture content for fire danger assessment: Moving towards operational products. Remote Sensing of Environment, 2013, 136(5)：455-468.

[19] Barrett B W, Dwyer E, Whelan P. Soil moisture retrieval from active spaceborne microwave observations: an evaluation of current techniques. Remote Sensing, 2009, 1(3)：210-242.

[20] 施建成, 杜阳, 杜今阳, 等. 微波遥感地表参数反演进展. 中国科学:地球科学, 2012 (6)：814-842.

[21] 郑兴明. 东北地区土壤湿度被动微波遥感高精度反演方法研究. 北京:中国科学院研究生院(东北地理与农业生态研究所), 2012.

[22] 张俊荣, 张德海. 微波遥感中的介电常数. 遥感技术与应用, 1994, 9(2)：30-43.

[23] Chladil M A, Nunez M. Assessing grassland moisture and biomass in tasmania-the application of remote-sensing and empirical-models for a cloudy environment. International Journal of Wildland Fire, 1995, 5(3)：165-171.

[24] Paltridge G W, Barber J. Monitoring grassland dryness and fire potential in australia with NOAA/AVHRR data. Remote Sensing of Environment, 1988, 25(3)：381-394.

[25] Caccamo G, Chisholm L, Bradstock R, et al. Monitoring live fuel moisture content of heathland, shrubland and sclerophyll forest in south-eastern Australia using MODIS data. International Journal of Wildland Fire, 2012, 21(3)：257-269.

[26] Jacquemoud S, Baret F. PROSPECT: A model of leaf optical properties spectra. Remote Sensing of Environment, 1990, 34(2)：75-91.

[27] Riaño D, Vaughan P, Chuvieco E, et al. Estimation of fuel moisture content by inversion of radiative transfer models to simulate equivalent water thickness and dry matter content: Analysis at leaf and canopy level. IEEE Transactions on Geoscience and Remote Sensing, 2005, 43(4)：819-826.

[28] Jacquemoud S, Verhoef W, Baret F, et al. PROSPECT + SAIL models: A review of use for vegetation characterization. Remote Sensing of Environment, 2009, 113（2009）: S56-S66.

[29] Verhoef W. Light scattering by leaf layers with application to canopy reflectance modeling: the SAIL model. Remote Sensing of Environment, 1984, 16（2）: 125-141.

[30] Kuusk A. The Hot Spot Effect in Plant Canopy Reflectance. Berlin: Springer Berlin Heidelberg, 1991: 139-159.

[31] Jasinski M F. Estimation of subpixel vegetation density of natural regions using satellite multispectral imagery. IEEE Transactions on Geoscience & Remote Sensing, 1996, 34（3）: 804-813.

[32] Yebra M, Chuvieco E. Linking ecological information and radiative transfer models to estimate fuel moisture content in the Mediterranean region of Spain: Solving the ill-posed inverse problem. Remote Sensing of Environment, 2009, 113（11）: 2403-2411.

[33] Yebra M, Chuvieco E. Generation of a species-specific look-up table for fuel moisture content assessment. IEEE Journal of Selected Topics in Applied Earth Observations and Remote Sensing, 2009, 2（1）: 21-26.

[34] Yebra M, Chuvieco E, Riaño D. Estimation of live fuel moisture content from MODIS images for fire risk assessment. Agricultural and Forest Meteorology, 2008, 148（4）: 523-536.

[35] Kötz B, Schaepman M, Morsdorf F, et al. Radiative transfer modeling within a heterogeneous canopy for estimation of forest fire fuel properties. Remote Sensing of Environment, 2004, 92（3）: 332-344.

[36] 全兴文, 何彬彬, 刘向苗, 等. 多模型耦合下的植被冠层可燃物含水率遥感反演. 遥感学报, 2019, 23（01）:66-81.

[37] Huemmrich K. The GeoSail model: A simple addition to the SAIL model to describe discontinuous canopy reflectance. Remote Sensing of Environment, 2001, 75（3）: 423-431.

[38] 李小文. 定量遥感的发展与创新. 河南大学学报: 自然科学版, 2005, 35（4）: 49-56.

[39] Leblon B, Kasischke E, Alexander M, et al. Fire danger monitoring using ERS-1 SAR images in the case of northern boreal forests. Natural Hazards, 2002, 27（3）: 231-255.

[40] Stocks B J, Lynham T, Lawson B, et al. Canadian forest fire danger rating system: An overview. The Forestry Chronicle, 1989, 65（4）: 258-265.

[41] Tanase M, Panciera R, Lowell K, et al. Monitoring live fuel moisture in semiarid environments using L-band radar data. International Journal of Wildland Fire, 2015, 24（4）: 560-572.

[42] Prévot L, Champion I, Guyot G. Estimating surface soil moisture and leaf area index of a wheat canopy using a dual-frequency （C and X bands） scatterometer. Remote Sensing of Environment, 1993, 46（3）: 331-339.

[43] Oh Y, Sarabandi K, Ulaby F T. An empirical model and an inversion technique for radar scattering from bare soil surfaces. IEEE Transactions on Geoscience and Remote Sensing, 1992, 30（2）: 370-381.

[44] Oh Y, Sarabandi K, Ulaby F T. An inversion algorithm for retrieving soil moisture and surface roughness from polarimetric radar observation. IEEE International Geoscience and Remote Sensing Symposium, 1994, 3: 1582-1584.

[45] Oh Y, Sarabandi K, Ulaby F T. Semi-empirical model of the ensemble-averaged differential Mueller matrix for microwave backscattering from bare soil surfaces. IEEE Transactions on Geoscience and Remote Sensing, 2002, 40（6）: 1348-1355.

[46] Oh Y. Quantitative retrieval of soil moisture content and surface roughness from multipolarized radar observations of bare soil surfaces. IEEE Transactions on Geoscience and Remote Sensing, 2004, 42（3）: 596-601.

[47] Dubois P C, Van Zyl J, Engman T. Measuring soil moisture with imaging radars. IEEE Transactions on Geoscience and Remote Sensing, 1995, 33（4）: 915-926.

[48] Shi J, Wang J, Hsu A, et al. Estimation of soil moisture and surface roughness parameters using L-band SAR measurements. IEEE International Symposium on Geoscience and Remote Sensing, 1995, 1: 507-509.

[49] Baghdadi N, Choker M, Zribi M, et al. A new empirical model for radar scattering from bare soil surfaces. Remote Sensing, 2016, 8(11): 920.

[50] Chen K S, Wu T D, Tsang L, et al. Emission of rough surfaces calculated by the integral equation method with comparison to three-dimensional moment method simulations. Heidelberg: Springer, 2003.

[51] Fung A K, Li Z, Chen K S. Backscattering from a randomly rough dielectric surface. IEEE Transaction on Geoscience and Remote Sensing, 1992, 30(2): 356-369.

[52] Shi J, Dozier J. Estimation of snow water equivalence using SIR-C/X-SAR. IEEE International Geoscience and Remote Sensing Symposium, 1996, 4: 2002-2004.

[53] Beckmann P, Spizzichino A. The scattering of electromagnetic waves from rough surfaces. London: Pergamon Press, 1963.

[54] Sancer M I. Shadow-corrected electromagnetic scattering from a randomly rough surface. IEEE Transactions on Antennas and Propagation, 1969, 17(5): 577-585.

[55] 高婷婷. 基于 IEM 的裸露随机地表土壤水分反演研究. 乌鲁木齐: 新疆大学, 2010.

[56] Joseph A T, Van Der Velde R, O'neill P E, et al. Soil moisture retrieval during a corn growth cycle using L-band (1.6 GHz) radar observations. IEEE Transactions on Geoscience and Remote Sensing, 2008, 46(8): 2365-2374.

[57] Attema E, Ulaby F T. Vegetation modeled as a water cloud. Radio Science, 1978, 13(2): 357-364.

[58] Ulaby F T, Sarabandi K, Mcdonald K, et al. Michigan microwave canopy scattering model. International Journal of Remote Sensing, 1990, 11(7): 1223-1253.

[59] Roo R D D, Du Y, Ulaby F T, et al. A semi-empirical backscattering model at L-band and C-band for a soybean canopy with soil moisture inversion. IEEE Transactions on Geoscience and Remote Sensing, 2001, 39(4): 864-872.

[60] Bracaglia M, Ferrazzoli P, Guerriero L. A fully polarimetric multiple scattering model for crops. Remote Sensing of Environment, 1995, 54(3): 170-179.

[61] Ferrazzoli P, Guerriero L, Schiavon G. Experimental and model investigation on radar classification capability. IEEE Transactions on Geoscience and Remote Sensing, 1999, 37(2): 960-968.

[62] Joseph A, Van Der Velde R, O'neill P, et al. Effects of corn on C-and L-band radar backscatter: A correction method for soil moisture retrieval. Remote Sensing of Environment, 2010, 114(11): 2417-2430.

[63] Saatchi S S, Moghaddam M. Estimation of crown and stem water content and biomass of boreal forest using polarimetric SAR imagery. IEEE Transactions on Geoscience and Remote Sensing, 2000, 38(2): 697-709.

[64] Bai X, He B. Potential of Dubois model for soil moisture retrieval in prairie areas using SAR and optical data. International Journal of Remote Sensing, 2015, 36(22): 5737-5753.

[65] Ma Y, Xing M, Ni X, et al. Using a modified water cloud model to retrive leaf area index (LAI) from radarsat-2 SAR data over an agriculture area. IEEE International Geoscience and Remote Sensing Symposium, 2018, 10: 5437-5440.

[66] Xing M, Binbin H E, Quan X, et al. An extended approach for biomass estimation in a mixed vegetation area using ASAR and TM Data. Photogrammetric Engineering and Remote Sensing, 2014, 80(5): 429-438.

第 2 章　野火风险评估预警方法研究进展

近年来，森林火灾的预防越来越受到人们的关注。国内外已有大量学者在积极从事森林野火风险评估与预警研究，包括野火风险评估、短期预警、长期预防等。无论是室内还是室外，国内外学者采用不同的研究方法，积累了大量珍贵的实践经验，为森林野火风险评估预警研究打下了坚实的基础。

2.1　可燃物含水率的获取及其与森林火灾发生的关系

可燃物含水率(fuel moisture content，FMC)是影响可燃物着火和森林火灾蔓延速率的重要驱动因素[1-3]，通常被定义为植被单位干重内含水量的百分比[4] [式(2-1)]。FMC 通常被分为生长植被 FMC(LFMC)和枯萎植被 FMC(DFMC)[5]。前人研究证明了随着 FMC 的降低，过火面积趋于增加[6-9]，这是由于水分含量高的可燃物需要更多的能量来蒸发水分，缩短了火焰长度并降低了森林火灾蔓延速度[10]。

$$FMC=\left(\frac{W_{w}-W_{d}}{W_{d}}\right)\times100\% \tag{2-1}$$

式中，W_{w} 和 W_{d} 分别为植被的湿重和干重，W_{w} 可通过直接称量获取，而 W_{d} 需要在 105℃ 环境中烘干 24h 获取。

估计 FMC 的方法有 3 种，即野外实地采样、基于气象数据估计和基于遥感数据估计。如果遵循标准协议，则野外实地采样通常可以达到较高的精度，且已有许多学者研究了野外实地采样的 FMC 与森林火灾发生的关系，特别是在地中海地区。例如，Chuvieco 等[9] 研究表明，实测 FMC 对西班牙中部的火灾发生具有预测作用，其中草原 FMC 的变化对森林火灾的数量有强解释作用，灌木 FMC 与大型森林火灾的发生高度相关。Schoenberg 等[11]指出，当实测 FMC 低于 90%时，过火面积有增大的趋势。Dennison 等通过两次实验发现对于南加州大森林火灾发生具有重要解释度的 FMC 阈值分别为 70%～80%[12]和更精确的 79%[7]。尽管实测 FMC 具有较高精度，但其费时费力且成本高昂，使得大尺度且时空连续的 FMC 制图难以实现。

气象指数[如 Keetch-Byram 干旱指数(Keetch-Byram drought index，KBDI)和累积水平衡指数(cumulative water balance index，CWBI)]常被用作反映和估算 FMC 变化的指标[13-15]。例如，Ruffault 等[16]通过对 6 个干旱指数[粗腐殖质湿度码(duff moisture code，DMC)、干旱码(drought code，DC)、KBDI、内斯特罗夫指数(the Nesterov index，NI)和相对含水量(the relative water content，RWCL 和 RWCH)]的能力进行评估，预测了 LFMC 的定量变化和临界值。虽然基于气象资料能够做到大尺度且时间连续的 FMC 估算，但是气象资料较粗的空间分辨率和插值又会引入额外的误差。此外，气象资料对 LFMC 的估计仍然面临挑战，因为活的植物可以灵活利用土壤中储存的水分并具有多种干旱适应策略[17,18]。

遥感技术是迄今为止能做到时空连续且大尺度地估算 FMC 的唯一方法。基于遥感的 FMC 制图方法大致可分为两类：基于经验的方法和基于辐射传递模型 (radiative transfer model，RTM) 的方法[17,19-21]。基于经验的方法是通过建立从遥感影像获得的反射率或植被指数与 FMC 实测值的经验关系从而做到 FMC 的大面积制图。例如，Myoung 等[22] 利用最佳平均增强植被指数和 MODIS 卫星数据建立了 LFMC 的经验模型函数，用于美国南加州森林火灾危险评估。这些 FMC 经验估算方法相对简单且在局部区域的应用显示出较好的精度，同时，在之前的研究中也探索和分析了此类方法估算的 FMC 对森林火灾发生的影响。例如，Jurdao 等[23] 通过从 MODIS 热异常产品 (MOD14) 中提取火像元以及利用经验模型从卫星图像中估算火灾前的 FMC，在分析两者的关系后发现支撑 90%草地和灌木野火发生的临界 FMC 分别为 127.12%和 105.51%。Nolan 等[24] 根据气象站的测量插值和水汽压差经验公式[25]估计了 DFMC，确定了东澳大利亚森林和林地的 DFMC 阈值分别为 14.6%和 9.9%；同时，利用经验指数模型和基于 MODIS 得到的植被指数估算 LFMC，确定了东澳大利亚森林和林地的 LFMC 阈值为 156.1%和 101.5%。此外，他们还证明了开关假设[26]，即当 FMC 在时间序列上的波动接近阈值时，易燃和不易燃状态可以快速地转换。尽管如此，传感器特异性和位置依赖性的缺陷使得这些经验方法缺乏可重复性[27,28]，只能在特定的局部区域有较好应用。相反，基于 RTM 的方法被证明对于 LFMC 反演更具有可重复性，因为它们基于物理定律，提供了表面参数与叶片和/或冠层光谱之间的明确联系[29,30]。此外，基于 RTM 的 LFMC 反演方法已被证明是鲁棒的，且更具普适性[31]。

2.2　国家火险等级预报系统

火险评价和预警系统是以多方面的研究成果为基础，包括森林火灾的发生机制，可燃物的载荷量、分布和可燃性，火后更新特征等，对森林火灾预警预报和灾后评估和资源管理发挥了显著的技术支撑作用[32]。美国和加拿大森林火险评估技术的发展和应用较早，均在 20 世纪开发了国家火险等级系统。此外，澳大利亚也在 20 世纪开发了类似的系统。

加拿大森林火险等级系统 (CFFDRS) 包含两个主要的子系统［加拿大林火行为预报 (FBP) 系统和加拿大林火天气指数 (FWI) 系统］和两个辅助系统［可燃物湿度辅助系统和加拿大林火发生预报 (FOP) 系统］[33]。其中，以结合森林火险可燃物含水率为思路的 FWI 系统受到了广泛的认同，被许多国家引进并本地化，形成了类似的火险天气系统。FWI 系统是针对加拿大短叶松成熟林开发的，其输入因子包括温度、湿度、降雨量和风速。预报的结果包括 6 个指标，主要用来描述森林火灾蔓延速度、可燃物载荷、火头强度以及细小可燃物和腐殖物的湿度。FWI 被广泛地应用到森林火灾科学研究中，如 Flannigan 等[34] 运用该系统对加拿大森林火灾风险进行了长期趋势预测，结果表明，到 20 世纪末，森林火灾风险除在东部地区有所下降外，在其余大部分地区呈升高的趋势。

美国国家防火等级系统 (NFDRS) 本质上是一个基于燃烧理论和实验室试验发展的物理模型，其使用的常数和参数反映了各可燃物、天气、地形和危险条件之间的关系。森林火灾管理人员通过网络系统获得 NFDRS 的输入信息和输出结果,并利用互联网展示全美每日火险图,为林火管理部门提供参考。美国气象局、林务局早在 1970 年左右就开始利用短期天气预报结果的历史长时间序列来划定林火气象敏感区,然后结合 NFDRS 系统给出森林火灾风险的中长期预测。

澳大利亚的森林火险等级系统 McArthur 森林火线尺(FFDM)[33,35]的输入因子包括长期干旱指数、最近的降雨量、温度、相对湿度和风速[36]。随着不断改进,该系统被广泛接受并用于澳大利亚所有的乡村消防局和气象局。Cheney 等[37]指出虽然该系统在局部地区仍具一定效用,但其无法对澳大利亚南部和东部的各种天气、可燃物和地形条件都进行有效的火行为预测。

其他一些国家(如新西兰、墨西哥以及东南亚国家)也引进或根据上述 3 个系统发展了本国的火险等级系统。例如,新西兰引进了加拿大森林火险等级系统,并根据其地理情况做了本地化。21 世纪初,加拿大林务局帮助东南亚国家一起研究完成了东南亚森林火险系统。欧洲使用的一个火险等级系统也来源于加拿大森林火险等级系统和美国国家防火等级系统。而我国目前尚未发展出一套完善适用的国家火险等级系统。

2.3 森林火险预测预警模型的发展和应用

森林火灾严重程度的增加突出了对控制森林火灾活动的各种过程及其在不同环境背景下潜在空间格局的相互作用和反馈的需要[38,39]。通过将森林火灾的发生与一组可以测量的解释变量,如气候、可燃物、地形甚至人类活动等因素变化联系起来的森林火险预测建模已经成为该领域的一个重要组成部分,这有望提高合理的森林火灾防御和扑灭计划的成功率[40-45]。这种方法通常以明确的空间形式对森林火灾发生的概率进行建模和输出,可以为应对持续的气候变化和广泛的人类活动提供新的见解[46]。

20 世纪 90 年代以来,回归模型(如线性回归和 Logistic 回归)在森林火险概率建模中得到了广泛的应用[39,47]。然而,最近研究[48,49]表明,这类传统的回归模型由于假设了森林火灾发生与其诱发因子间是线性关系,无法准确描述诱发因子在广泛时空尺度内与森林火灾间的复杂非线性关系,从而被认为难以准确估计森林火灾发生的空间分布概率[50,51]。作为回归模型的替代,二元统计模型也逐渐开始被应用于森林火灾预测领域,如频率比法(frequence ratio,FR)[52,53]、证据权重[44]、确定性因子[46]和证据信念函数(evidential belief function,EBF)[39]。然而有研究指出这些模型对输入数据的质量非常敏感,往往掩盖了森林火灾及其诱发因子之间的真实关系[44]。

近年来人工智能方兴未艾,在预测自然灾害领域也被证明是高效准确的[51,54,55]。其中人工神经网络(artificial neural network,ANN)、自适应神经模糊推理系统、支持向量机(support vector machine,SVM)、随机森林、分类和回归树等人工智能方法已被证明在森林火灾建模和应用方面优于传统的统计方法[38,48,56,57]。人工智能方法的另一个优势在于其可以与许多其他方法相结合,从而提高模型性能水平[55,56]。同样,人工智能方法在火灾预测建模中也可以提供火灾发生的空间模式的详细信息[56],这些信息可以作为城市规划、农业发展和生态系统保护中火灾管理和扑灭的关键输入参数。

2.3.1　基于 Logistic 回归模型的研究方法

Logistic 回归模型是一种常用的判别模型。模型的本质是通过训练样本，获取一个超平面作为判别标准[58,59]。超平面参数的确定通常是采用极大似然估计方法[60]。Chang 等以我国的黑龙江省作为森林火灾的研究对象，气象因素方面选择每日的降雨量、最高气温、最低气温、平均气温、平均风速、空气湿度，以及年均气温；地形因素方面选择坡度、坡向、高程；人为因素方面选择人口密度，距离最近道路、河流、村庄的距离；植被因素方面选择了植被类型。利用 ArGIS 软件，在历史火灾记录中筛选超过 3000 对实验数据，通过变量筛选和 Logistic 回归模型训练，获取模型，其中年平均降雨量对模型解释力最强。经验证，模型的曲线下面积(area under the curve，AUC)值为 0.7，表示模型具有一定的指示意义[61]。Zhang 等以大兴安岭森林地区为研究对象，增加考虑可燃物含水率因子[62]。Pan 等以江西省为研究对象，将其按照市级单位划分为 11 个区域，模型选择有高程、坡度、距离最近道路的距离、可燃物含水率[63]、陆地表面温度、归一化植被指数以及全局植被湿度指数。火灾分布图像采用 MODIS 火灾历史产品 MCD45A1。经验证，模型的 AUC 值为 0.757，其中全局植被湿度指数对模型的解释力最强。Lozano 等以西班牙西北部某自然公园为研究对象，选择归一化差值植被指数(NDVI)、归一化差值含水指数(normalized difference moisture index，NDMI)、归一化燃烧比率(normalized burn ratio，NBR)等不同类型的植被指数，目的是比较不同的植被参数对野火风险预测模型的影响[64]。Guo 等以中国东南部为研究对象，参考年均气象因素、地形因素、基础设施因素以及社会经济因素等，利用 Logistic 回归模型制作了静态的中国东南部火险等级分布图，结果指示应加强福建省森林防火监管[65]。Garcia 等[66]与 Preisler 等[67]证明了 Logistic 回归模型是一种十分有效的野火风险评估模型。

2.3.2　基于人工神经网络的研究方法

随着科学计算的迅猛发展，人工神经网络(ANN)在如今的信息时代被广泛应用，并在许多领域都取得了显著的研究成果[68]。如何将 ANN 与评估、监测或预测等目的相结合是现今的研究前沿[69,70]。胡超通过收集广西壮族自治区桂林市和广东省广州市历史气候数据，对森林火灾与气候因素间的相关性进行分析；然后以该分析结果为基础，基于 BP 神经网络对以上两个研究区的森林火灾建立了预测模型，并采用一种改进粒子群算法对 BP 神经网络的性能进行了优化。经验证，模型的预测性能较好[71]。Cheng 等结合神经网络与自回归滑动平均模型(autoregressive integrated moving average model，ARIMA)创建了预测森林火灾年发生次数的时空数据挖掘模型。他们以加拿大为实验区域，以 7 个森林火灾频发省为研究对象。首先通过 ARIMA 模型单独考虑每个省份的时间变化序列，然后通过神经网络考虑省份间的空间关系，最后对空间和时间预测结果进行合并，从而实现对森林火灾年发生次数的预测。经验证，其相对误差只有 0.65，模型性能表现优良[72]。梅志雄等使用相同的方法，其目标区域为广东省，模型也展现出了不错的预测效果[73]。Bisquert 等使用 MODIS 数据，以西班牙北部加利西亚为研究区，比较了 ANN 和 Logistic 回归模型在评估森林火险方面性能的优劣，结果显示两者的野火风险评估精度接近[74]。Safi 等把 ANN 与气象气候因子结合，建立了森林火灾预测模型[75]。黄家荣等以我国河南省森林历年的过火面积统计数据为基础，采用人工神经网络对过火面积进行预测，结果显示相对误差低于 1.2%[76]。马奔等应用 BP 神经网络模型对全国的森林成灾面积进行了预测[77]。然而人工神经网络的本质是一种拟合技术，由于野火风险的训练样本中只有 0 与 1 值，所以模型评估的结果大多落在 0 或 1 值附近，而落在 0.4~0.6 的值很少，无法满足本书野火风险评估的研究目的。

2.3.3　基于无线传感器的研究方法

无线传感器网络是计算机技术、通信技术和传感器网络技术相结合的产物。无线传感器网络是由小型传感器组成的信息采集网络体系[78]，将这些无线传感器部署到森林的各个角落，使研究人员能够实时地掌握森林的相关信息[79]。张军国等对无线传感器传回的实时数据进行分析，能够实现快速的森林火灾发现，做到实时检测。但没有实现野火风险评估，不能对森林防火相关资源部署提供参考信息[80]。Trevis 等利用基于 GIS 的 Web 技术，通过无线传感器对 5m 内的火点进行识别，并对火灾的传播方向进行了预测[81]。李光辉等通过无线传感器建立了一套森林火灾检测预警系统，实现了森林火点的实时检测并预测火灾蔓延趋势[82]。黄光华等基于无线传感器网络建立了火灾监测系统[83]。Benammar 等对无线传感器传回的数据采用了模糊逻辑理论方法进行处理，提出了一种基于无线传感器和模糊逻辑技术相结合的方法检测森林火灾[84]。模糊逻辑理论不需要建立精确的数学模型，鲁棒性好，所以模糊控制策略能实现较好的检测效果[85]。但模糊逻辑方法需要专家先验知识，在数据处理阶段要预先把数据按照一定的模糊函数进行分段。综上，基于无线传感器的方法有较高的识别精度和实时性的特征，但是不能大范围使用，其部署和维护成本很高。

2.3.4　基于天气火险数据的研究方法

气象因子对于野火风险的评估十分重要[86]。周来法等收集浙江省台州市的历史火灾和气象数据，通过研究发现日均空气温度、空气相对湿度、风速以及风向与森林火灾关系密切[87]。Ya 等利用空气湿度、空气温度和风速作为预测因子，实现森林火灾的预报[88]。Viegas 等研究了降雨量与森林火灾成灾面积的相互关系，通过分析发现降雨量与受灾面积成反比[89]。Gillett 等基于统计学理论基础，根据历史气候数据构建了森林过火面积的预测模型[90]。Williams 等通过对澳大利亚地区温室气体与森林火灾之间关系的研究，其结果显示空气相对湿度对森林火灾的影响最为显著[91]。李德等研究了四川省的气象因子对森林火灾产生的影响[92]。除气象气候方法之外，还有一些学者使用支持向量机(SVM)进行火灾预测。Sakr 等使用 SVM 评估火险等级，SVM 是一种常用的二分类模型，作者在此基础上进行了改进。在参考了日最低温度、日最高温度、日平均湿度、日太阳辐射时长以及降雨量等因子之后，使用一次 SVM 将火险等级划分为高低两部分；然后根据每月的火灾次数，对高低两部分再分别使用一次 SVM 模型，实现将整个区域划分为 4 个火险等级。提供了较新颖的火险等级划分方法[93]。综上，基于天气火险数据的研究方法在对野火诱发因子的选择方面忽视了植被和地形对火灾的影响。

主要参考文献

[1] Viegas D X, Viegas M, Ferreira A D. Moisture content of fine forest fuels and fire occurrence in central portugal. International Journal of Wildland Fire, 1992, 2(2): 69-86.

[2] Rossa C G. The effect of fuel moisture content on the spread rate of forest fires in the absence of wind or slope. International Journal of Wildland Fire, 2017, 26(1): 24.

[3] Rossa C G, Fernandes P M. Live fuel moisture content: The 'Pea Under the Mattress' of fire spread rate modeling? Fire, 2018, 1(3):43.

[4] Lawson B D, Hawkes B C. Field evaluation of a moisture content model for medium-sized logging slash. Conference on Fire and Forest Meteorology, 1989: 247-257.

[5] Chuvieco E, Aguado I, Dimitrakopoulos A P. Conversion of fuel moisture content values to ignition potential for integrated fire danger assessment. Canadian Journal of Forest Research, 2004, 34(34): 2284-2293.

[6] Davis F W, Michaelsen J. Sensitivity of fire regime in chaparral ecosystems to climate change. New York: Springer New York, 1995.

[7] Dennison P E, Moritz M A. Critical live fuel moisture in chaparral ecosystems: A threshold for fire activity and its relationship to antecedent precipitation. International Journal of Wildland Fire, 2009, 18(8): 1021-1027.

[8] Agee J K, Wright C S, Williamson N, et al. Foliar moisture content of Pacific Northwest vegetation and its relation to wildland fire behavior. Forest Ecology and Management, 2002, 167(1): 57-66.

[9] Chuvieco E, González I, Verdú F, et al. Prediction of fire occurrence from live fuel moisture content measurements in a Mediterranean ecosystem. International Journal of Wildland Fire, 2009, 18(4): 430-441.

[10] Dimitrakopoulos A P, Papaioannou K K. Flammability assessment of mediterranean forest fuels. Fire Technology, 2001, 37(2): 143-152.

[11] Schoenberg F P, Peng R, Huang Z J, et al. Detection of non-linearities in the dependence of burn area on fuel age and climatic variables. International Journal of Wildland Fire, 2003, 12(1): 1-6.

[12] Dennison P E, Moritz M A, Taylor R S. Evaluating predictive models of critical live fuel moisture in the Santa Monica Mountains, California. International Journal of Wildland Fire, 2008, 17(1): 18-27.

[13] Burgan R E. 1988 revisions to the 1978 national fire-danger rating system. Res Pap SE-273 Asheville, NC: US Department of Agriculture, Forest Service, Southeastern Forest Experiment Station, 1988, 273: 144.

[14] Dennison P E, Roberts D A, Thorgusen S R, et al. Modeling seasonal changes in live fuel moisture and equivalent water thickness using a cumulative water balance index. Remote Sensing of Environment, 2003, 88(4): 442-452.

[15] Dimitrakopoulos A, Bemmerzouk A. Predicting live herbaceous moisture content from a seasonal drought index. International Journal of Biometeorology, 2003, 47(2): 73-79.

[16] Ruffault J, Martin-Stpaul N, Pimont F, et al. How well do meteorological drought indices predict live fuel moisture content (LFMC)? An assessment for wildfire research and operations in Mediterranean ecosystems. Agricultural and Forest

Meteorology, 2018, 262: 391-401.

[17] Yebra M, Dennison P E, Chuvieco E, et al. A global review of remote sensing of live fuel moisture content for fire danger assessment: Moving towards operational products. Remote Sensing of Environment, 2013, 136(5): 455-468.

[18] Viegas D, Piñol J, Viegas M, et al. Estimating live fine fuels moisture content using meteorologically-based indices. International Journal of Wildland Fire, 2001, 10(2): 223-240.

[19] Quan X, He B, Li X, et al. Estimation of grassland live fuel moisture content from ratio of canopy water content and foliage dry biomass. IEEE Geoscience Remote Sensing Letters, 2015, 12(9): 1903-1907.

[20] Quan X, He B, Li X, et al. Retrieval of grassland live fuel moisture content by parameterizing radiative transfer model with interval estimated LAI. IEEE Journal of Selected Topics in Applied Earth Observations Remote Sensing, 2016, 9(2): 910-920.

[21] Quan X, He B, Yebra M, et al. A radiative transfer model-based method for the estimation of grassland aboveground biomass. International Journal of Applied Earth Observation Geoinformation, 2017, 54: 159-168.

[22] Myoung B, Kim S H, Nghiem S V, et al. Estimating live fuel moisture from MODIS satellite data for wildfire danger assessment in Southern California USA. Remote Sensing, 2018, 10(1): 87.

[23] Jurdao S, Chuvieco E, Arevalillo J M. Modelling fire ignition probability from satellite estimates of live fuel moisture content. Fire Ecology, 2012, 8(1): 77-97.

[24] Nolan R H, Boer M M, De Dios V R, et al. Large-scale, dynamic transformations in fuel moisture drive wildfire activity across southeastern Australia. Geophysical Research Letters, 2016, 43(9): 4229-4238.

[25] Nolan R H, Dios V R D, Boer M M, et al. Predicting dead fine fuel moisture at regional scales using vapour pressure deficit from MODIS and gridded weather data. Remote Sensing of Environment, 2016, 174: 100-108.

[26] Bradstock R A. A biogeographic model of fire regimes in Australia: Current and future implications. Global Ecology and Biogeography, 2010, 19(2): 145-158.

[27] Al-Moustafa T, Armitage R P, Danson F M. Mapping fuel moisture content in upland vegetation using airborne hyperspectral imagery. Remote Sensing of Environment, 2012, 127(127): 74-83.

[28] Houborg R, Anderson M, Daughtry C. Utility of an image-based canopy reflectance modeling tool for remote estimation of LAI and leaf chlorophyll content at the field scale. Remote Sensing of Environment, 2009, 113(1): 259-274.

[29] Huang J X, Sedano F, Huang Y B, et al. Assimilating a synthetic Kalman filter leaf area index series into the WOFOST model to improve regional winter wheat yield estimation. Agricultural and Forest Meteorology, 2016, 216: 188-202.

[30] Quan X, He B, Yebra M, et al. Retrieval of forest fuel moisture content using a coupled radiative transfer model. J Environmental Modelling and Software, 2017, 95: 290-302.

[31] Yebra M, Chuvieco E, Riaño D. Estimation of live fuel moisture content from MODIS images for fire risk assessment. Agricultural and Forest Meteorology, 2008, 148(4): 523-536.

[32] 岳超, 罗彩访, 舒立福, 等. 全球变化背景下的野火研究进展综述. 生态学报, 2020, 40(2): 385-401.

[33] 田晓瑞, 张有慧. 森林火险等级预报系统评述. 世界林业研究, 2006, 19(2): 39-46.

[34] Flannigan M, Bergeron Y, Engelmark O, et al. Future wildfire in circumboreal forests in relation to global warming. Journal of Vegetation Science, 1998, 9(4): 469-476.

[35] Mcarthur A G. The preparation and use of fire danger tables. Melbourne: Proc Fire Weather Conf, 1958.

[36] Mcarthur A G. Fire behaviour in eucalypt forests. Canberra: Forestry and Timber Bureau, 1967.

[37] Cheney P, Sullivan A. Grassfires: Fuel, weather and fire behaviour. Collingwood: CSIRO publishing, 2008.

[38] Rodrigues M, De La Riva J. An insight into machine-learning algorithms to model human-caused wildfire occurrence. Environmental Modelling & Software, 2014, 57: 192-201.

[39] Nami M H, Jaafari A, Fallah M, et al. Spatial prediction of wildfire probability in the Hyrcanian ecoregion using evidential belief function model and GIS. International Journal of Environmental Science & Technology, 2017, 15(3): 1-12.

[40] Verde J, Zêzere J. Assessment and validation of wildfire susceptibility and hazard in Portugal. Natural Hazards and Earth System Sciences, 2010, 10(3): 485-497.

[41] Parisien M-A, Snetsinger S, Greenberg J A, et al. Spatial variability in wildfire probability across the western United States. International Journal of Wildland Fire, 2012, 21(4): 313-327.

[42] Adab H, Kanniah K D, Solaimani K. Modeling forest fire risk in the northeast of Iran using remote sensing and GIS techniques. Natural Hazards, 2013, 65(3): 1723-1743.

[43] Adab H, Kanniah K D, Solaimani K, et al. Modelling static fire hazard in a semi-arid region using frequency analysis. International Journal of Wildland Fire, 2015, 24(6): 763-777.

[44] Jaafari A, Gholami D M, Zenner E K. A bayesian modeling of wildfire probability in the Zagros Mountains, Iran. Ecological informatics, 2017, 39: 32-44.

[45] Jaafari A, Zenner E K, Pham B T. Wildfire spatial pattern analysis in the Zagros Mountains, Iran: A comparative study of decision tree based classifiers. Ecological Informatics, 2018, 43: 200-211.

[46] Pourtaghi Z S, Pourghasemi H R, Aretano R, et al. Investigation of general indicators influencing on forest fire and its susceptibility modeling using different data mining techniques. Ecological Indicators, 2016, 64: 72-84.

[47] Chuvieco E, Congalton R G. Application of remote sensing and geographic information systems to forest fire hazard mapping. Remote Sensing of Environment, 1989, 29(2): 147-159.

[48] Guo F, Zhang L, Jin S, et al. Modeling anthropogenic fire occurrence in the boreal forest of China using logistic regression and random forests. Forests, 2016, 7(11): 250.

[49] Goldarag Y J, Mohammadzadeh A, Ardakani A. Fire risk assessment using neural network and logistic regression. Journal of the Indian Society of Remote Sensing, 2016, 44(6): 885-894.

[50] Vecín-Arias D, Castedo-Dorado F, Ordóñez C, et al. Biophysical and lightning characteristics drive lightning-induced fire occurrence in the central plateau of the Iberian Peninsula. Agricultural and Forest Meteorology, 2016, 225: 36-47.

[51] Hong H, Panahi M, Shirzadi A, et al. Flood susceptibility assessment in Hengfeng area coupling adaptive neuro-fuzzy inference system with genetic algorithm and differential evolution. Science of The Total Environment, 2018, 621: 1124-1141.

[52] Pourtaghi Z S, Pourghasemi H R, Rossi M. Forest fire susceptibility mapping in the Minudasht forests, Golestan province, Iran. Environmental Earth Sciences, 2015, 73(4): 1515-1533.

[53] Jaafari A, Gholami D M. Wildfire hazard mapping using an ensemble method of frequency ratio with Shannon's entropy. Iranian Journal of Forest and Poplar Research, 2017, 25(2): 232-243.

[54] Chen W, Panahi M, Pourghasemi H R. Performance evaluation of GIS-based new ensemble data mining techniques of adaptive neuro-fuzzy inference system(ANFIS) with genetic algorithm(GA), differential evolution(DE), and particle swarm optimization(PSO) for landslide spatial modelling. Catena, 2017, 157: 310-324.

[55] Termeh S V R, Kornejady A, Pourghasemi H R, et al. Flood susceptibility mapping using novel ensembles of adaptive neuro fuzzy inference system and metaheuristic algorithms. Science of The Total Environment, 2018, 615: 438-451.

[56] Bui D T, Bui Q-T, Nguyen Q-P, et al. A hybrid artificial intelligence approach using GIS-based neural-fuzzy inference system

and particle swarm optimization for forest fire susceptibility modeling at a tropical area. Agricultural and Forest Meteorology, 2017, 233: 32-44.

[57] Oliveira S, Oehler F, San-Miguel-Ayanz J, et al. Modeling spatial patterns of fire occurrence in Mediterranean Europe using Multiple Regression and Random Forest. Forest Ecology and Management, 2012, 275: 117-129.

[58] 吉蕴, 李祖平. 逻辑斯蒂模型及其应用. 潍坊学院学报, 2009, 9(5): 78-80.

[59] 徐荣辉. 逻辑斯蒂方程及其应用. 山西财经大学学报, 2010(s2): 311-312.

[60] 王治. Logistic 回归系数极大似然估计的计算. 数学理论与应用, 2009(4): 86-90.

[61] Chang Y, Zhu Z, Bu R, et al. Predicting fire occurrence patterns with logistic regression in Heilongjiang Province, China. Landscape Ecology, 2013, 28(10): 1989-2004.

[62] Zhang H, Han X, Dai S. Fire Occurrence Probability Mapping of Northeast China With Binary Logistic Regression Model. IEEE Journal of Selected Topics in Applied Earth Observations and Remote Sensing, 2013, 6(1): 121-127.

[63] Pan J, Wang W, Li J. Building probabilistic models of fire occurrence and fire risk zoning using logistic regression in Shanxi Province, China. Natural Hazards, 2016, 81(3): 1879-1899.

[64] Lozano F J, Suárez-Seoane S, de Luis E. Assessment of several spectral indices derived from multi-temporal Landsat data for fire occurrence probability modelling. Remote Sensing of Environment, 2007, 107(4): 533-544.

[65] Guo F, Su Z, Wang G, et al. Wildfire ignition in the forests of southeast China: Identifying drivers and spatial distribution to predict wildfire likelihood. Applied Geography, 2016, 66: 12-21.

[66] Garcia C V, Woodard P M, Titus S J, et al. A logit model for predicting the daily occurrence of human caused forest-fires. International Journal of Wildland Fire, 1995, 5(2): 101-111.

[67] Preisler H K, Brillinger D R, Burgan R E, et al. Probability based models for estimation of wildfire risk. International Journal of Wildland Fire, 2004, 13(2): 133-142.

[68] 都业军, 周肃, 斯琴其其格, 等. 人工神经网络在遥感影像分类中的应用与对比研究. 测绘科学, 2010(s1): 120-121.

[69] 徐长安. 关于人工神经网络学科的思考. 中国科教创新导刊, 2009(1): 58-58.

[70] 孙吉辉, 孟祥锋. 人工神经网络简介. 中学课程资源, 2008(10): 159-159.

[71] 胡超, 基于 BP 人工神经网络的区域森林火灾预测研究. 舟山: 浙江海洋学院, 2015.

[72] Cheng T, Wang J. Integrated spatio-temporal data mining for forest fire prediction. Transactions in GIS, 2010, 12(5): 591-611.

[73] 梅志雄, 徐颂军, 王佳璆. 基于 DRNN 和 ARIMA 模型的森林火灾面积时空综合预测方法. 林业科学, 2009, 45(8): 101-107.

[74] Bisquert M, Caselles E, Sánchez J M, et al. Application of artificial neural networks and logistic regression to the prediction of forest fire danger in Galicia using MODIS data. International Journal of Wildland Fire, 2012, 21(8): 1025-1029.

[75] Safi Y, Bouroumi A. Prediction of forest fires using Artificial neural networks. Applied Mathematical Sciences, 2013, 18(8): 662-669.

[76] 黄家荣, 刘倩, 高光芹, 等. 森林火灾成灾面积的人工神经网络 BP 模型预测. 河南农业大学学报, 2007, 41(3): 273-275.

[77] 马奔, 薛永基, 顾艳红. 修正的 BP 神经网络森林火灾成灾面积预测研究. 资源开发与市场, 2014, 30(12): 1441-1443.

[78] 任丰原, 黄海宁, 林闯. 无线传感器网络. 软件学报, 2003, 14(7): 1282-1291.

[79] 汤文亮, 曾祥元, 曹义亲. 基于 ZigBee 无线传感器网络的森林火灾监测系统. 实验室研究与探索, 2010, 29(6): 49-53.

[80] 张军国, 李文彬, 韩宁, 等. 基于 ZigBee 无线传感器网络的森林火灾监测系统的研究. 北京林业大学学报, 2007, 29(4): 41-45.

[81] Trevis L N, El-Sheimy. The development of a real-time forest fire monitoring and management system. Sheimy, 2009.

[82] 李光辉, 赵军, 王智. 基于无线传感器网络的森林火灾监测预警系统. 传感技术学报, 2006, 19 (6): 2760-2764.

[83] 黄光华. 基于无线传感器网络的森林火灾监测系统的设计与研究. 赣州: 江西理工大学, 2012.

[84] Benammar M, Souissi R. A new approach based on wireless sensor network and fuzzy logic for forest fire detection. International Journal of Computer Applications, 2014, 89 (2): 48-55.

[85] Lalouni S, Rekioua D, Rekioua T, et al. Fuzzy logic control of stand-alone photovoltaic system with battery storage. Journal of Power Sources, 2009, 193 (2): 899-907.

[86] Schroeder M J, Buck C C. Fire weather: A guide for application of meteorological information to forest fire control operations. Agriculture Handbook, 1970.

[87] 周来法, 屈道金, 张加正, 等. 气象因子对森林火灾影响的研究. 浙江林业科技, 1991 (6): 33-38.

[88] Ya P, Groisman, Sun B, et al. Contemporary climate changes in high latitudes of the Northern Hemisphere: Daily time resolution. Procintl Sympclimate Change, 2003.

[89] Viegas D X, Piñol J, Viegas M T, et al. Estimating live fine fuels moisture content using meteorologically-based indices. International Journal of Wildland Fire, 2001, 10 (2): 223-240.

[90] Gillett N P, Weaver A J, Zwiers F W, et al. Detecting the effect of climate change on Canadian forest fires. Geophysical Research Letters, 2004, 31 (18): 355-366.

[91] Williams A A J, Karoly D J, Tapper N. The sensitivity of Australian fire danger to climate change. Climatic Change, 2001, 49 (1-2): 171-191.

[92] 李德. 四川省重点地区森林火灾与气象因子的关系研究. 北京: 北京林业大学, 2013.

[93] Sakr G E, Elhajj I H, Mitri G, et al. Artificial intelligence for forest fire prediction. IEEE/ASME International Conference on Advanced Intelligent Mechatronics, 2011, 1311-1316.

第3章　野火火点检测与蔓延速率估算研究进展

　　野火行为包括野火火点位置、野火蔓延速率、野火蔓延高度及野火火线密度等[1]。定量地认识这些野火行为特征对于野火和土地管理、抑制野火战略规划、公共和消防安全、短期和长期野火生态问题/野火影响、烟雾排放以及保护城市区域免受野火影响等领域的研究应用非常重要。需要指出的是，野火火点位置数据以及野火蔓延速率是估计其他野火行为特征参数的重要基础(图3-1)。其中野火火点位置是指正在发生野火的地方的地理坐标数据，野火蔓延速率是指单位时间内野火在野火蔓延方向上传播的距离。

　　目前，野火火点检测的研究主要集中在太阳同步轨道卫星光学遥感数据上。因为其具有较高的空间分辨率，可以进行区域上或者大范围的研究。基于遥感数据的野火火点检测方法主要有基于空间信息异常检测的野火火点检测方法、基于时间信息异常检测的野火火点检测方法、基于时空信息异常检测的野火火点检测方法以及基于机器学习方法的野火火点检测方法。其中，基于空间信息和基于时间信息的野火火点检测方法都是根据野火发生过程中，遥感数据光谱通道会发生异常的原理进行野火火点的探测。基于机器学习的野火火点检测方法通过学习收集到的野火火点对应的光谱信息特征来建立野火发生特征模型，进而通过模型自动识别野火火点。这种方法往往需要较多的训练数据，对于有大量数据累积的卫星传感器十分适合。

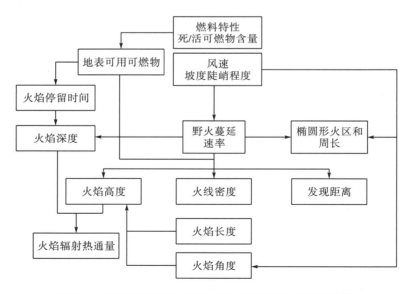

图 3-1　野火蔓延速率与其他野火行为特征之间的联系[5]

野火蔓延速率估计主要采用以下 3 种方法：基于野火传播理论的物理或半物理模型、基于现场观测数据统计分析的经验或半经验模型及通过图像数据提取。前者通常以复杂数字代码的形式呈现野火发生过程中涉及的流体运动学、热力学等方程，在计算野火蔓延速率时需要相当多的计算资源来解决复杂的非线性方程。后者则通常是一些简单的分析方程，其将因变量(如野火蔓延速率)与关键的独立变量(如风速、燃料水分含量和燃料类型)相关联。但是这些分析方程往往具有地区性，很难在其他区域和植被类型上应用。近年来也有一些研究基于机载的遥感图像数据来提取野火蔓延速率，但是提取的野火速率的持续时间和研究的野火规模也比较小，同时研究的成本也非常高。

虽然基于卫星遥感数据的野火火点提取技术日趋成熟，同时各种各样的野火蔓延速率估算模型被建立，但是目前用于野火火点检测的遥感卫星数据多以太阳同步卫星数据为主，它们具有较高的空间分辨率，但时间分辨率都较低，难以达到在每小时或者分钟级上进行野火火点的检测。同时，物理模型的复杂求解以及经验模型输入数据的收集也阻碍了野火蔓延速率的近实时提取估算。野火的发生通常具有爆发性和快速性的特点，近实时的野火行为提取和分析对于及时的野火防控救援极其重要。

遥感技术的不断提升，使得新一代的地球同步卫星在时间分辨率和空间分辨率上都有了较大的提升，这为在大区域上进行(近)实时野火火点检测和野火蔓延速率提取提供了可能。其中最具代表性的是日本的 Himawari-8 卫星、中国的高分四号卫星和风云四号卫星。使用目前较为成熟的 Himawari-8 数据进行野火火点和野火蔓延速率的研究可以为国产数据的应用提供基础和理论依据。

3.1　地球同步卫星发展状况

地球同步轨道卫星位于地球上方约 35800km(22300 英里)的高度，沿地球旋转的同一方向(西向东)旋转[2]。在此高度上，卫星一次运行需要 24h，这与地球自转一周所需的时间长度相同，卫星相对地球的状态是静止的，地面观测者看到的卫星几乎静止在天空中，因此也称为对地静止卫星。通信卫星和气象卫星通常运行在地球同步轨道上。

第一颗地球同步卫星发射于 1964 年。往后的半个世纪，许多国家和组织都发射了不同类型的地球同步卫星，其中以地球静止卫星最为典型。这些卫星包括中国的风云系列卫星、欧洲航天局的 Meteosat 系列卫星、美国的 GOES 系列卫星、日本的 Himawari 系列卫星、印度的 INSAT 系列卫星以及韩国的 COMS 系列卫星[3,4]。表 3-1 给出了每个系列中目前最具代表性的卫星的相关参数。

表 3-1　国内外最具代表性的地球静止气象卫星

国家/机构	卫星名称	时间分辨率	空间分辨率/km	传感器	地区
美国	GOES-16	30s~15min	1~5	ABI	西大西洋
欧洲航天局	Meteosat-8	15min	1~4.8	SEVIRI	印度洋
中国	FY-4A	15min	0.5~4	AGRI	印度洋
日本	Himawari-8	2.5~10min	0.5~2	AHI	西太平洋

续表

国家/机构	卫星名称	时间分辨率	空间分辨率/km	传感器	地区
印度	INSAT-3D	30min	1~8	IMAGER	印度洋
韩国	COMS	27min	1~4	MI	西太平洋

地球同步卫星数据也进一步应用在了大气、海洋以及野火等方面。Zhang 等提出了一种使用地球静止环境卫星(geostationary operational environmental satellites，GOES)野火火点数据模拟昼夜燃烧区域的算法，结果显示了其在近实时野火过火面积估算中的潜在价值[5]。Prins 等使用地球静止环境卫星(GEOS)携带的红外旋转扫描辐射计检测了美国南部的生物量燃烧情况[6]。Calle 和 Laneve 等使用第二代气象卫星(meteosat second generation，MSG)旋转增强型可见光和红外成像仪(spinning enhanced visible and infrared imager，SEVIRI)获取的时间分辨率为 15min 的数据，近实时地检测到了希腊和葡萄牙的森林火灾[7,8]。Kim 等使用韩国地球静止气象卫星识别到了韩国境内 2013 年发生的野火，总体准确度超过 85%[9]。Zhang 等使用多种对地静止卫星数据获得了每小时的全球生物燃烧排放产品[10]。Fatkhuroyan 等使用 Sataid 软件组合了来自 Himawari-8 数据的第 3、4 和 6 通道图像，目视解译了 2015 年 8~10 月印度尼西亚的森林野火[11]。Xu 等将为 MSG SEVIRI 设计的野火辐射功率(fire radiative power，FRP)算法应用于 Himawari-8 和其他地球静止卫星数据上(FY-2 和 MTSAT)上，结果显示效果较好[12]。此外，Kramar 等将 Himawari-8 数据输入NOAA 先进晴空海洋处理器(advanced clear-sky processor for ocean，ACSPO)，系统反演了近实时的海平面温度[13]。

与此同时，地球同步卫星也朝着高空间分辨率的方向发展。其中，最具代表性的卫星为我国 2015 年发射的高分四号。作为世界上第一颗高空间高时间分辨率的静止卫星，其空间分辨率最高可以达到 100m，时间分辨率最高可以达到 1s[14]。初步的研究表明，其在海洋船只检测以及野火探测上有非常好的效果[15-17]。除此之外，法国、印度以及美国都推出了研制和发射高分辨率地球同步轨道卫星的计划[2]。

3.2　野火火点检测研究进展

野火火点数据是野火行为特征的重要参数。近年来，野火火点检测一直是遥感领域的研究热点。依据野火发生时像元在中红外(middle infrared，MIR)和热红外(thermal infrared，TIR)光谱通道具有很大差异的特征，国内外的野火研究专家在过去 30 年中针对地球同步轨道卫星和太阳同步轨道卫星遥感数据开发了许多野火火点监测和探测的算法和产品[18-20]。因为这两个传感器平台运行模式存在差异：地球同步卫星数据具有高时间分辨率但空间分辨率低，相反，太阳同步卫星数据具有高空间分辨率但时间分辨率非常低[21-23]。因此，基于这两种数据的野火火点检测算法往往仅独立地关注时间或空间信息。

基于空间信息的野火火点检测算法常利用太阳同步轨道平台上传感器精细的空间分辨率来进行野火火点的检测，这些算法可以归类为"固定阈值"或"上下文"算法[24]。如果遥感图像中某一个像元的一个或多个光谱带中亮度温度或辐射度超过预先指定的阈值，则固定阈值算法将该像元识别为野火火点像元[25,26]。Li 等将该方法应用到 NOAA/ AVHRR 卫星数据上，获取加拿大 1994～1998 年寒带森林的野火火点情况[27]。Hassini 等基于简单固定阈值方法，以 MSG 数据为基础开发了相关的野火火点检测算法[28]。基于固定阈值方法的固有缺点如下：不同地方的自然场景在时间和空间上的可变性，使得难以确定最优阈值；阈值通常都是根据先前的历史数据进行保守估计[29]，使得许多火灾可能被忽视，特别是小火灾。与固定阈值算法相比，上下文算法在确认真实野火火点像元方面更为复杂[30,31]。首先，上下文测试通常使用固定阈值方法标记野火火点候选像元；然后通过野火火点候选像元与其冷背景亮温进行对比来确认该像素是否为"真实的火像素"。冷背景亮温通过自适应窗口内的空间统计来计算。如果对比度足够高于预先指定的阈值，则该候选像元被识别为野火火点像元。目前，应用较为广泛的 MODIS 野火火点产品就是使用基于上下文的算法[19]。但该方法是以可以准确地估计候选野火火点像元背景为前提[32]，背景要求是无云且无火的像素，当中心像素周围的采样区域受到云的严重影响时，很难获得足够的有效像素。

基于时间信息的野火火点检测算法通常利用地球静止轨道传感器提供的高时频数据，通过分析亮温的多时相变化来探测野火。这些算法首先利用像元在同一时刻上对应的历史数据来预测真实背景亮温；随后，如果观测值足够高于中红外通道的预测背景亮温，则将像元识别为野火火点像元。Laneve 等首次介绍了使用时间信息进行火灾探测。他们利用一组已有的观察结果来建立表面亮温的物理模型，然后在 SEVIRI 的连续图像中使用变化检测技术来检测野火火点异常[8]。同样，Filizzola 等应用了鲁棒卫星技术（robust satellite technique，RST）的多时相变化检测技术，用于 SEVIRI 卫星数据的实时火灾探测和监测[33,34]。在该方法中，对每个目标像元计算对应亮温的时间平均值和标准偏差，并且通过将其与观察值进行比较来判断是否为野火火点。一些研究人员也利用太阳同步轨道卫星平台提供的遥感数据开发了基于时间信息的野火火点探测算法。Koltunov 和 Ustin 提出了一种用于 MODIS 热异常检测的多时相检测方法，该方法使用非线性动态检测模型（dynamic detection model，DDM）来估计用于区分野火火点的背景亮温[35]。同样，Lin 等提出了一种使用 HJ-1B 红外相机传感器图像进行森林野火探测的时空模型[36]。在该方法中，像素与其空间邻域之间的强相关性被用来预测背景强度，然后进行等效的背景测试以探测野火。Lin 等基于风云三号 C 星（FY-3C）可见光和红外辐射计（visible and infrared radiometer，VIRR）开发了一种野火火点探测算法[37]，该算法通过构建时间序列数据计算预测的中红外值与目标区域的稳定中红外值之间的变化来进行野火火点检测。尽管结合空间和时间信息的算法会使野火探测更加准确和稳健，但只有少数的研究在检测野火火点时同时考虑卫星数据的空间和时间特征[20,38]。同时，机器学习因其在物体检测方面突出的优势，也被用于野火的检测[39]。机器学习算法基于图像分类的思想将待检测像元分类为野火火点或背景的二进制对象。

3.3 野火蔓延速率估算研究进展

在过去的几十年中,许多估算野火蔓延速率的方法都被提出。这些方法可以分为两类:传统方法(如实验室或现场观察、火蔓延模型估计)和基于遥感的方法(如从卫星和机载图像中提取)[40]。其中实验室或现场观察通常使用眼睛观察,可见光或红外光谱图像和热电偶仪器来估计野火蔓延速率[41]。这些方法通常是高度准确的。但是也伴随着观测人的主观认识,且对于场地也有很高的要求。因此该类方法通常在野火速率蔓延研究的早期用来获取实地观测数据。野火蔓延模型可以进一步分为两类:经验/半经验统计模型和物理/半物理模型[42,43]。经验/半经验统计模型利用实验室或现场试验产生的观测数据来建立野火蔓延速率与燃料、地形和气象相关的关系因素[44]。我国著名的王正非模型[45]就是典型的经验模型,该模型通过室内多次试验,建立了风速、地形、可燃物与野火蔓延速率之间的关系,进而推算出野外的野火蔓延速率。我国通用森林野火风险险级系统[46]也是基于此模型开发出来的。野火蔓延速率经验模型的建立,主要以 McArthur、Cheney 以及 Cruz 等为代表,他们在澳大利亚范围内针对不同的植被类型(草地、灌木地、干桉树林、湿桉树林以及松树林)建立了多种野火蔓延速率估算模型[47-49]。这些经验模型的输入参数通常包含天气信息、可燃物信息以及可燃物结构信息 3 类。而美国的半经验模型——Rothermel模型应用也非常广泛,该模型简单且计算效率高。但是,经验方法往往依赖特定地点和数据,因此需要频繁地重新校准,以确保其适用于新情况(如由于气候变化或不同的燃料分布而引起的更严重的火灾)。同时,经验方法缺乏普遍性,在没有观测数据的条件下很难建立。相对于经验/半经验模型,物理/半物理模型通过结合热力学、空气动力学和植物学来考虑野火传播的机制进行野火蔓延速率的模拟,通常被认为更加稳健[50]。经常受野火影响的美国、加拿大以及地中海国家建立了许多物理模型,其中包括 FIRETEC 模型[51](美国)、AIOLOS-F 模型[52](希腊)以及 FFM 模型[53](澳大利亚)。但是物理模型的求解通常是复杂的,能量守恒和动量守恒的平衡方程计算也很耗时。随着计算机空间模拟技术的不断发展,许多集成的经验模型和物理模型的野火蔓延速率模拟器也被开发出来,如 Farsite、Prometheus、Phoenix 野火模拟器[54]。但是野火通常在比较极端的条件下和不确定的位置产生,无论是传统方法还是物理方法都难以实现近实时野火蔓延速率估算。遥感技术可以直接从地面获取信息,并提供独特的、具有低成本效益的信息来源,对于在空间和时间上理解野火行为非常方便。广泛用于提取野火蔓延速率的卫星产品是 MODIS 全球野火火点产品(MCD14ML)和野火火烧迹地产品(MCD64A1 和 MCD45A1)。Loboda 等使用 MODIS MOD14 和 MYD14 产品重建 2001~2004 年在西伯利亚发生的火灾,获得野火蔓延速率的历史年度地图[55]。Benali 等根据每次火灾事件的形态传播结构,利用 MODIS 野火火点产品(MCD14ML)的时空信息以及葡萄牙官方燃烧区域数据库获取 2001~2009 年主要火灾路线和相应的平均传播方向[56]。然而,MODIS 产品的时间分辨率是一天或更长,这使得近实时野火蔓延速率的提取不可行。也有一些研究使用连续的机载数据来提取野火蔓延速率。例如,Stow 等通过从重复的机载热红外(ATIR)图像中提取 2002 年威廉姆斯火焰中的扩散矢量和单位,计算了野火蔓延速率[57]。Pastor 等也提出了一种通过热图像处理来计算野火扩散速率的方法[58]。然而,基于机载的数据成本较高,通常在飞行时间和飞行空间上受到限制,难以实现大区域长时间的野火蔓延速率提取。

综合上述国内外研究现状可得出如下结论:

(1)野火火点检测是野火行为研究中的热点。目前针对不同运行轨道的对地观测卫星数据,国内外学者根据数据特点提出了诸多方法来进行野火火点的检测。但是这些方法都只是单一地考虑时间信息或者空间信息来检测。时间分辨率和空间分辨率的相互制约,使得利用时空信息相结合来进行野火火点检测的研究较少。而随着未来对地观测卫星数据时间和空间分辨率技术的提升以及遥感数据量的不断扩大,如何运用这些信息进行更加精准及时的野火火点检测将是未来野火火点检测研究的突破口。

(2)目前(近)实时野火蔓延速率提取的研究主要以经验模型为主,但是基于经验模型的研究存在固有的缺点。虽然基于遥感图像的方法也有涉及,但是都难以达到在大范围上近实时地获取野火蔓延速率。随着地球同步卫星的不断发展,其数据在空间分辨率和时间分辨率上都有了较大的提升,使(近)实时野火蔓延速率的提取成为可能。

主要参考文献

[1] Cruz M G, Gould J S, Alexander M E, et al. Empirical-based models for predicting head-fire rate of spread in Australian fuel types. Australian Forestry, 2015, 78(3): 118-158.

[2] 张志新. 地球同步轨道卫星遥感图像舰船检测与运动监测. 北京: 中国科学院大学, 2017.

[3] 许健民. 中国气象卫星发展现状及趋势. 科技导报, 2010, 28(6): 3-3.

[4] 徐建平. 国内外气象卫星发展. 空间科学学报, 2000(S1): 104-115.

[5] Zhang X, Kondragunta S, 2008. Temporal and spatial variability in biomass burned areas across the USA derived from the GOES fire product[J]. Remote Sensing of Environment, 112(6):2886-2897.

[6] Prins E M, Menzel W P. Geostationary satellite detection of bio mass burning in South America. International Journal of Remote Sensing, 1992, 13(15): 2783-2799.

[7] Calle A, Casanova J L, Romo A. Fire detection and monitoring using MSG Spinning Enhanced Visible and Infrared Imager(SEVIRI) data. Journal of Geophysical Research: Biogeosciences, 2006, 111(G4): 1-13.

[8] Laneve G, Castronuovo M M, Cadau E G. Continuous monitoring of forest fires in the mediterranean area using MSG. IEEE Transactions on Geoscience and Remote Sensing, 2006, 44(10): 2761-2768.

[9] Kim G, Kim D S, Park K W, et al., 2014.Detecting wildfires with the Korean geostationary meteorological satellite[J]. Remote Sensing Letters, 5(1): 19-26.

[10] Zhang X, Kondragunta S, Ram J, et al. Near-real-time global biomass burning emissions product from geostationary satellite constellation. Journal of Geophysical Research: Atmospheres, 2012, 117(D14): 1-18.

[11] Fatkhuroyan, Wati T, Panjaitan A. Forest fires detection in Indonesia using satellite Himawari-8(case study: Sumatera and Kalimantan on august-october 2015). 3rd International Symposium on Lapan-Ipb Satellite for Food Security and Environmental Monitoring 2016, 2017, 54: 012053.

[12] Xu W, Wooster M J, Kaneko T, et al. Major advances in geostationary fire radiative power(FRP) retrieval over Asia and

Australia stemming from use of Himarawi-8 AHI. Remote Sensing of Environment, 2017, 193: 138-149.

[13] Kramar M, Ignatov A, Petrenko B, et al. Near real time SST retrievals from Himawari-8 at NOAA using ACSPO system. Ocean Sensing and Monitoring VIII, 2016: 98270L.

[14] 李果, 孔祥皓, 刘凤晶, 等. "高分四号" 卫星遥感技术创新. 航天返回与遥感, 2016, 37(4): 7-15.

[15] 易维, 黄树松, 王凤阁. 高分四号卫星在森林火灾监测中大显身手. 卫星应用, 2016(5): 49-51.

[16] 荆凤, 徐岳仁, 张小咏, 等. "高分四号" 卫星在地震行业中的应用潜力分析. 航天返回与遥感, 2016, 37(4): 110-115.

[17] Zhang Z X, Shao Y, Tian W, et al. Application potential of GF-4 images for dynamic ship monitoring. IEEE Geoscience and Remote Sensing Letters, 2017, 14(6): 911-915.

[18] Lin Z, Chen F, Li B, et al. FengYun-3C VIRR active fire monitoring: Algorithm description and initial assessment using MODIS and landsat data. IEEE Transactions on Geoscience and Remote Sensing, 2017, 55(11): 6420-6430.

[19] Giglio L, Schroeder W, Justice C O. The collection 6 MODIS active fire detection algorithm and fire products. Remote Sensing of Environment, 2016, 178: 31-41.

[20] Roberts G, Wooster M J. Development of a multi-temporal Kalman filter approach to geostationary active fire detection & fire radiative power(FRP) estimation. Remote Sensing of Environment, 2014, 152: 392-412.

[21] Freeborn P H, Wooster M J, Roberts G, et al. Development of a virtual active fire product for Africa through a synthesis of geostationary and polar orbiting satellite data. Remote Sensing of Environment, 2009, 113(8): 1700-1711.

[22] Freeborn P, Wooster M, Roberts G, et al. Evaluating the SEVIRI fire thermal anomaly detection algorithm across the central african republic using the MODIS active fire product. Remote Sensing, 2014, 6(3): 1890-1917.

[23] Wickramasinghe C, Wallace L, Reinke K, et al. Implementation of a new algorithm resulting in improvements in accuracy and resolution of SEVIRI hotspot products. Remote Sensing Letters, 2018, 9(9): 877-885.

[24] Wooster M J, Xu W, Nightingale T. Sentinel-3 SLSTR active fire detection and FRP product: Pre-launch algorithm development and performance evaluation using MODIS and ASTER datasets. Remote Sensing of Environment, 2012, 120: 236-254.

[25] Arino O, Casadio S, Serpe D. Global night-time fire season timing and fire count trends using the ATSR instrument series. Remote Sensing of Environment, 2012, 116: 226-238.

[26] He L, Z. Li. Enhancement of a fire detection algorithm by eliminating solar reflection in the mid-IR band: application to AVHRR data. International Journal of Remote Sensing, 2012, 33(22): 7047-7059.

[27] Li Z, Nadon S, Cihlar J. Satellite-based detection of Canadian boreal forest fires: Development and application of the algorithm. International Journal of Remote Sensing, 2010, 21(16): 3057-3069.

[28] Hassini A, Benabdelou F, Benabadji N, et al. Active fire monitoring with level 1.5 MSG satellite images. American Journal of Applied Sciences, 2009, 6(1): 157-166.

[29] Plank S, Fuchs E-M, Frey C. A Fully Automatic instantaneous fire hotspot detection processor based on AVHRR imagery—A TIMELINE thematic processor. Remote Sensing, 2017, 9(1): 30.

[30] Giglio L, Descloitres J, Justice C O, et al. An enhanced contextual fire detection algorithm for MODIS. Remote Sensing of Environment, 2003, 87(2-3): 273-282.

[31] Simon M, Plummer S, Fierens F, et al. Burnt area detection at global scale using ATSR-2: The GLOBSCAR products and their qualification. Journal of Geophysical Research-Atmospheres, 2004, 109(D14).

[32] Hally B, Wallace L, Reinke K, et al. Estimating fire background temperature at a geostationary scale—An evaluation of contextual methods for AHI-8. Remote Sensing, 2018, 10(9): 1368.

[33] Filizzola C, Corrado R, Marchese F, et al. RST-FIRES, an exportable algorithm for early-fire detection and monitoring: Description, implementation, and field validation in the case of the MSG-SEVIRI sensor. Remote Sensing of Environment, 2016, 186: 196-216.

[34] Mazzeo G, Marchese F, Filizzola C, et al. A multi-temporal robust satellite technique（RST）for forest fire detection. International Workshop on Analysis of Multi-temporal Remote Sensing Images, 2007: 1-6.

[35] Koltunov A, Ustin S L. Early fire detection using non-linear multitemporal prediction of thermal imagery. Remote Sensing of Environment, 2007, 110(1): 18-28.

[36] Lin L, Meng Y, Yue A, et al. A spatio-temporal model for forest fire detection using HJ-IRS satellite data. Remote Sensing, 2016, 8(5): 403.

[37] Lin Z, Chen F, Niu Z, et al. An active fire detection algorithm based on multi-temporal FengYun-3C VIRR data. Remote Sensing of Environment, 2018, 211: 376-387.

[38] Xie Z, Song W, Ba R, et al. A spatiotemporal contextual model for forest fire detection using himawari-8 satellite data. Remote Sensing, 2018, 10(12): 1992.

[39] Kansal A, Singh Y, Kumar N, et al. Detection of forest fires using machine learning technique: A perspective. International Conference on Image Information Processing, 2015: 241-245.

[40] Liu X, He B, Quan X, et al. Near real-time extracting wildfire spread rate from Himawari-8 satellite data. Remote Sensing, 2018, 10(10): 1654.

[41] Gould J S, Sullivan A L, Hurley R, et al. Comparison of three methods to quantify the fire spread rate in laboratory experiments. International Journal of Wildland Fire, 2017, 26(10): 877.

[42] Sullivan A L. Wildland surface fire spread modelling, 1990—2007. 2: Empirical and quasi-empirical models. International Journal of Wildland Fire, 2009, 18(4): 369.

[43] Sullivan A L. Wildland surface fire spread modelling, 1990—2007. 1: Physical and quasi-physical models. International Journal of Wildland Fire, 2009, 18(4): 349.

[44] Plucinski M P, Sullivan A L, Rucinski C J, et al. Improving the reliability and utility of operational bushfire behaviour predictions in Australian vegetation. Environmental Modelling & Software, 2017, 91: 1-12.

[45] 王正非.火山初始蔓延速度测算法.山地研究，1983, 1(2): 44-53.

[46] 王正非.通用森林火险级系统.自然灾害学报，1992(3): 39-44.

[47] Cheney N P, Gould J S, McCaw W L, et al. Predicting fire behaviour in dry eucalypt forest in southern Australia. Forest Ecology and Management, 2012, 280: 120-131.

[48] Cheney N P, Gould J S, Catchpole W R. Prediction of fire spread in grasslands. International Journal of Wildland Fire, 1998, 8(1): 1-13.

[49] Mcarthur A G. Fire behaviour in eucalypt forests. Canberra: Forestry and Timber Bureau, 1967.

[50] Cruz M G, Kidnie S, Matthews S, et al. Evaluation of the predictive capacity of dead fuel moisture models for Eastern Australia grasslands. International Journal of Wildland Fire, 2016, 25(9): 995.

[51] Linn R, Reisner J, Colman J J, et al. Studying wildfire behavior using FIRETEC. International Journal of Wildland Fire, 2002, 11(4): 233.

[52] Lymberopoulos N, Tryfonopoulos T, Lockwood F. The study of small and meso-scale wind field-forest fire interaction and buoyancy effects using the AIOLOS-F simulator. III International Conference on Forest Fire Research, 14th Conference on Fire

and Forest Meteorology, 1998: 16-20.

[53] Zylstra P, Bradstock R A, Bedward M, et al. Biophysical mechanistic modelling quantifies the effects of plant traits on fire severity: Species, not surface fuel loads, determine flame dimensions in eucalypt forests. PLoS One, 2016, 11 (8): e0160715.

[54] 赵璠, 舒立福, 周汝良, 等. 林火行为蔓延模型研究进展. 世界林业研究, 2017, 30 (2): 46-50.

[55] Loboda T V, Csiszar I A. Reconstruction of fire spread within wildland fire events in Northern Eurasia from the MODIS active fire product. Global and Planetary Change, 2007, 56 (3-4): 258-273.

[56] Benali A A, Pereira J M C. Monitoring and extracting relevant parameters of wild fire spread using remote sensing data. Anais XVI Simpósio Brasileiro de Sensoriamento Remoto-SBSR, Foz do Iguaçu, PR, Brasil, 2013: 13-18.

[57] Stow D A, Riggan P J, Storey E J, et al. Measuring fire spread rates from repeat pass airborne thermal infrared imagery. Remote Sensing Letters, 2014, 5 (9): 803-812.

[58] Pastor E, Àgueda A, Andrade-Cetto J, et al. Computing the rate of spread of linear flame fronts by thermal image processing. Fire Safety Journal, 2006, 41 (8): 569-579.

第二部分　基于极化 SAR 数据的植被冠层可燃物含水率遥感反演方法

　　本部分内容以植被自然生长状态下的区域(分别为草原和森林)为实验区,首先基于星载的全极化 SAR 数据,采用不同极化特征分解方法提取了表征不同地物目标雷达后向散射特性的极化特征分解参数,并根据若尔盖草原区域的地面实测数据构建了适合研究区域的植被冠层可燃物含水率微波遥感定量反演方法。然后,耦合土壤介电模型、裸土散射模型和植被散射模型构建完整的地表后向散射模型,同时联合多极化方式下的模型表达式对很难精确测量的部分土壤参数进行了消除,构建了不依赖于过多输入参数的植被冠层可燃物含水率微波遥感定量反演方法。最后利用地面实测的植被冠层可燃物含水率数据和同步获取的多极化星载微波数据和光学数据,对所构建植被冠层可燃物含水率的遥感定量反演方法进行了定量验证和评价。本部分的主要研究内容如下图所示。详细的研究内容描述为 4 部分。

　　(1)基于全极化特征分解参数的草地植被冠层可燃物含水率反演。首先基于星载的 C 波段全极化 Radarsat-2 数据,采用目前常用的 7 种极化目标分解方法对数据进行极化目标分解,得到 23 个极化特征分解参数;然后分析表征地面目标不同极化散射物理特性的极化特征分解参数与若尔盖草原地面实测草地可燃物含水率数据的单变量相关性;最后采用逐步回归分析方法,选择合适数量的极化特征分解参数构建若尔盖草原草地可燃物含水率参数的多元线性回归模型,并基于此模型实现草地可燃物含水率参数的空间分布制图。

　　(2)基于 Dubois 模型和比值方法的草地可燃物含水率反演。首先基于 Dubois 模型模拟植被下土壤层的雷达后向散射贡献,比值植被模型模拟植被层的雷达后向散射贡献,Topp 模型转换土壤介电常数与地表土壤体积含水量,从而构建完整的雷达后向散射模型;然后联合同极化方式(VV 和 HH)下的模型表达式消除模型输入参数之一的土壤粗糙度,植被冠层可燃物含水率参数用于表征模型中植被层的雷达后向散射特征,从而得到只包含双极化下雷达后向散射系数、植被冠层可燃物含水率参数以及地表土壤体积含水量参数的雷达后向散射模型;最后基于 C 波段的全极化 Radarsat-2 星载微波数据、若尔盖草原地面实测的草地可燃物含水率数据以及地表土壤体积含水量数据,对所构建半经验模型用于定量反演草地可燃物含水率的可行性进行了验证。同时横向对比了 4 种不同表达式的比值植被模型用于定量反演包括草地可燃物含水率参数在内的 5 种典型植被参数的效果。

　　(3)基于线性模型和水云模型的森林植被冠层可燃物含水率反演。首先线性模型用于模拟植被下土壤层的雷达后向散射贡献,水云模型用于模拟植被层的雷达后向散射贡献,从而构建完整的地表后向散射模型;然后联合双极化(VH 和 VV)方式下的模型表达式,消除了模型中唯一的未知参数——地表土壤体积含水量,从而得到了只包含双极化方式雷

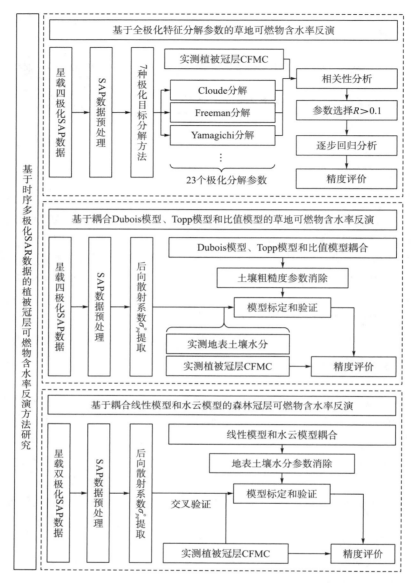

主要研究内容体系框架图

达后向散射系数与植被冠层叶片可燃物含水率的地表雷达后向散射模型；最后基于地面实测的时间序列森林冠层可燃物含水率数据公开数据集和 C 波段的 Sentinel-1 星载微波数据，对所构建半经验模型用于定量反演时间序列森林冠层可燃物含水率的效果进行了评价。同时基于星载光学遥感 Landsat 8 OLI 数据和经验的偏最小二乘方法在同样的研究区域进行了森林冠层可燃物含水率参数的遥感估算，并与基于微波遥感的植被冠层可燃物含水率反演结果进行了纵向的对比分析。

需要说明的是，该部分内容只阐述了基于极化 SAR 数据的植被冠层可燃物含水率遥感反演方法，有关光学遥感数据反演植被冠层可燃物含水率的内容可参考作者 2018 年出版的专著《遥感模型弱敏感参数反演方法》（何彬彬 等，2018）。

第4章 研究区概况及数据准备

4.1 地面实测植被冠层可燃物含水率数据

4.1.1 草地可燃物含水率数据

本书所采用的草地可燃物含水率野外地面实测数据来自位于中国四川省北部的若尔盖草原(经纬度范围分别为32°56′N~34°19′N,102°08′E~103°39′E)。若尔盖草原的草地覆盖面积大约为10436km²,平均海拔为3500m,年平均气温为0~2℃,年平均降水量为650mm,属于高寒草原地带且属于典型的高寒草原季风气候[1]。若尔盖草原是我国第一大高原沼泽湿地,其建立的国家级自然保护区是我国一级敏感带的主要组成区域,同时也是黄河上游重要的水源涵养区,对于补给下游自然生态平衡有着非常重要的作用[2,3]。该区域的优势植被以低矮草本植物为主,地形的变化幅度较为平缓,同时草本植被的空间分布与地形有较强的相关性,土壤水分的流向使得低洼地带的植被长势明显优于高地区域的植被长势。

为了匹配相应星载雷达卫星的过境时间(Radarsat-2卫星:2013年8月4日和2013年8月7日),同时充分考虑了研究区域草本植被的生长情况,课题组于2013年8月2日至2013年8月7日对该区域的植被关键参数分别进行定性考察与定量采集。此次地面采样活动一共获取到47个有效数据样本,采样区域和数据样本点(红色点)分布如图4-1所示。在地面采样过程中,为了避免混合像元问题所带来的误差,采样点均选择在离公路、建筑物、河流等非植被地物较远且植被空间分布比较均匀的区域。同时为了减少因为单次测量误差带来的不确定性,采用平均法对每个选定采样点进行采样计算,具体操作为每个采样点均使用绳子框选出30m×30m大小的正方形区域,然后在正方形区域内随机选择8~10个0.5m×0.5m大小的小区域,对每个小区域的草本植被进行采样,分别收集地表草本植被的茎干和叶子,利用电子秤对收获的植被样本进行现场称重(记为植被湿重),之后使用薄膜塑料袋密封好带回实验室并使用烘箱进行烘干再称重(记为植被干重),烘箱参数具体设定为70℃,持续烘干48h。最后通过植被冠层可燃物含水率公式进行计算。每一个采样点的植被湿重、植被干重以及冠层可燃物含水率数值最终为8~10个小区域结果的平均值。同时,在目标参数采样过程中利用Trimble Geo 3000定位仪对采样点的经纬度进行定位。

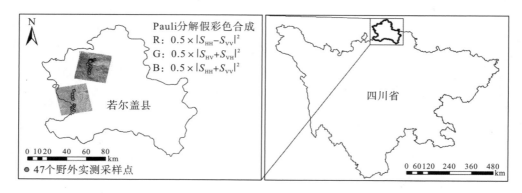

图 4-1　若尔盖草原地面实测采样点分布图

注：背景为中国四川省(右)和四川省若尔盖县(左)的行政区划图，背景图像为星载雷达 Radarsat-2 全极化数据经过 Pauli 分解后的 RGB 假彩色合成图，红色点为 47 个采样点的地理分布位置。

4.1.2　森林冠层可燃物含水率数据

森林冠层的可燃物含水率数据很难精确地由非专业人员通过地面手段实测得到，所以本书采用了目前网上公开的美国国家行政区域内的植被冠层可燃物含水率数据集——美国国家植被冠层可燃物含水率数据库①(national fuel moisture database，NFMD)。该数据库提供了免费共享且持续更新的由专业人员在固定样本区域内地面实测的长时间序列植被冠层可燃物含水率数据，其采样涉及的地表植被类型包括典型区域的草地、灌木以及森林[4]。

考虑到雷达局部入射角对于后向散射系数的影响，同时根据数据库站点的地面实测采样间隔的均匀程度和持续时间，本书选择了其中一个站点的地面实测数据进行后续所构建方法的有效性验证(图 4-2)。所选择的地面站点名为 CNTX_McCl_TX(经纬度分别为 31°19′48″N，97°28′12″W)，位于美国得克萨斯州中部的森林区域，该站点区域地表的主

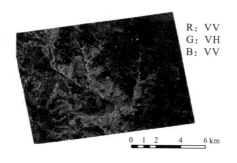

图 4-2　2016 年 4 月 17 日 Sentinel-1A 影像的 VV、VH 和 VV 极化方式数据分别对应 RGB 通道的假彩色合成图

---

① https://www.wfas.net/nfmd/public/.

要植被覆盖类型为空间分布相对均匀的松树和橡树的混交林。为了匹配相应星载雷达数据的公开可获取时相，实验总共使用 CNTX_McCl_TX 站点的 21 个地面实测数据，采样时间段为 2016 年 5 月至 2018 年 1 月，基本每隔 30 天由专业工作人员进行一次地面测量并记录。具体使用的森林冠层可燃物含水率地面实测时间点和数值见表 4-1。有关此公开数据库、数据集、数据站点及地面采样方法的详细介绍请参考官方用户手册[①]。

表 4-1　CNTX_McCl_TX 站点地面实测的时间序列森林冠层可燃物含水率数值

编号	日期	CFMC/%	编号	日期	CFMC/%
1	2016-05-17	127.5	12	2017-04-20	125.0
2	2016-06-15	130.5	13	2017-05-17	132.0
3	2016-07-19	107.5	14	2017-06-12	134.0
4	2016-08-16	142.5	15	2017-07-11	118.0
5	2016-09-13	122.5	16	2017-08-17	102.5
6	2016-10-19	115.5	17	2017-09-19	91.5
7	2016-11-17	112.0	18	2017-10-17	89.5
8	2016-12-13	109.0	19	2017-11-15	94.0
9	2017-01-19	103.0	20	2017-12-14	81.0
10	2017-02-23	99.5	21	2018-01-15	100.5
11	2017-03-21	110.0			

4.2　SAR 数据及其预处理

4.2.1　Radarsat-2 全极化数据

Radarsat-2 是由 MDA 公司和加拿大太空署合作研制的一个高分辨率商用雷达卫星，其上搭载了一颗 C 波段(中心频率约为 5.405GHz)合成孔径雷达传感器，可以工作在多种成像模式下从而提供不同极化方式和不同入射角的地球观测数据，于 2007 年 12 月 14 日在哈萨克斯坦拜科努尔基地发射升空。卫星运行轨道的高度约为798km，轨道类型为太阳同步轨道。Radarsat-2 具有最高 1m 空间分辨率的成像能力，可以同时提供 11 种波束模式的对地观测产品，因此被广泛应用于防灾减灾、农业、林业、水文和海洋等传统行业领域。该卫星设计的时间重访周期为 24 天，但其可以通过指令进行左右视切换获取同一地面区域的数据从而达到缩短卫星重访周期的目的，同时这种操作也可以增加立体数据的获取能力。此外，该卫星还具有强大的数据存储功能和高精度姿态测量及控制能力。

本书获取了覆盖中国四川省若尔盖草原区域的两景全极化 Radarsat-2 数据，数据的基本参数信息见表 4-2。

---

① https://www.wfas.net/nfmd/references/fmg.pdf.

表 4-2　全极化 Radarsat-2 数据基本参数

参数	2013-08-04	2013-08-07
工作模式	精细	精细
中心入射角	37.21°	31.06°
极化方式	HH/HV/VH/VV	HH/HV/VH/VV
覆盖面积	25km×25km	25km×25km
空间分辨率	4.76m×5.45m	4.73m×5.57m
轨道	下降轨道	上升轨道

Radarsat-2 数据的预处理采用欧洲航天局开发的针对合成孔径雷达数据预处理的 SNAP 6.0 软件[①]进行。根据具体实验方法的不同主要分为全极化特征参数的分解和雷达后向散射系数的提取两部分。对于全极化特征分解参数的计算，主要的预处理流程包括辐射定标、极化特征分解、斑点噪声滤除(本书具体采用以往相关研究中使用较多的 Refined Lee 滤波方法[5])、多视处理及距离-多普勒地形矫正、重采样和重投影 6 个步骤。对于雷达后向散射系数的计算，主要的预处理流程包括辐射定标、斑点噪声滤除(同样采用 Refined Lee 滤波方法)、距离-多普勒地形矫正、重采样和重投影 5 个步骤。两者处理流程的主要差别在于是否对原数据进行极化特征分解。针对采样点位置相关雷达参数的提取均通过 ArcMap 10.2 软件中的按点提取栅格工具实现。在后续的实验中，为了消除雷达局部入射角 θ 的微小差异对于雷达后向散射系数 σ_θ^o 的影响，本书采用了 Ulaby 等[6]提出的雷达局部入射角矫正方法[式(4-1)]对提取到的雷达后向散射系数进行了局部雷达入射角归一化矫正操作(记为 $\sigma_{\theta_{ref}}^o$)。根据提取的 47 个采样点处的雷达局部入射角分布范围，式(4-1)中的参考入射角 θ_{ref} 具体设置为 37.20°。

$$\sigma_{\theta_{ref}}^o = \sigma_\theta^o \frac{\cos^2 \theta_{ref}}{\cos^2 \theta} \tag{4-1}$$

4.2.2　Sentinel-1A 双极化数据

Sentinel-1A 是 2014 年 4 月 3 日欧洲航天局发射的哥白尼计划全球环境与安全监测(Global monitoring for enviroment and security，GMES)中的第一颗地球观测卫星，卫星上搭载有一个 C 波段(中心频率约为 5.405GHz)合成孔径雷达。卫星设定的轨道高度为 693km，轨道类型为太阳同步轨道。其搭载的 SAR 传感器设计有 4 种常规的成像模式(分别为干涉宽视场模式、条带绘图模式、超宽视场模式和波模式)和 4 种极化组合方式(分别为 VV、VH、HV 和 HH，其中 H 代表信号水平发射或接收，V 代表信号垂直发射或接收)，该传感器最高可提供米级空间分辨率的对地观测影像，以便最大程度上满足用户的不同需求。单颗卫星的重访周期计划为 12 天，但与 Sentinel-1B(2016 年 4 月 25 日发射升空)协作使用时其时间分辨率可缩减到 6 天[7]。目前，全球范围内的长时间序列(2014 年 10 月至今)

---

① https://step.esa.int/main/toolboxes/snap/.

双极化方式（VV 和 VH）Sentinel-1A/B 卫星影像已免费向公众开放下载和使用（可通过欧洲航天局 ESA 提供的官方数据共享网站下载）。有关 C 波段 Sentinel-1A/B 星载雷达卫星的详细信息请参考用户手册①。

　　由于微波信号成像的辐射稳定性特点，本书所选择的双极化方式 C 波段星载 Sentinel-1A 数据为干涉宽视场（interferometric wide，IW）模式下的一级地形矫正（ground range detected，GRD）产品。该产品的对地观测影像幅宽为 250km，空间分辨率为 5m 和 20m（根据卫星的前进方向和合成孔径雷达方向分别具体记为距离向和方位向的空间分辨率）。在包含美国国家植被冠层可燃物含水率公开数据库中所选择的实验站点（CNTX_McCl_TX）森林冠层可燃物含水率21 个地面实测数据时相的情况下本书一共选择了 46 景 Sentinel-1A 影像。具体所使用的 Sentinel-1A 影像成像时相和所选站点地面实测数据时相的分布如图 4-3 所示。46 景影像的部分细节信息见表 4-3（影像的成像日期和雷达入射角范围）。

　　根据后续应用的具体方法模型，Sentinel-1A 数据的预处理主要为雷达后向散射系数的提取，其基本的预处理操作和 Radarsat-2 数据过程一致（包括辐射定标、采用 Refined Lee 方法的斑点噪声滤除、距离-多普勒地形矫正、重采样和重投影 5 个步骤，分别利用 SNAP 6.0 和 AcrMap 10.2 软件实现）。在提取到实验站点（CNTX_McCl_TX）的雷达后向散射系数后，由于 Sentinel-1A 数据时相和地面实测数据时相不匹配（图 4-3），采用了时间尺度上的 3 次样条插值方法[8]对原始提取的后向散射系数进行了插值处理，同时为了减少由于天气和传感器自身成像姿态变化等不可控因素所带来的时间序列噪声误差，对插值后的雷达后向散射系数数据采用 Savitzky-Golay 滤波器[9]进行了滤波处理，最终得到了与地面实测数据时相相匹配的双极化雷达后向散射系数，相应原始的、时间序列插值后的以及滤波后的雷达后向散射系数分布如图 4-4 所示。为了消除雷达局部入射角差异对于雷达后向散射系数的影响，同样采用了 Ulaby 等[6]提出的余弦平方方法[式(4-1)]对地面实测数据时相下的雷达后向散射系数进行局部入射角归一化矫正。其中根据 46 景 Sentinel-1A 影像提取的 CNTX_McCl_TX 站点位置处的雷达局部入射角变化范围，式(4-1)中的参考入射角 θ_{ref} 设置为 43.91°。

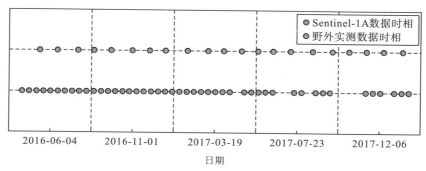

图 4-3　46 景 Sentinel-1A 影像和 21 个地面实测数据的时相分布图

---

① https://sentinel.esa.int/web/sentinel/user-guides/sentinel-1-sar.

表 4-3   VV/VH 双极化 Sentinel-1A 影像的细节信息（上升轨道）

编号	日期	入射角/(°)	编号	日期	入射角/(°)
1	2016-04-17	30.78~46.08	24	2017-01-18	30.76~46.07
2	2016-04-29	30.84~46.56	25	2017-01-30	30.68~46.08
3	2016-05-11	30.84~46.36	26	2017-02-11	30.68~46.08
4	2016-05-23	30.84~46.34	27	2017-02-23	30.69~46.09
5	2016-06-04	30.84~46.34	28	2017-03-07	30.69~46.09
6	2016-06-16	30.83~46.34	29	2017-03-19	30.69~46.09
7	2016-06-28	30.84~46.34	30	2017-03-31	30.69~46.09
8	2016-07-10	30.77~46.07	31	2017-04-24	30.70~46.09
9	2016-07-22	30.84~46.36	32	2017-05-06	30.70~46.09
10	2016-08-03	30.83~46.36	33	2017-05-18	30.70~46.09
11	2016-08-15	30.84~46.56	34	2017-05-30	30.70~46.09
12	2016-08-27	30.84~46.34	35	2017-06-11	30.70~46.09
13	2016-09-08	30.84~46.34	36	2017-07-17	30.69~46.09
14	2016-09-20	30.84~46.34	37	2017-07-29	30.70~46.09
15	2016-10-02	30.68~46.08	38	2017-08-22	30.70~46.09
16	2016-10-14	30.77~46.08	39	2017-09-03	30.70~46.09
17	2016-10-26	30.68~46.08	40	2017-09-15	30.68~45.98
18	2016-11-07	30.77~46.07	41	2017-11-14	30.69~46.02
19	2016-11-19	30.68~46.08	42	2017-11-26	30.69~46.08
20	2016-12-01	30.76~46.07	43	2017-12-08	30.69~46.08
21	2016-12-13	30.67~46.08	44	2018-01-01	30.69~46.08
22	2016-12-25	30.76~46.07	45	2018-01-13	30.69~46.08
23	2017-01-06	30.68~46.08	46	2018-01-25	30.69~46.08

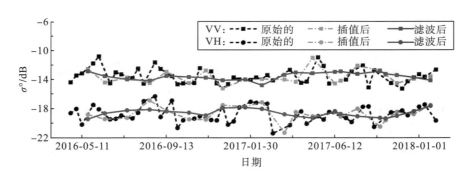

图 4-4   原始的、插值后的以及滤波后的时间序列 Sentinel-1A 后向散射系数分布

4.3　若尔盖草原辅助地面实测数据

根据微波辐射传输理论可得，星载 SAR 传感器接收到的地表微波后向散射贡献主要来自地表植被层和植被下土壤层两部分，而土壤体积含水量则直接影响微波回波信号中来自植被下土壤部分的后向散射贡献，同时精确地估算植被覆盖下土壤层的微波后向散射成分是基于星载雷达数据定量估算地表植被相关参数的关键[4]。因此，为了在所构建的模型中更好地分离出植被下土壤层的雷达后向散射贡献，在若尔盖草原研究区域地面实测植被冠层可燃物含水率数据的同时，利用相关仪器对采样点下垫面的地表土壤体积含水量数据进行了定量采集。同时，为了更有效地对比后续所构建半经验模型对于草地可燃物含水率参数定量反演的可行性，在若尔盖草原地面实测过程中采集了叶面积指数和归一化差值植被指数两种典型的植被参数进行横向对比试验。

4.3.1　若尔盖草原地表土壤水分数据

由于 C 波段的波长较长，相应微波信号的穿透能力比较有限，使得植被下土壤层对于 C 波段微波信号的后向散射贡献主要受地表层土壤体积含水量参数的影响，所以对于植被下土壤层体积含水量的地面测量主要以 0～10cm 深度的地表层为主。在测量草地可燃物含水率数据的同时，在相同的采样区域内，利用时域反射计(time domain reflectometer, TDR)对 0～10cm 的地表土壤体积含水量进行了随机非重复性的 10 次测量，然后计算 10 次测量的平均值作为该样点的土壤体积含水量地面实测数据。同时收集了采样点的土壤样本，并用薄膜塑料袋密封好带回实验室，利用烘干法计算了土壤的重量含水量，再结合试验区的土壤质地参数和土壤密度推导了土壤的体积含水量数据，主要用于对比分析和标定。采样点的具体位置如图 4-1 所示。同样一共得到 47 个有效的地表土壤体积含水量数据。

4.3.2　若尔盖草原植被相关参数数据

为了更充分地评估后续实验所构建半经验模型用于定量反演包含草地可燃物含水率参数在内的几种植被典型参数的效果，在若尔盖草原地面数据实测过程中，同时采集了两种典型植被参数进行对比分析。采样点的具体位置如图 4-1 所示。通过采样一共得到 47 个有效叶面积指数和归一化差值植被指数数据。

第一种地面实测的典型植被参数为叶面积指数(LAI)，其物理意义具体是指单位地表面积的叶片单面面积总和，是反映植被生长状况的一个重要指标，用来反映地表植被的叶面数量、冠层结构动态变化、植被群落整体生命活力以及相应的环境效应等，该参数的表示单位为 m^2/m^2。对于 LAI 的具体采样策略为：在选定的采样点区域内利用 LAI-2200 植被冠层分析仪进行 10 次随机不重复的测量，然后计算这 10 次测量结果的平均值作为该采样点最终的 LAI 地面实测数据并记录。

　　第二种地面实测的典型植被参数为近红外波段和红光波段数学运算得到的归一化差值植被指数(normalized difference vegetation index，NDVI)，是反映植被长势和营养信息的重要参数之一，可以用来检测植被生长状态、植被覆盖度以及消除辐射误差等。该参数由不同波长的光谱反射率数学计算得到(具体计算公式为近红外波段与红光波段的反射率数值之差除以两者之和)，数值范围为[−1，1]，是一个无量纲的典型植被参数。对于 NDVI 的具体地面实测流程主要是：首先利用便携式光谱仪 PSR-3500 对采样点的植被光谱特征进行采集，然后利用 NDVI 的计算公式进行计算得到采样点的 NDVI 地面实测数据并记录。

主要参考文献

[1] 白晓静. 基于多波段多极化 SAR 数据的草原地表土壤水分反演方法研究. 成都: 电子科技大学, 2017.

[1] 行敏锋. 生态脆弱区植被生物量和土壤水分的主被动遥感协同反演. 成都: 电子科技大学, 2015.

[3] 李晋昌, 王文丽, 胡光印, 等. 若尔盖高原土地利用变化对生态系统服务价值的影响. 生态学报, 2011, 31(12): 3451-3459.

[4] Wang L, Quan X, He B, et al. Assessment of the dual polarimetric Sentinel-1A data for forest fuel moisture content estimation. Remote Sensing, 2019, 11(13): 1568.

[5] Lee J-S, Grunes M R, De Grandi G. Polarimetric SAR speckle filtering and its implication for classification. IEEE Transactions on Geoscience and Remote Sensing, 1999, 37(5): 2363-2373.

[6] Ulaby F T, Sarabandi K, Mcdonald K, et al. Michigan microwave canopy scattering model. International Journal of Remote Sensing, 1990, 11(7): 1223-1253.

[7] Schubert A, Small D, Miranda N, et al. Sentinel-1A product geolocation accuracy: Commissioning phase results. Remote Sensing, 2015, 7(7): 9431-9449.

[8] Hou H, Andrews H. Cubic splines for image interpolation and digital filtering. IEEE Transactions on Acoustics, Speech, and Signal Processing, 1978, 26(6): 508-517.

[9] Steinier J, Termonia Y, Deltour. Smoothing and differentiation of data by simplified least square procedure. Analytical Chemistry, 1972, 44(11): 1906-1909.

第5章　基于全极化特征分解参数的草地可燃物含水率反演

相比于单极化和多极化雷达数据而言,全极化雷达数据包含了雷达成像过程中不同极化方式下(VV、VH、HV 以及 HH)微波信号的所有后向散射信息(包括相位信息和幅度信息两部分)。因此,为了更充分地利用全极化微波数据中所包括的极化特征信息,从而更有效地验证星载全极化雷达数据用于草地可燃物含水率参数定量遥感反演的可行性。本章首先基于多种目前已经被众多研究人员提出并广泛使用的全极化雷达数据极化特征分解方法,将获取到的 2 景若尔盖草原区域的 Radarsat-2 全极化 SAR 数据进行极化目标分解,提取具有地物目标不同物理解释意义的极化特征分解参数,然后定量分析不同物理意义的极化特征分解参数与若尔盖草原研究区域地面实测草地可燃物含水率之间的单变量相关性,同时选择合适数量的极化特征分解参数,采用逐步回归的经验分析方法建立若尔盖草原区域内草地可燃物含水率参数与不同极化特征分解参数之间的多元线性回归拟合方程,最后将该经验拟合方程应用于若尔盖草原研究区域,进行该区域草地可燃物含水率的空间分布制图和分析。

5.1　极化特征参数提取

全极化星载雷达传感器能够同时发射和接收水平(horizaontal,H)极化波和垂直(vertical,V)极化波,因此可以直接得到 4 个通道的(分别为 HH、HV、VH 和 VV)微波回波信号,同时记录的还有其相干回波的幅度信息和相位信息。对于一个固定的雷达目标而言,相应的微波散射特性可以由 4 种极化方式下回波信号所构成的极化散射矩阵来表征。极化目标分解理论便是在此基础上逐步发展起来的,其目的是通过矩阵的数学运算,提取到能够表征地物目标特定方面极化信息的分解参数,从而能够更好地解译微波与地物的相互作用。根据具体分解对象的不同,极化目标分解理论可以划分为两大类。第一类是针对极化散射矩阵[1](也可称为 Sinclair 矩阵或者 Jones 矩阵)的目标分解方法。此类方法要求雷达地物目标的散射特性是确定且稳定的,也就是说是地物目标的散射回波是相干的,所以此类方法也被称为相干目标分解(coherent target decomposition,CTD)方法。第二类是针对协方差矩阵 $\boldsymbol{C}$ 和相干矩阵 $\boldsymbol{T}$[2]的目标分解方法,协方差矩阵和相干矩阵可以通过极化散射矩阵数学运算得到。在这种方法的假设下,雷达地物目标的散射特性可以是非确定的(也可以称为是时变的),回波是完全非相干(或者是部分相干)的,所以这类方法也被称为非相干目标分解(incoherent target decomposition,ICTD)方法。在实际的应用过程中,由于地物目标的微波散射特性在一般情况下大多是随机的,因此使用较多的极化目标分解方法是第二类非相干目标分解方法[2]。

本章使用的极化目标分解方法主要为欧洲航天局官方提供的专门针对微波数据处理的 SNAP 6.0 软件①中所集成的 7 种常用的基于全极化微波数据的目标分解方法，分别为 Pauli 基分解、Freeman Durden 三分量分解[3]、Yamagichi 分解[4]、Cloude 分解[5]、Van Zyl 分解[6]、H-A-Alpha 分解[7]和 Touzi 分解[8]。其中只有 Pauli 基极化目标分解方法为基于极化散射矩阵 S 的相干目标分解方法，其余 6 种均为基于协方差矩阵 C 的非相干目标分解方法。通过以上选定的 7 种极化目标分解方法总共可以提取到 23 个表征地物不同散射特性的极化特征分解参数。23 种极化特征分解参数在本章中的符号表示及其对应的物理意义见表 5-1。图 5-1 给出的是 2013 年 8 月 4 日的全极化 Radarsat-2 影像在若尔盖草原区域应用 7 种不同极化目标分解方法得到的极化特征分解参数构成的 RGB 假彩色分布图。

表 5-1　采用的 7 种全极化分解方法和 23 种分解后的极化特征参数

方法	参数	意义	方法	参数	意义
Pauli	P_r	单次散射贡献	Van Zyl	V_{dbl}	二次散射贡献
	P_g	体散射贡献		V_{vol}	体散射贡献
	P_b	双次散射贡献		V_{surf}	表面散射贡献
Freeman Durden	F_{dbl}	二次散射贡献	H-A-Alpha	E	熵
	F_{vol}	体散射贡献		A	各向异性
	F_{surf}	表面散射贡献		Alpha	散射角
Yamagichi	Y_{dbl}	二次散射贡献	Touzi	T_{psi}	定向角
	Y_{vol}	体散射贡献		T_{tau}	螺旋性
	Y_{surf}	表面散射贡献		T_{alpha}	散射角
	Y_{hlx}	螺旋散射贡献		T_{phi}	散射相位
Cloude	C_{dbl}	二次散射贡献			
	C_{vol}	体散射贡献			
	C_{surf}	表面散射贡献			

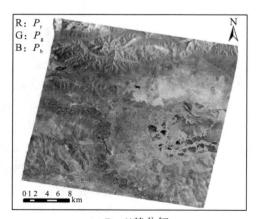

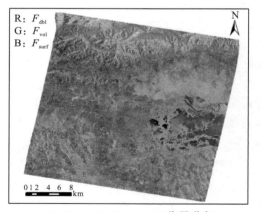

(a) Pauli基分解　　　　　　　　　　(b) Freeman-Durden三分量分解

---

① http://step.esa.int/main/download/snap-download/.

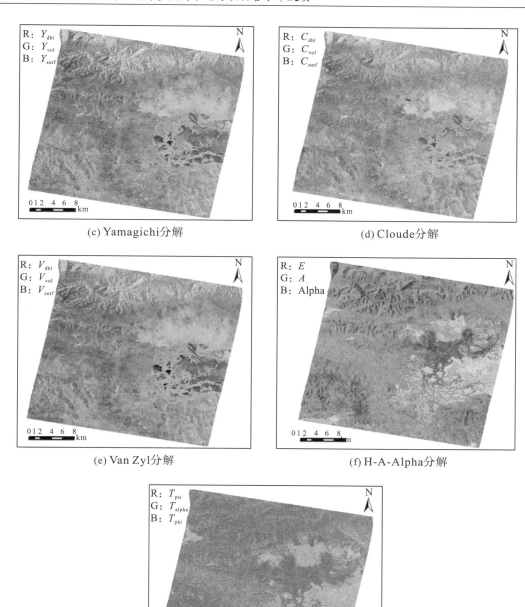

(c) Yamagichi分解　　　　　　　　　(d) Cloude分解

(e) Van Zyl分解　　　　　　　　　(f) H-A-Alpha分解

(g) Touzi分解

图 5-1　全极化 Radarsat-2 影像在若尔盖草原区域应用不同极化目标分解方法得到的极化特征分解参数构成的 7 景 RGB 假彩色分布图

5.2　草地可燃物含水率反演结果

5.2.1　极化特征参数与草地可燃物含水率相关性分析

全极化特征分解参数目前已经被广泛应用到裸露地表和稀疏植被覆盖区域的地表土壤水分定量反演中,因为其能够通过分解的体散射贡献直接剔除地表植被层对于雷达后向散射的主要贡献。而地表植被层对于雷达后向散射的贡献又主要受植被体内水分含量变化的影响。因此,应用全极化特征分解参数定量反演植被可燃物含水率参数具有很高的理论可行性。然而,目前关于讨论全极化特征分解参数是否适合于定量反演植被可燃物含水率参数的相关研究尚未出现,同时相关的理论支撑也尚未形成。鉴于此,本节首先介绍使用7 种极化目标分解方法得到的 23 种表征不同物理意义的极化特征分解参数,然后定量分析其与地面实测草地可燃物含水率的单变量相关性,从单因子变量的角度定量判断极化特征分解参数应用于反演草地可燃物含水率的可操作性。图 5-2 是 23 种极化特征分解参数与地面实测草地可燃物含水率之间相关系数的统计结果。表 5-2 是 23 种不同极化特征分解参数与地面实测草地可燃物含水率之间相关系数的具体数值。图 5-3 和图 5-4 分别是相关系数最高的(正相关)和最低的(负相关)4 种极化特征分解参数与地面实测草地可燃物含水率之间的散点图。

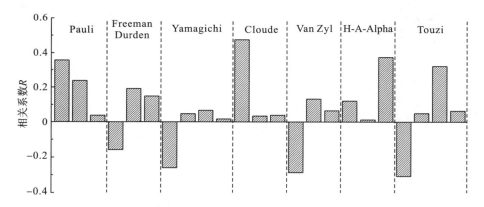

图 5-2　23 种极化分解参数与地面实测草地可燃物含水率的相关系数统计结果

表 5-2　23 种不同极化特征分解参数与地面实测草地可燃物含水率相关系数数值

方法	参数	相关系数 R	方法	参数	相关系数 R
Pauli	P_r	0.358	Van Zyl	V_{dbl}	−0.286
	P_g	0.237		V_{vol}	0.133
	P_b	0.038		V_{surf}	0.066
Freeman Durden	F_{dbl}	−0.157	H-A-Alpha	E	0.122
	F_{vol}	0.192		A	0.012
	F_{surf}	0.148		Alpha	0.375

续表

方法	参数	相关系数 R	方法	参数	相关系数 R
Yamagichi	Y_{dbl}	−0.260	Touzi	T_{psi}	−0.307
	Y_{vol}	0.047		T_{tau}	0.050
	Y_{surf}	0.067		T_{alpha}	0.322
	Y_{hlx}	0.018		T_{phi}	0.064
Cloude	C_{dbl}	0.475			
	C_{vol}	0.033			
	C_{surf}	0.039			

　　从图 5-2 和表 5-2 可以看出，应用不同极化特征分解方法得到的极化特征分解参数和地面实测草地可燃物含水率参数之间的线性相关性存在比较大的差异。即使是具有相同或相似物理意义的极化特征分解参数（如二次散射贡献分量 dbl），当使用不同的极化分解方法进行分解时（如 Freeman Durden 三分量极化分解方法和 Cloude 极化分解方法），得到的极化特征分解参数（F_{dbl} 和 C_{dbl}）与地面实测草地可燃物含水率之间的相关性也存在较大的不一致性（对于所应用的若尔盖草原实验区域而言，两种极化特征分解方法得到的二次散射分量和地面实测草地可燃物含水率数据的相关系数分别为−0.157 和 0.475）。

　　在若尔盖草原实验区域，与地面实测草地可燃物含水率数据线性相关性最好的 4 个正相关极化特征分解参数分别为使用 Cloude 极化分解方法得到的二次散射贡献 C_{dbl}（$R=0.475$）、使用 H-A-Alpha 极化分解方法得到的散射角分量 Alpha（$R=0.375$）、使用 Pauli 基极化分解方法得到的单次散射贡献 P_{r}（$R=0.358$）以及使用 Touzi 极化分解方法得到的散射角分量 T_{alpha}（$R=0.322$），4 种极化特征分解参数与若尔盖草原研究区域地面实测草地可燃物含水率数据的散点图如图 5-3 所示。

　　与地面实测草地可燃物含水率线性相关性最好的 4 个负相关极化特征分解参数分别为使用 Touzi 极化分解方法得到定向角分量 T_{psi}（$R=-0.307$）、使用 Van Zyl 极化分解方法得到的二次散射贡献 V_{dbl}（$R=-0.286$）、使用 Yamagichi 极化分解方法得到的二次散射贡献 Y_{dbl}（$R=-0.260$）以及使用 Freeman Durden 三分量极化分解方法得到的二次散射贡献 F_{dbl}（$R=-0.157$），4 种极化特征分解参数与若尔盖草原研究区域地面实测草地可燃物含水率数据的散点图如图 5-4 所示。

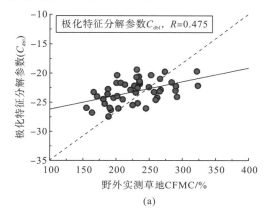

(a)

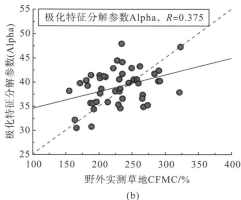

(b)

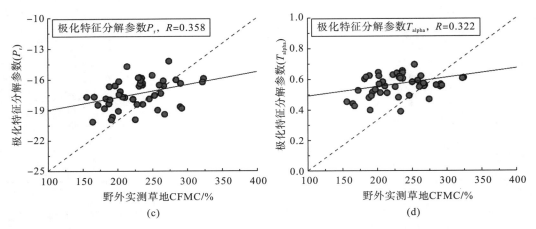

图5-3　相关系数 R 最高时4种极化特征分解参数与若尔盖区域地面实测草
地可燃物含水率数据的散点图

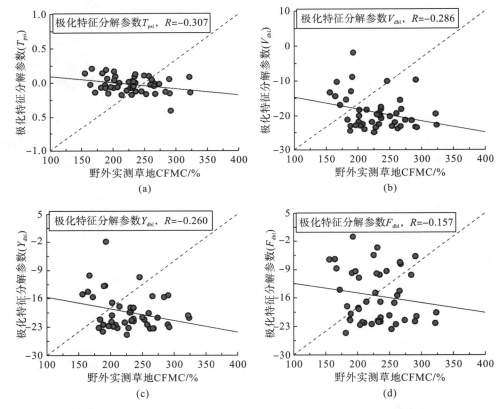

图5-4　相关系数 R 最低时4种极化特征分解参数与若尔盖区域地面实
测草地可燃物含水率数据的散点图

在所有提取的 23 个极化特征分解参数中，与若尔盖草原地面实测草地可燃物含水率数据呈正线性相关关系(即 $R \geqslant 0$)的极化特征分解参数共有 19 个，呈负线性相关关系($R < 0$)的极化特征分解参数共有 4 个。相关系数 R 绝对值大于等于 0.1 的极化特征分解参数共有

13 个，小于 0.1 的极化特征分解参数共有 10 个。通过对以上结果的分析发现，并没有具有特定物理意义的极化特征分解参数与草地可燃物含水率参数表现出较为一致的相关性特点(如应用不同极化目标分解方法得到的具有相同或相近物理意义的极化特征分解参数)，反而受所采用的极化特征分解方法影响比较大。

从极化特征分解参数的物理意义层面进行定性分析，虽然不同的极化分解方法可以分解得到表征不同地物目标物理意义的分解参数，但这些分解参数受到地表上层植被和植被下土壤层的共同作用，并不能完全剔除其余部分的影响而得到某种单一地物的后向散射贡献，同时地表植被层对于微波信号的后向散射贡献主要受到植被体内含水量的影响，但同时也受到其余植被结构参数(如植被三维垂直结构、叶片分布特点等)的共同作用，所以 23 个极化特征分解参数与地面实测草地可燃物含水率数据的单变量相关性较弱是符合理论预期的。从理论分析和统计结果分析可以发现极化特征分解参数与实测草地可燃物含水率之间存在一定的线性相关性，但由于不同极化目标分解方法的不同极化特征分解参数在表征雷达目标散射特性上的侧重点存在差异，使得其与目标参数(也就是草地可燃物含水率)之间的线性相关性比较弱。而这种弱相关性很难直接在理论上建立不同极化特征分解参数与草地可燃物含水率参数之间的函数关系。因此，需要进一步研究联合不同极化特征分解参数定量反演草地可燃物含水率的可行性。

5.2.2　多元线性回归估算草地可燃物含水率

由于单一极化特征分解参数与草地可燃物含水率之间的线性相关性较弱，所以本节拟基于逐步回归的经验分析方法，采用多元线性回归方程拟合草地可燃物含水率与不同极化特征分解参数组合之间的函数关系。通过联合不同极化特征分解参数在反映草地可燃物含水率这一目标参数方面的差异性优势，进一步分析极化特征分解参数用于定量反演草地可燃物含水率的可行性。

具体的实验和分析过程主要包括如下几个方面。

(1)极化特征分解参数选择：基于 23 个极化特征分解参数与若尔盖草原地面实测草地可燃物含水率之间相关系数 R 的绝对值按照从高至低的次序对极化特征分解参数进行排序，然后选择相关系数$|R|\geqslant0.1$的所有极化特征分解参数逐步参与到后续多元线性回归模型的构建。通过以上设定的选择规则共选择出 13 个有效的极化特征分解参数参与后续的模型计算。

(2)在选择的 13 个有效极化特征分解参数的基础上，采用逐步回归分析方法进行草地可燃物含水率与不同极化特征分解参数的多元线性回归。多元线性回归模型中极化特征分解参数的添加顺序依照其与草地可燃物含水率相关系数的绝对值从大到小依次进行。图5-5(a)展示的是使用不同数量的极化特征分解参数参与多元线性回归的模型验证精度(多元线性回归模型估算的是与若尔盖草原地面实测的草地可燃物含水率数据之间的相关系数 r)。从图 5-5(a)可以看出，当不断添加新的极化特征分解参数参与多元线性回归模型的构建时，模型验证精度 R 逐步得到提升。这说明表征不同地物目标物理意义的极化特征分解参数的联合使用可以有效地提升草地可燃物含水率的定量反演效果。但随着模型输入变量的持续增加，多元线性回归模型的验证精度呈现出一种对数曲线增长的趋势。也就是说，多元线性模型的输出(草地可燃物含水率)对于输入的参数(极化特征分解参数)会逐渐变得饱和。在这种情况下，后续加入的极化特征分解参数可以被前面多种极化特征分解参数的线性组合表示出来，单纯增加模型输入参数的数量只会增加模型的复杂度，而无法持续提升模型对于目标参数(草地可燃物含水率参数)的定量估算精度。当将 13 个极化特征分解参数用于多元线性回归模型构建时，模型的验证精度达到最高，此时如果再添加额外的参数变量，对于模型精度的提升已经不再明显[图 5-5(a)]。因此，在后续若尔盖草原研究区域的草地可燃物含水率空间分布制图中，本书直接采用 13 个极化特征分解参数作为输入参数时训练得到的多元线性回归模型[式(5-1)]。

$$\begin{aligned}
\text{CFMC} = {} & 2.057C_{\text{dbl}} + 3.055\text{Alpha} + 9.114P_{\text{r}} - 4.655T_{\text{alpha}} \\
& - 90.737T_{\text{psi}} - 0.835V_{\text{dbl}} - 0.589Y_{\text{dbl}} + 10.763P_{\text{g}} \\
& - 4.370F_{\text{vol}} + 0.137F_{\text{dbl}} - 3.977F_{\text{surf}} - 2.600V_{\text{vol}} \\
& - 271.320E + 549.245
\end{aligned} \tag{5-1}$$

图 5-5(b)是利用选择的 13 个极化特征分解参数参与多元线性回归时地面实测和模型估算的草地可燃物含水率之间的散点图，两者的相关系数 R 为 0.658，均方根误差 RMSE 为 30.319%，拟合线斜率为 0.434。从散点图可以看出最终训练得到的多元线性回归模型普遍在低草地可燃物含水率部分有高估现象，而在高草地可燃物含水率部分有低估现象，推测可能的原因如下：第一，地面实测数据样本点分布在两景 Radarsat-2 影像上，而不同传感器角度的星载雷达影像上相同地物目标的微波后向散射特性具有一定的差异，这种差异带来的误差是无法被避免的；第二，地面实测数据的采样时间是一个相对持续的过程，而这个过程恰好处于若尔盖草原实验区域草本植被生长迭代比较快速的生长期，在此期间包括植被和土壤在内的地物参数都有可能发生明显的变化。这种由于地表植被自然生长过程带来的差异性会对模型的效果产生一定影响。此外，在这种情况下，地面实测采样时间与 Radarsat-2 星载雷达卫星过境时间的不一致问题对模型效果的影响也会被进一步放大。

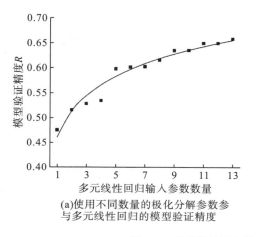

(a)使用不同数量的极化分解参数参与多元线性回归的模型验证精度

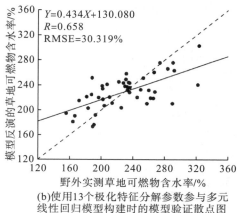

(b)使用13个极化特征分解参数参与多元线性回归模型构建时的模型验证散点图

图 5-5   多元线性回归的模型验证精度和散点图

（3）基于以上的实验分析结果，利用两景全极化的 Radarsat-2 影像和 13 个极化特征分解参数训练得到的多元线性回归模型［式(5-1)］进行了若尔盖草原区域的草地可燃物含水率空间分布制图，具体如图 5-6 所示。从定性的角度分析图 5-6 所展示的草地可燃物含水率空间分布特征基本符合实际若尔盖草原区域在北半球夏季 8 月的草本植被生长特点。

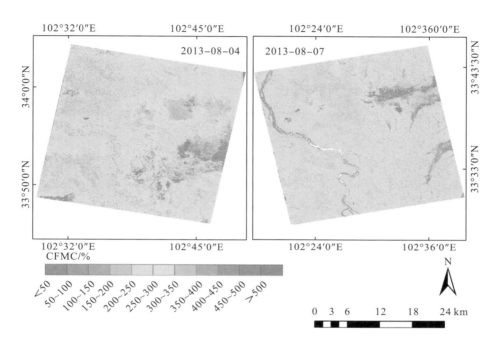

图 5-6 若尔盖草原区域草地可燃物含水率空间制图结果

主要参考文献

[1] Lee J-S,Pottier E. Polarimetric radar imaging: from basics to applications. Los Angeles: CRC Press,2009.

[2] 白晓静. 基于 Cloude 分解的特征参数分析及快速替代方法. 成都: 电子科技大学,2013.

[3] Freeman A,Durden S L. A three-component scattering model for polarimetric SAR data. IEEE Transactions on Geoscience and Remote Sensing,1998,36(3): 963-973.

[4] Yamaguchi Y,Moriyama T,Ishido M,et al. Four-component scattering model for polarimetric SAR image decomposition. Technical Report of Ieice Sane,2005,104(8): 1699-1706.

[5] Cloude S R,Pottier E. A review of target decomposition theorems in radar polarimetry. IEEE Transactions on Geoscience and Remote Sensing,1996,34(2): 498-518.

[6] Zyl J J V. Application of Cloude's target decomposition theorem to polarimetric imaging radar data. Proceedings of SPIE-The International Society for Optical Engineering,1993: 184-191.

[7] Cloude, Pottier S R. An entropy based classification scheme for land applications of polarimetric SAR. IEEE Transactions on Geoscience and Remote Sensing,1997,35(1): 68-78.

[8] Touzi R. Target scattering decomposition in terms of roll-invariant target parameters. IEEE Transactions on Geoscience and Remote Sensing,2006,45(1): 73-84.

第6章 基于 Dubois 模型和比值方法的草地可燃物含水率反演

第 5 章基于全极化特征分解参数进行了若尔盖草原区域的草地可燃物含水率遥感定量反演，基于逐步回归分析的方法建立了适用于若尔盖草原区域草地可燃物含水率参数的多元线性回归模型并进行了相应的空间分布制图。相比于物理模型或半经验模型而言，多元线性回归模型是完全的统计分析方法，模型的构建和应用过程非常简单，但相应的模型普适性却比较差，很难应用于大尺度范围下(如全国)的目标参数空间分布制图。

基于以上考虑，本章拟采用半经验的 Dubois 裸土散射模型，耦合 Topp 土壤介电模型和 4 种不同的植被散射比值模型构建适合草地可燃物含水率的遥感反演方法。其中 Dubois 模型用来模拟地表植被下垫面土壤层的同极化后向散射系数，同时建立其与土壤介电常数的半经验关系。Topp 土壤介电模型用来建立地表土壤体积含水量和土壤介电常数之间相互转换的定量表达式。4 种不同表达形式的比值植被模型用来模拟地表植被层的后向散射贡献并同时做模型间的横向对比。为了更好地探索所建立方法用于定量反演草地可燃物含水率的可行性，采用若尔盖草原区域 5 种地面实测的植被相关参数和两景全极化 Radarsat-2 星载雷达数据进行了方法验证和结果对比。

6.1 裸土和植被散射模型

本章所建立的草地可燃物含水率反演方法主要包括模拟植被下土壤层后向散射贡献的半经验同双极化(HH 和 VV)Dubois 裸土散射模型、转换地表土壤体积含水量与土壤介电常数的 Topp 土壤介电模型，以及 4 种用于模拟地表植被层雷达后向散射贡献的比值植被散射模型。

6.1.1 Dubois 裸土散射模型

Dubois 模型是 Dubois 等[1-3]于 1995 年基于实测的多频率、多极化和多角度散射计数据所建立的地表裸露土壤同极化(HH 和 VV)雷达后向散射系数与两种地表参数(地表土壤介电常数和地表均方根高度)、两种雷达系统参数(雷达入射角和微波发射频率)之间的一种半经验统计模型，其具体公式可以表示为

$$\sigma^o_{\text{HHsoil}} = 10^{-2.75} \frac{\cos^{1.5}\theta}{\sin^5\theta} 10^{0.028\varepsilon\tan\theta} (ks\sin\theta)^{1.4} \lambda^{0.7} \tag{6-1}$$

$$\sigma^o_{\text{VVsoil}} = 10^{-2.35} \frac{\cos^3\theta}{\sin^3\theta} 10^{0.046\varepsilon\tan\theta} (ks\sin\theta)^{1.1} \lambda^{0.7} \tag{6-2}$$

式中，$\sigma_{\text{HHsoil}}^{o}$ 和 $\sigma_{\text{VVsoil}}^{o}$ 分别为 HH 和 VV 极化方式下裸露土壤的雷达后向散射系数；s 为地表均方根高度；ε 为地表土壤介电常数，可以由 Topp 土壤介电模型转化地表土壤体积含水量得到；θ 为雷达局部入射角；λ 为入射微波的波长；k 为雷达自由空间波数，$k = 2\pi / \lambda$。

Dubois 裸土散射模型已经广泛应用于包括地表土壤水分、植被生物量等在内的众多地表参数的遥感定量反演[2-6]。经过大量的模型应用和实验验证，研究者们发现，雷达入射角在[30°，65°]，地表均方根高度在[0.3cm，3cm]，地表土壤含水量在 35%以下，以及入射雷达信号的频率在[1.5GHz，11GHz]时，Dubois 模型能够比较好地模拟地表裸露土壤的后向散射系数。同时，Dubois 模型在构建过程中忽略了微波反射信号的交叉极化项，使得模型对于系统串扰和噪声比较不敏感[2]，在草地等低植被覆盖区域可以表现出较好的鲁棒性。但是该模型并没有考虑其余两种地表粗糙度参数(分别为相关长度和自相关函数)对于雷达后向散射系数的影响，导致其在某些情况下无法精确地刻画地表的真实后向散射特征[2]，在应用推广上受到了比较大的限制，但是 Dubois 模型在某些特定的实验区域依然能够取得很好的实验效果。

6.1.2　Topp 土壤介电模型

微波遥感反演地表参数的本质就是通过观测地物目标的散射特性而获得其物理特性，从而建立介电常数与其电磁特性的定量关系[7,8]。掌握典型地物的介电特性及介电常数的计算方法是微波遥感反演工作的基础[9,10]。对于土壤这一典型地物而言，其介电特性主要由土壤的体积含水率所决定，其余的土壤质地参数(如土壤颗粒大小、砂土黏土等不同组分比例、土壤容重等相关参数)对于土壤介电特性的影响也是通过改变土壤中自由水的含量而实现的[11,12]。因此，建立土壤体积含水量与土壤介电常数之间合适的土壤介电模型对于更好地定量描述土壤层的微波后向散射贡献至关重要。常用的土壤介电模型有 Topp 模型[13]、Wang 模型[14]、Hallikainen 模型[11]、Dobson 模型[15]和 GRMDM 模型[12]。其中，由于模型的简洁性和有效性，Topp 模型和 Dobson 模型被广泛应用于土壤体积含水量和土壤介电常数的转换计算。

本章所使用的土壤介电模型为 Topp 模型，它是 1980 年 Topp 等在不同实测数据集的基础上建立的土壤体积含水量和土壤介电常数之间的三次多项拟合式[13]。相比其他土壤介电模型，Topp 模型完全忽略了土壤类型、土壤密度、土壤温度等多种土壤质地参数对土壤介电常数的影响，认为土壤介电常数的变化只受土壤体积含水量影响。该模型适用的雷达微波频率范围为[20MHz，1GHz]。具体的表达式如下：

$$\varepsilon = 3.03 + 9.3m_v + 146.0m_v^{\,2} - 76.7m_v^{\,3} \tag{6-3}$$

$$m_v = -5.3 \times 10^{-2} + 2.92 \times 10^{-2}\varepsilon - 5.5 \times 10^{-4}\varepsilon^2 + 4.3 \times 10^{-6}\varepsilon^3 \tag{6-4}$$

式中，m_v 为地表土壤体积含水量；ε 为土壤介电常数。

6.1.3　比值植被散射模型

比值植被散射模型的目标是将植被层的散射贡献从雷达传感器观测到的总体后向散射贡献中分离出来。该模型假设雷达观测到的总体后向散射系数与植被下土壤层的后向散射贡献部分的比值在雷达传感器参数固定的情况下只与地表植被层的某些参数相关。这一模型理论是由 Joseph 等[16]在 2008 年基于地面实测的玉米生长周期内 L 波段散射计数据集所构建的。比值植被模型并不从散射特性角度方面区分表面散射、二次散射及多次散射成分，而是直接考虑雷达观测到的总体后向散射系数和植被下土壤层的后向散射贡献，可以概念性地表示为

$$\frac{\sigma_{\mathrm{ppsoil}}^{o}}{\sigma_{\mathrm{pp}}^{o}} = f(\text{植被参数}) \tag{6-5}$$

式中，$\sigma_{\mathrm{ppsoil}}^{o}$ 为同极化方式下裸露土壤的后向散射系数；σ_{pp}^{o} 为同极化方式下雷达观测到的总体后向散射系数（其中 pp 可以取 HH 或者 VV）。

为了更精确地在比值植被模型中描述地表植被层的散射贡献，目前已有学者提出了不同的与植被参数相关的线性或非线性函数。在比值模型被首次提出时，Joseph 等[16]采用与植被参数直接相关的二次函数和指数函数混合的形式来描述植被的散射特征（模型一）。2010 年，为了扩大该比值模型的适用条件，使其在植被覆盖度小的实验区域或者植被生长初期也有比较好的应用效果，Joseph 等[17]又在原形式的基础上增加了常数项（模型二）。2012 年 Prakash 等[18]在定量反演地表土壤水分时，采用了二次多项表达式来描述比值模型中的植被散射贡献（模型三）。2017 年白晓静[2]在植被较为稀疏的乌图美仁草原采用线性函数和幂指数函数的组合函数来描述比值模型中的植被散射贡献（模型四）。以上 4 种比值模型中的函数表达形式如式（6-6），其中 VI（vegetation index）指的是植被指数，a、b、c 等为模型经验系数，需要借助地面实测数据经验拟合得到。本章在方法的构建过程中同时使用了以上 4 种比值植被模型，横向对比了不同函数表达式的比值植被模型在定量反演不同植被参数时的优劣性。

$$f(\text{植被参数}) = \begin{cases} a\,\mathrm{VI}^{2} + \exp(-b\,\mathrm{VI}) & \text{模型一} \\ a\,\mathrm{VI}^{2} + \exp(-b\,\mathrm{VI}) + c & \text{模型二} \\ a\,\mathrm{VI}^{2} + b\,\mathrm{VI} + c & \text{模型三} \\ a\,\mathrm{VI} + bV^{c} & \text{模型四} \end{cases} \tag{6-6}$$

对于模型中的 VI 具体使用哪一种植被参数目前并没有统一的结论。有研究认为由于植被含水信息可以极大地影响微波信号与植被层的交互作用，所以与植被水分相关的参数（植被含水量等）可以很好地在比值模型中表征植被层的微波散射机制[2]。因此，本章构建的草地可燃物含水率反演方法中，使用这一目标反演参数在比值模型中描述植被层的散射贡献。

6.2　反演方法构建

本章构建的基于微波遥感的草地可燃物含水率定量反演方法中，半经验裸土散射 Dubois 模型用于模拟地表植被下层裸露土壤的后向散射贡献并建立其与土壤介电常数之间的经验关系，然后依次耦合 Topp 土壤介电模型和 4 种比值植被模型从而建立相关地表植被参数的遥感定量反演模型，最后结合查找表反演算法，进行目标植被参数的反演与验证。具体的实验步骤如下。

步骤一：Dubois 模型未知参数消除。由于土壤均方根高度 s 未获取到可以直接参数化 Dubois 模型的地面实测数据或者可靠的卫星产品，所以在方法构建过程中首先联合同极化 Dubois 模型表达式［式(6-1 和式 6-2)］消除了未知的模型参数(土壤均方根高度 s)，构建了土壤介电常数与两个同极化裸露土壤后向散射系数直接相关的半经验关系［式(6-7)］。

$$\varepsilon = \frac{1}{0.024\tan\theta}\lg\frac{10^{0.19}\lambda^{0.15}\sigma^o_{\text{VVsoil}}}{\cos^{1.82}\theta\sin^{0.93}\theta\sigma^{o\,0.786}_{\text{HHsoil}}} \tag{6-7}$$

步骤二：模型化简与耦合。在步骤一所建立的模型［式(6-7)］的基础上，根据所使用 Radarsat-2 星载雷达数据的基本参数(波长 λ 为 5.63cm，参考入射角 θ 为 37.2°)对式(6-7)进行化简，得到简化后的模型表达式［式(6-8)］。同时耦合 Topp 土壤介电模型［式(6-3)］和比值植被模型［式(6-6)］，建立只包含地表土壤体积含水量(m_v)、两个相同极化方式下总体雷达后向散射系数(σ^o_{VV} 和 σ^o_{HH})以及植被参数(VI)的目标参数反演方法［式(6-9)］。

$$\varepsilon = 5.49\sigma^o_{\text{VVsoil}} - 4.31\sigma^o_{\text{HHsoil}} + 25.22 \tag{6-8}$$

$$3.03 + 9.3m_v + 146.0m_v^2 - 76.7m_v^3 = 5.49\frac{\sigma^o_{\text{VV}}}{f(\text{VI})} - 4.31\frac{\sigma^o_{\text{HH}}}{f(\text{VI})} + 25.22 \tag{6-9}$$

步骤三：模型标定。基于地面实测目标参数数据、地表土壤体积含水量数据和 Radarsat-2 影像提取的雷达后向散射数据，采用最小二乘方法经验拟合［式(6-9)］中的模型经验系数(此过程也可称为模型训练)进行模型标定。

步骤四：查找表建立。由于比值植被模型［式(6-6)］的组合函数形式，目标植被参数很难直接表示为其余参数的解析解而直接计算求解，所以本章采用查找表方法从所建立的半经验模型［式(6-9)］中进行目标参数的间接反演。目标参数的查找表范围和步长增量根据地面实测数据进行设置，具体设置见表 6-1。其余两个模型输入参数(σ^o_{VV} 和 σ^o_{HH})为从 Radarsat-2 影像提取的总体雷达后向散射系数。

表 6-1　目标参数查找表设置范围和步长增量

目标参数	参数设置
植被湿重/(kg/m²)	[0.6：0.001：2.8]
植被干重/(kg/m²)	[0.2：0.001：0.8]
CFMC/%	[160：0.01：330]
LAI/(m²/m²)	[1.1：0.001：5.4]
NDVI	[0.75：0.001：0.95]

步骤五：目标参数定量反演。在建立好相应的查找表后，基于地表土壤体积含水量地面实测计算和半经验模型模拟的土壤介电常数，采用最小代价函数(cost function，CF)的策略进行了目标参数的查找反演。本实验所选择的代价函数为地面实测计算和模型模拟的土壤介电常数之间的差值绝对值[式(6-10)]。同时采用相关系数 R 和均方根误差 RMSE 作为评价指标对模型标定效果和目标参数的反演结果进行精度评价。

$$CF = |\varepsilon_{实测计算} - \varepsilon_{模型模拟}| \tag{6-10}$$

6.3　反演结果与分析

基于以上建立的植被参数微波遥感定量反演方法，在若尔盖实验区域进行了 3 种与植被可燃物含水率参数直接相关的植被参数(植被湿重、植被干重和草地可燃物含水率)和两组用于横向对比的经典植被参数[叶面积指数(LAI)和归一化差值植被指数(NDVI)]的反演实验。高精度的模型标定是后续进行有效参数定量反演的基础，表 6-2 给出了基于所建立植被参数半经验反演方法反演 5 种不同植被参数过程中的模型标定精度。

表 6-2　不同比值植被模型定量反演不同植被参数时的模型标定精度

参数		R, RMSE			
		模型一	模型二	模型三	模型四
植被水分相关参数	植被湿重/(kg/m²)	0.650,3.828	0.653,3.707	0.801,2.928	0.777,3.081
	植被干重/(kg/m²)	0.627,3.861	0.624,3.832	0.823,2.792	0.832,2.728
	草地 CFMC/%	0.400,5.132	0.400,4.488	0.339,4.536	0.451,4.483
典型植被参数	LAI/(m²/m²)	0.655,4.188	0.677,3.650	0.834,2.705	0.740,3.328
	NDVI	0.522,4.175	0.522,4.175	0.787,3.020	0.787,3.020

从表 6-2 中的横向对比(按行)可以看出，比值植被模型的选择虽然会对模型的标定精度产生一定的影响，但其并不是模型标定精度的主要限制因素。具体表现为对于同一种植被参数而言，模型标定效果的评价指标(R 和 RMSE)对于不同的比值植被模型波动较小[变化幅度依次为植被湿重(0.151 和 0.9kg/m²)、植被干重(0.208 和 1.133kg/m²)、CFMC (0.112%和 0.649%)、LAI(0.120 和 1.483m²/m²)、NDVI(0.265 和 1.155)]。同时纵向对比(按列)使用同一种比值植被模型反演 5 种不同植被参数的模型标定结果，当植被参数为植被湿重、植被干重、LAI 以及 NDVI 时，模型的标定精度都处于一个比较好的精度水平[4 种比值植被模型的平均精度指标依次为植被干重(0.720 和 3.386kg/m²)、植被湿重(0.727 和 3.303kg/m²)、LAI(0.727 和 3.468m²/m²)、NDVI(0.655 和 3.598)]。然而，当植被参数选择为 CFMC 时，模型标定的精度指标却相对其余 4 种植被参数而言比较低(4 种比值植被模型的平均精度指标为 0.398 和 4.660)。表明本章所构建的半经验模型在定量反演植被

参数(特别是本章的主要目标参数 CFMC)方面的可行性还需要根据植被参数类型做进一步的讨论和验证。

　　基于标定后的半经验模型进行了植被参数的定量反演,表 6-3 给出了基于所建立植被参数半经验反演方法反演 5 种不同植被参数过程中的参数反演精度。从表 6-3 可以看出,应用不同的比值植被模型定量反演同一种植被参数时,反演结果的精度指标会略有差异,但总体差异幅度变化比较小(具体表现为参数反演效果评价指标 R 和 RMSE 的变化幅度依次为植被湿重是 0.046 和 0.093kg/m²,植被干重是 0.165 和 0.050kg/m²,CFMC 是 0.035%和 8.176%,LAI 是 0.120 和 0.109m²/m²,NDVI 是 0.047 和 0.013),在一定程度上说明了比值植被模型的选择并不是模型参数反演精度的主要限制因素,同时也印证了之前在模型标定结果分析中“比值植被模型的选择并不是模型标定精度的主要限制因素”的结论。在若尔盖草原实验区域,对于植被湿重和植被干重两个与植被可燃物含水率直接相关的参数而言,不带常数项的二次函数和指数函数的组合函数表达式(模型一)在这 4 种比值植被模型中最适合表征地表植被层的微波散射特征。基于模型一的两种植被参数(植被湿重和植被干重)定量反演结果的精度指标 R 和 RMSE 分别为 0.723、0.448kg/m² 和 0.674、0.129kg/m²。对于 CFMC 和 NDVI 而言,白晓静所提出的线性函数和幂指数函数的组合函数形式(模型三)在 4 种比值模型中表现出最好的效果。基于模型三的两种植被参数定量反演结果的精度指标 R 和 RMSE 分别为 0.394、49.546%和 0.598、0.032。而对于 LAI 而言,表现最好的比值植被模型与前面几种参数均不相同,它是带有常数项的二次函数和指数函数的组合函数形式(模型二),其反演结果的精度指标 R 和 RMSE 分别为 0.761、0.863m²/m²。这种现象表明没有统一的结论去决定在某种植被参数定量反演过程中该使用哪种表达形式的比值植被散射模型,而是要针对目标反演参数自身的特点进行比值植被模型表达式的必要讨论和选择。

表 6-3　不同比值植被模型定量反演不同植被参数时的参数反演精度

参数		R, RMSE			
		模型一	模型二	模型三	模型四
植被水分相关参数	植被湿重/(kg/m²)	0.723,0.448	0.691,0.481	0.677,0.541	0.680,0.518
	植被干重/(kg/m²)	0.674,0.129	0.507,0.157	0.556,0.177	0.535,0.127
	草地 CFMC/%	0.286,51.986	0.368,57.722	0.394,49.546	0.358,47.508
典型植被参数	LAI/(m²/m²)	0.732,0.850	0.761,0.863	0.641,0.909	0.697,0.972
	NDVI	0.551,0.036	0.553,0.036	0.598,0.032	0.583,0.045

　　根据不同比值植被模型定量反演 5 种植被参数的实验结果,图 6-1 展示了所建立的植被参数半经验反演方法中最优比值植被模型反演 5 种植被参数结果的散点图。同样的纵向对比过程,当应用同一种比值植被模型反演不同的植被参数时,反演的精度指标也会存在差异,而且这种差异会远远大于不同比值植被模型反演同一种植被参数时所导致的指标差异。在实验选择的 5 种用于对比的植被参数中,植被湿重、植被干重、LAI 以及 NDVI 的定量反演精度(相关系数 R、均方根误差 RMSE)整体都在一个可以接受的范围内波动变化,但对于实验最主要的目标植被参数(CFMC),本章所建立的植被参数定量反演方法的表现却不够

好，这种现象同样体现在模型标定结果中。在 4 种比值植被模型中，对于 CFMC 定量反演表现最好的是模型三，但地面实测的和模型反演的 CFMC 数据之间的相关系数 R 只有 0.394，均方根误差 RMSE 为 49.546%，散点图的直线拟合线斜率为 0.417［图 6-1（c）］。从定性的角度分析，对于表现较好的 4 种植被参数，数值的绝对大小可以反映当前像元内植被生长的绝对情况，如植被湿重大、植被干重大、LAI 大和 NDVI 大都能够表示该像元区域内的植被生长茂盛，而表征这种"量"上程度的植被参数又恰好是影响雷达后向散射系数的关键因子。但目前并没有相关的理论研究从定量的角度证明这种"量"上的植被参数是如何去表征地表植被层的后向散射贡献。反观植被可燃物含水率这一参数，它是通过植被湿重和植被干重的比值计算而来的，这种相对值的大小只能反映植被体内的水分含量百分比，不能代表当前像元区域植被水分含量的多少或者植被茂密程度，因此就无法完全表征该区域植被层对于雷达后向散射的贡献。所以，如何高精度地通过星载雷达数据定量反演植被可燃物含水率这一影响野火发生概率的植被参数还有待更进一步的理论探索和应用研究。

　　此外，从表 6-1 模型标定结果和表 6-2 参数反演结果中同样可以看出，并不是高精度的模型标定就可以实现高精度的目标参数反演，这个现象同时发生在 Wang 等[14]在基于微波遥感定量反演植被下土壤湿度的过程中。因为本章所建立的依赖于通过数学方法（如各种最优化算法）求解模型经验系数的半经验方法，都要考虑标定过程中可能出现的过拟合问题，要注意很好地把握模型标定和参数反演的平衡性。然而，目前对于如何解决模型标定和参数反演过程中的平衡性问题还有待进一步研究。

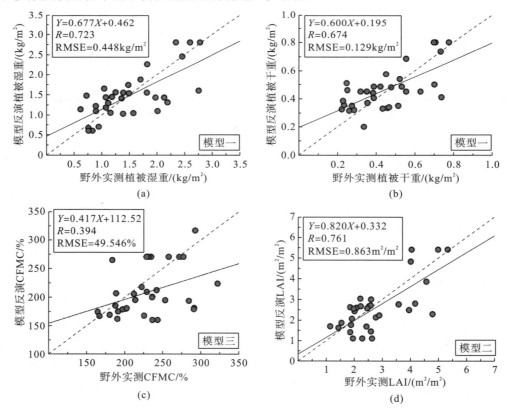

(a)　　　　　　　　　　　　　　　　　(b)

(c)　　　　　　　　　　　　　　　　　(d)

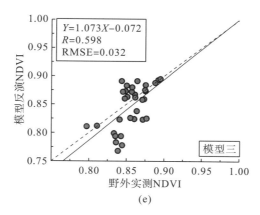

$Y=1.073X-0.072$
$R=0.598$
RMSE=0.032

模型三

(e)

图 6-1　最优比值植被模型下反演 5 种植被参数结果的散点图

主要参考文献

[1] Dubois P C, Van Zyl J, Engman T. Measuring soil moisture with imaging radars. IEEE Transactions on Geoscience and Remote Sensing, 1995, 33(4): 915-926.

[2] 白晓静. 基于多波段多极化 SAR 数据的草原地表土壤水分反演方法研究. 成都: 电子科技大学, 2017.

[3] 行敏锋. 生态脆弱区植被生物量和土壤水分的主被动遥感协同反演. 成都: 电子科技大学, 2015.

[4] Bolten J D, Lakshmi V, Njoku E G. Soil moisture retrieval using the passive/active L-and S-band radar/radiometer. IEEE Transactions on Geoscience and Remote Sensing, 2003, 41(12): 2792-2801.

[5] Neusch T, Sties M. Application of the Dubois-model using experimental synthetic aperture radar data for the determination of soil moisture and surface roughness. ISPRS journal of photogrammetry and remote sensing, 1999, 54(4): 273-278.

[6] Bell D, Menges C, Ahmad W, et al. The application of dielectric retrieval algorithms for mapping soil salinity in a tropical coastal environment using airborne polarimetric SAR. Remote Sensing of Environment, 2001, 75(3): 375-384.

[7] 魏龙, 王维真, 吴月茹, 等. 土壤水盐介电模型对比与分析. 遥感技术与应用, 2017, 32(6): 1022-1030.

[8] 钟亮. 土壤微波遥感机理研究. 成都: 电子科技大学, 2008.

[9] 张俊荣, 张德海. 微波遥感中的介电常数. 遥感技术与应用, 1994, 9(2): 30-43.

[10] 刘军, 赵少杰, 蒋玲梅, 等. 微波波段土壤的介电常数模型研究进展. 遥感信息, 2015(1): 5-13.

[11] Hallikainen M T, Ulaby F T, Dobson M C, et al. Microwave dielectric behavior of wet soil-part 1: Empirical models and experimental observations. IEEE Transactions on Geoscience and Remote Sensing, 1985(1): 25-34.

[12] Mironov V L, Dobson M C, Kaupp V H, et al. Generalized refractive mixing dielectric model for moist soils. IEEE Transactions on Geoscience and Remote Sensing, 2004, 42(4): 773-785.

[13] Topp G C, Davis J, Annan A P. Electromagnetic determination of soil water content: Measurements in coaxial transmission lines. Water resources research, 1980, 16(3): 574-582.

[14] Wang J R, Schmugge T J. An empirical model for the complex dielectric permittivity of soils as a function of water content. IEEE Transactions on Geoscience and Remote Sensing, 1980(4): 288-295.

[15] Dobson M C, Ulaby F T, Hallikainen M T, et al. Microwave dielectric behavior of wet soil-Part II: Dielectric mixing models. IEEE Transactions on Geoscience and Remote Sensing, 1985(1): 35-46.

[16] Joseph A T, Van Der Velde R, O'neill P E, et al. Soil moisture retrieval during a corn growth cycle using L-band (1.6 GHz)

radar observations. IEEE Transactions on Geoscience and Remote Sensing, 2008, 46(8): 2365-2374.

[17] Joseph A, Van Der Velde R, O' neill P, et al. Effects of corn on C-and L-band radar backscatter: A correction method for soil moisture retrieval. Remote Sensing of Environment, 2010, 114(11): 2417-2430.

[18] Prakash R, Singh D, Pathak N P. A fusion approach to retrieve soil moisture with SAR and optical data. IEEE Journal of Selected Topics in Applied Earth Observations and Remote Sensing, 2011, 5(1): 196-206.

第7章 基于线性模型和水云模型的
森林冠层可燃物含水率反演

第6章基于半经验的 Dubois 裸土散射模型、Topp 土壤介电模型和 4 种不同表达式的比值植被方法,建立了基于星载微波数据定量反演草原地表包含草地可燃物含水率在内的 5 种典型植被参数的半经验模型,并将所构建模型应用到中国四川省北部的若尔盖草原区域,使用获取的两景星载 C 波段全极化 Radarsat-2 数据对植被湿重、植被干重、草地可燃物含水率、叶面积指数和归一化差值植被指数 5 种植被参数进行了定量反演实验,同时借助实验区域内地面实测的 5 种植被参数数据对所构建的半经验方法在定量反演地表植被参数方面进行了可行性验证。从构建的模型表达式可以看出,该方法需要使用地面实测的地表土壤体积含水量参数初始化 Dubois 模型,因此该模型很难扩展应用到缺失地表土壤体积含水量这一地面实测参数的研究区域。同时比值植被方法完全依赖于 Joseph 等[1]在玉米的整个生长周期内采集的 L 波段微波散射数据集而构建,缺乏微波信号地表散射机制的物理意义,不具有在多种植被覆盖类型且面积较大区域应用的普适性。因此,本章将基于裸土散射线性模型和植被散射水云模型,尝试建立不依赖于实测地表土壤体积含水量参数同时又具有一定物理意义的可燃物含水率微波遥感定量反演方法。

同 Dubois 模型相比,裸土散射线性模型只考虑地表土壤体积含水量与土壤后向散射贡献的统计经验关系。这种单一自变量参数的模型表达式可以通过联立不同极化方式下的裸土散射模型达到消除变量的目的。而水云模型相比于比值植被方法而言,由于模型构建过程中将地表植被假设为具有一定厚度且均匀覆盖地表的大小、形状相同的散射体[2],一定程度上考虑了微波信号的辐射传输机制,使得模型相对而言具有更好的普适性。基于以上综合考虑,本章采用裸土散射线性模型模拟植被下层裸土的雷达后向散射贡献,植被散射水云模型模拟植被层的雷达后向散射贡献,同时联立双极化方式下的模型表达式,尝试建立只包含双极化雷达后向散射系数和植被可燃物含水率参数的半经验方法。为了探索该方法在定量反演可燃物含水率方面的可行性,本书采用公开的美国国家可燃物含水率数据库 CNTX_McCl_TX 观测站点的地面实测数据以及时间序列双极化(VV/VH)C 波段 Sentinel-1A 星载雷达数据,基于所构建的半经验方法进行时间序列森林冠层可燃物含水率的微波遥感定量反演实验。此外,以 Landsat-8 光学遥感数据和经验的偏最小二乘方法的估算结果进行对比分析,进一步说明所构建的半经验方法在基于星载微波数据定量反演森林冠层可燃物含水率方面的可行性。

7.1 裸土和植被散射模型

本章所建立的基于微波遥感的植被冠层可燃物含水率定量反演方法主要包括两部分：用于模拟植被下土壤层雷达后向散射贡献的裸土散射线性模型和用于模拟地表植被层雷达后向散射贡献的一阶微波散射水云模型。

7.1.1 裸土散射线性模型

裸土散射线性模型是 Prévot 等[3]于 1993 年通过实测数据建立的雷达后向散射系数与地表土壤体积含水量的线性经验关系，具体公式可以表示为

$$\sigma_{\text{soil}}^{o} = Cm_v + D \tag{7-1}$$

式中，σ_{soil}^{o} 为雷达后向散射系数，dB；m_v 为地表土壤体积含水量；C 和 D 为模型的经验系数，其取值依赖于地表粗糙度参数(如地表均方根高度、相关长度和自相关函数等)、雷达极化方式以及雷达局部入射角[4,5]。

为了建立实验区域内更精确的雷达后向散射系数和地表土壤体积含水量的线性关系，一般在裸土散射线性模型的使用过程中，在地面实测样本数据的基础上采用最小二乘方法拟合得到 C 和 D 两个模型经验系数。

裸土散射线性模型所表示的雷达后向散射系数与地表土壤体积含水量之间典型的线性经验关系已经在大量的实验验证过程中得到了证明。1994 年，Lin 等[6]在对比被动微波辐射计数据和星载 AIRSAR 微波数据用于定量反演农作物区域地表土壤湿度的效果时，发现雷达后向散射系数与地面实测的土壤体积含水量呈现出较好的线性关系。1998 年，Weimann 等[7]基于 C 波段 ERS-1 数据建立了雷达后向散射系数与地表土壤体积含水量的线性经验关系。2000 年，Quesney 等[8]同样基于 ERS 数据发现雷达后向散射系数与地表土壤体积含水量呈现出很强的线性关系。虽然雷达后向散射系数和地表土壤体积含水量具有非常好的统计线性关系，但其通过拟合方式得到的模型经验系数 C 和 D 在不同的研究区域、不同的雷达传感器、不同的土壤质地条件、不同的植被覆盖条件、不同的时间区间往往会表现出较大的差异性[4]。因此，裸土散射线性模型只能适用于比较小的研究区域，不具有太强的大范围推广应用能力。

7.1.2 植被散射水云模型

地表植被层对于微波信号的作用主要体现在吸收与散射两个方面。地表植被层对于微波信号的吸收强度主要取决于自身的植被介电常数，而植被介电常数又主要受植被体内水分含量(植被含水量)影响；对于微波信号的散射强度，主要取决于植被的物理或几何特征，包括有植被冠层散射体的大小分布、冠层形状分布、叶片的方向分布以及几何分布等因素。这也是目前研究人员尝试基于微波遥感定量反演地表植被相关参数的物理基础。除此之外，雷达传感器的自身系统参数(如微波信号频率、极化方式和传感器姿态等)也会进一步

影响地表植被对于微波信号的作用机制。

1978 年，Attema 和 Ulaby[9]以农作物为研究对象，基于一阶雷达辐射传输方程建立了一个半经验的植被后向散射模型，称为水云模型（water cloud model，WCM）。该半经验模型利用经验系数和植被参数来表示地表植被层对于微波信号的后向散射贡献。WCM 将地表植被层假设为均匀覆盖地表的球形水滴和干物质的组合，其中干物质的作用仅仅是为了保持水分在植被冠层内的均匀分布状态[10]。WCM 非常简洁地描述了地表植被层对于微波信号后向散射的贡献机制，将植被覆盖下地表 linear 单位表示的总体后向散射贡献直接分为三部分：地表植被冠层直接的雷达后向散射贡献、地表植被层与土壤层之间的多次散射贡献以及经过地表植被层双向衰减后土壤层的散射贡献。WCM 的常用表达形式为

$$\sigma_{can}^o = \sigma_{veg}^o + \sigma_{veg+soil}^o + \tau^2 \sigma_{soil}^o \tag{7-2}$$

$$\sigma_{veg}^o = AV_1 \cos\theta(1-\tau^2) \tag{7-3}$$

$$\tau^2 = \exp(-2BV_2/\cos\theta) \tag{7-4}$$

式中，σ_{veg}^o 为地表植被冠层直接的雷达后向散射贡献；$\sigma_{veg+soil}^o$ 为植被层与土壤层之间的多次散射贡献；σ_{soil}^o 为经过植被层双向衰减后的土壤层的散射贡献；τ^2 为地表植被层对于微波信号的双向衰减系数，具体可由式（7-4）计算得到；θ 为雷达局部入射角；A 和 B 为依赖于地表植被类型和传感器配置参数的模型经验系数，一般是在地面实测数据的基础上采用最小二乘等最优化方法经验拟合得到；V_1 和 V_2 代表地表植被层对于雷达信号的不同作用特性，V_1 表示植被的直接散射特性，V_2 表示植被的衰减特性。

对于植被参数的选择，目前并没有统一的研究定论，其最优选择一般依赖于研究区域的地表植被属性、土壤质地特性以及星载微波传感器自身的配置参数等。2019 年，Wang 等[11]在定量反演稀疏植被覆盖下的地表土壤体积含水量时，对比过 4 种 MODIS 植被指数［叶面积指数（LAI）、增强型植被指数（EVI）、光合有效辐射比（FPAR）以及归一化差值植被指数（NDVI）］用于参数化 WCM 的效果，发现当 NDVI 用于表征所选实验区域地表植被层的衰减特性时，植被下土壤水分的反演精度均处于比较高的精度水平。2015 年，Bai 和 He[12]在基于 WCM 定量反演若尔盖草原和乌图美仁草原地表土壤水分时，发现在若尔盖草原 EVI 对于地表植被层的描述效果最好，而在乌图美仁草原却是 LAI 的效果最好。由于本章的目的是建立基于微波遥感的植被冠层可燃物含水率定量反演方法，所以 V_1 和 V_2 全部使用目标参数（植被冠层可燃物含水率）进行参数化。同时，根据前人的研究结果[13,14]，在以上 3 部分雷达后向散射贡献中，植被层与土壤层之间的多次散射贡献 $\sigma_{veg+soil}^o$ 由于其相对于其余两部分而言非常弱而经常被忽略不计。

WCM 由于简洁的模型表达和合理的微波散射机制假设，许多研究人员已经成功利用其构建了部分地表参数的遥感定量反演方法。2014 年，Xing 等[15]基于 ASAR 数据和改进的 WCM 实现了乌图美仁草原和若尔盖草原两个高海拔生态脆弱区的地上生物量遥感定量反演。2017 年，Bai 等[16]基于星载的 C 波段 Sentinel-1A 数据，采用改进的积分方程模型耦合 WCM 成功定量反演了中国青藏高原的地表土壤水分。2018 年，Ma 等[17]基于星载的 C 波段 Radarsat-2 数据，采用改进的 WCM 实现了农作物区域的叶面积指数遥定量反演。虽然 WCM 已经在各种自然植被区域有了许多成功应用的实验案例，但其本质上是针对农

作物区域而建立的微波散射模型，比较适合刻画农作物等植被分布相对均匀且盖度较低的微波散射机制[4]，而且使用该模型的前提条件是研究区域地表植被层的微波散射机制要以体散射为主。因此，WCM 是否同样适用于模拟森林这种垂直三维结构比较复杂的地表植被的微波散射机制还需要进一步研究和探讨。

7.2 反演方法构建

7.2.1 模型耦合

裸土散射线性模型中的雷达后向散射系数以 dB 为单位，而植被散射 WCM 中的雷达后向散射系数却以 linear 为单位，两者在数学逻辑上存在一个对数转换公式：$\sigma^o_{\mathrm{dB}} = 10\lg \sigma^o_{\mathrm{linear}}$。想要直接耦合 4.2 节中所选择的两个微波散射模型从而建立完整的地表后向散射模型，必须首先解决模型中雷达后向散射系数表示单位不一致的问题。因此，本章对星载 Sentinel-1 卫星提取研究站点位置处的双极化（VV 和 VH）雷达后向散射系数进行了简单的分析，不同表示单位的雷达后向散射系数之间的散点图如图 7-1 所示。从图 7-1 可以看出，当雷达后向散射系数变化范围较小时，两种单位的雷达后向散射系数之间呈现出高度的直线相关性，原先的对数变化公式可近似地被一元线性公式所替代。因此，为了降低耦合模型复杂度，首先对以 dB 为单位表示的裸土散射线性模型采取了式(7-5)的变换，将其改造为以 linear 为单位表示的裸土散射线性模型。

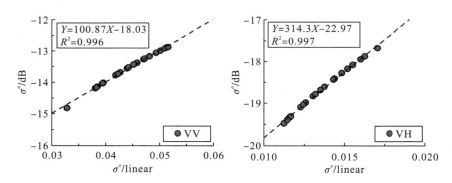

图 7-1 不同单位雷达后向散射系数表示的裸土散射线性模型及其相互转换公式

$$\left.\begin{array}{l} \sigma^o_{\mathrm{dB}} = Cm_v + D \\ \sigma^o_{\mathrm{linear}} = U\sigma^o_{\mathrm{dB}} + V \end{array}\right\} \Rightarrow \sigma^o_{\mathrm{linear}} = UCm_v + (UD + V) \tag{7-5}$$

令 $UC = P$ 和 $UD + V = Q$，有

$$\sigma^o_{\mathrm{linear}} = Pm_v + Q \tag{7-6}$$

然后，基于 linear 单位表示的裸土散射线性模型，直接耦合忽略植被层与土壤层之间多次散射贡献的 WCM 便可以建立完整的地表后向散射模型 [式(7-7)]。再基于不同极化方式下的雷达后向散射系数(本书选择为 VV 和 VH)参数化地表后向散射模型，便可以得到式(7-8)和式(7-9)的两个模型方程，其中 σ^o_{VV} 和 σ^o_{VH} 分别为 VV 和 VH 极化方式下的雷

达后向散射系数，对应的 A_{VV}、B_{VV}、P_{VV}、Q_{VV} 和 A_{VH}、B_{VH}、P_{VH}、Q_{VH} 分别为相应极化方式下的模型经验系数。

$$\sigma_{can}^{o} = AV_1 \cos\theta \left(1 - \exp\left(\frac{-2BV_2}{\cos\theta}\right)\right) + \exp\left(\frac{-2BV_2}{\cos\theta}\right)(Pm_v + Q) \tag{7-7}$$

$$\sigma_{VV}^{o} = A_{VV}\,\mathrm{CFMC}\cos\theta\left(1 - \exp\left(\frac{-2B_{VV}\,\mathrm{CFMC}}{\cos\theta}\right)\right) + \exp\left(\frac{-2B_{VV}\,\mathrm{CFMC}}{\cos\theta}\right)(P_{VV}m_v + Q_{VV}) \tag{7-8}$$

$$\sigma_{VH}^{o} = A_{VH}\,\mathrm{CFMC}\cos\theta\left(1 - \exp\left(\frac{-2B_{VH}\,\mathrm{CFMC}}{\cos\theta}\right)\right) + \exp\left(\frac{-2B_{VH}\,\mathrm{CFMC}}{\cos\theta}\right)(P_{VH}m_v + Q_{VH}) \tag{7-9}$$

进一步地联立不同极化方式（VV 和 VH）下的地表后向散射模型［式(7-8)和式(7-9)］对模型中的地表土壤体积含水量 m_v 这一未知参数进行消除，从而建立了只包含双极化雷达后向散射系数（σ_{VV}^{o} 和 σ_{VH}^{o}）和植被冠层可燃物含水量（CFMC）参数的地表后向散射模型，具体可以表示为

$$\sigma_{VH}^{o} = A_{VH}\,\mathrm{CFMC}\cos\theta\left(1 - \exp\left(\frac{-2B_{VH}\,\mathrm{CFMC}}{\cos\theta}\right)\right)$$

$$+ \exp\left(\frac{-2B_{VH}\,\mathrm{CFMC}}{\cos\theta}\right)\left[P_{VH}\frac{\dfrac{\sigma_{VV}^{o} - A_{VV}\,\mathrm{CFMC}\cos\theta\left(1 - \exp\left(\frac{-2B_{VV}\,\mathrm{CFMC}}{\cos\theta}\right)\right)}{\exp\left(\frac{-2B_{VV}\,\mathrm{CFMC}}{\cos\theta}\right)} - Q_{VV}}{P_{VV}} + Q_{VH}\right]$$

$$\tag{7-10}$$

7.2.2　模型标定

模型标定具体是指基于 Sentinel-1 卫星提取到的双极化 SAR 后向散射系数和地面实测的森林冠层可燃物含水率数据，通过最优化拟合的数学方法求解所建立的半经验模型中未知经验系数的过程。本章计划采用最小二乘方法（具体方法选择为非线性 Levenberg-Marquardt 算法[18]）标定所建立的半经验模型［式(7-10)］中的 8 个模型经验系数［A_{VV}、B_{VV}、P_{VV}、Q_{VV} 和 A_{VH}、B_{VH}、P_{VH}、Q_{VH}］。在具体的实验操作中，对于以上所建立模型中经验系数的拟合，本章采用了一种全局随机值初始化模型经验系数的方式来防止非线性最小二乘优化过程中可能出现的局部最优解问题，具体做法就是采用 5000 组均匀分布的全局随机值对所建立的半经验模型进行初始化，然后基于 Sentinel-1A 影像提取到的雷达后向散射系数及地面实测森林冠层可燃物含水率数据，使用非线性最小二乘方法对初始值进行迭代优化，直至模型稳定后得到最终的模型经验系数。对于模型标定后的精度，本章采用 Sentinel-1 卫星提取的和所建立的模型模拟的 VH 极化方式下雷达后向散射系数之间的均方根误差进行评价。同时在后续森林冠层可燃物含水率参数遥感定量反演过程中，

采用 5000 组实验结果中最小均方根误差对应的拟合系数作为选择的模型全局最优参数。

对于非线性的最优化拟合方法而言,同时要考虑模型训练(也就是模型标定)过程中可能出现的过拟合问题。模型过拟合指的是在模型训练过程中,输入训练样本数量不足(数量较少的训练样本无法完全体现总体样本的分布范围等特征),导致最终训练后的模型不能很好地表征总体样本的整体特点[16]。直观表现为标定后的模型对于训练样本具有很好的适应性,模型测试精度较高,而对于训练样本之外的测试样本则表现出比较差的适应性,模型测试精度较低。为了避免模型训练过程中存在的过拟合问题对于后续森林冠层可燃物含水率参数反演结果的影响,本章对参与模型训练的样本数量进行了合理性讨论。详细讨论方案为采用不同数量的训练样本依次对所建立的半经验模型进行标定,然后根据模型标定效果的精度评价指标(实测和模拟的 VH 极化方式下雷达后向散射系数之间的均方根误差)变化情况,选择合适的样本数量进行模型的重新标定和后续森林冠层可燃物含水率参数的定量反演。

图 7-2 展示的是使用不同数量的训练样本进行模型标定时,标定模型的精度评价指标变化情况。从图 7-2 可以看出,随着参与模型训练样本数量的不断增多,标定模型的精度评价指标(均方根误差)呈现出波动上升然后趋于稳定的状态。这也一定程度上印证了"训练样本不足时非线性的最小二乘拟合方法可能会发生模型过拟合现象"的结论。当用于标定模型的样本数量超过 14 个(总样本数的 2/3)时,标定后模型的精度评价指标基本稳定在0.32dB 附近,说明模型的过拟合问题已经得到了最大程度的抑制。因此,在后续实验过程中,用于标定模型的样本数量选定为 14 个。基于以上实验结论,为了更充分地评价所建立的半经验模型在微波遥感定量反演森林植被冠层可燃物含水率方面的有效性,本章采用了三重交叉验证方法测试所建立的半经验模型[式(7-10)]用于定量反演目标参数的表现。所采用的三重交叉验证方法具体指的是将所有获取的 21 个时间序列样本数据完全等分为 3 组(每组 7 个样本),重复 3 次选择其中任意两组数据(共 14 个样本)用于模型的标定,同时另外一组数据(共 7 个样本)用于目标参数的定量反演和精度评价。

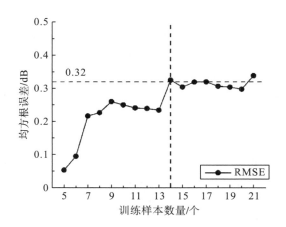

图 7-2　不同数量的训练样本进行模型标定时的模型标定精度指标变化情况

7.2.3　参数反演

由于所建立的半经验模型表达式［式(7-10)］不能直接表示为目标参数(CFMC)关于 VV 和 VH 极化方式下雷达后向散射系数的解析解形式。因此，对于后续森林冠层可燃物含水率的定量反演方案，本章采用了一种遥感反演地表参数领域比较通用的间接计算方法，也就是查找表(look up table，LUT)方法[19]。

首先，根据所选定实验点的森林冠层可燃物含水率地面实测数据确定查找表中目标参数的变化范围(设定为 70%~150%)，同时设定参数的变化步长为 0.5%。然后将 Sentinel-1A 影像提取到的 VV 极化方式雷达后向散射系数和设定的目标参数变化值作为输入参数依次代入标定后的半经验模型［式(7-10)］中，得到模拟的 VH 极化方式雷达后向散射系数，从而建立两个输入参数(森林冠层可燃物含水率和 VV 极化方式雷达后向散射系数)和一个输出参数(VH 极化方式雷达后向散射系数)之间一一对应的查找表。

建立好查找表后，再根据 Sentinel-1A 影像提取的 VH 极化方式雷达后向散射系数和合适的代价函数，在所建立的查找表中寻找最优代价函数对应的森林冠层可燃物含水率数值，即为查找表方法定量反演得到的结果。本章所选择的最优代价函数为模型模拟的和卫星影像提取的 VH 极化方式雷达后向散射系数之间的最小绝对差值 MAE_r，具体表示为

$$MAE_r = \mid \sigma^o_{VH\_mod} - \sigma^o_{VH\_obs} \mid \tag{7-10}$$

式中，$\sigma^o_{VH\_mod}$ 和 $\sigma^o_{VH\_obs}$ 分别代表模型模拟的卫星影像提取的 VH 极化方式雷达后向散射系数。

然而，查找表反演方法普遍存在一个严重影响最终目标参数反演精度的病态多解问题[20,21]，也就是说不同的输入参数组合可能会对应相同的输出参数值(在本实验中具体指的是不同的森林冠层可燃物含水率数值和 VV 极化方式雷达后向散射系数组合对应相同的 VH 极化方式雷达后向散射系数)。这种病态多解现象会严重影响目标参数遥感定量反演结果的可靠性水平。图 7-3 举例说明了查找表反演方法在本实验中存在的病态多解问题。图中红色点代表的是森林冠层可燃物含水率的地面实测数据(149%)，绿色点代表的是查找表中最小代价函数 MAE_r 对应查找到的两个森林冠层可燃物含水率数据(121%和

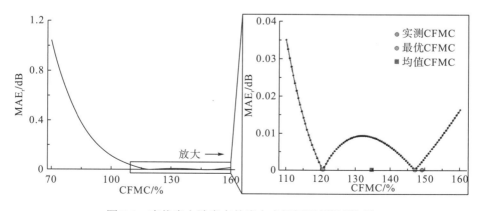

图 7-3　查找表方法存在的病态多解问题(举例说明)

147%)，蓝色点代表的是两个最优森林冠层可燃物含水率数据的平均值(134%)。三者相比而言，图中右边绿色点对应的森林冠层可燃物含水率数据(147%)明显更接近于真实地面实测的森林冠层可燃物含水率数据(149%)。因此，如何在已知的查找表病态多解组合中选择出最优的目标参数反演结果对于定量评估所建立的方法的有效性尤为重要。

目前已有的相关研究指出，先验知识(如模型输入参数的范围选择和分布特征、第三方的地面实测数据、地面植被覆盖类型及垂直结构信息等)的合理使用可以有效地减弱病态反演多解问题对于最终目标参数定量反演结果的影响[21]。本章定量分析了研究站点过去连续 3 年目标参数(森林冠层可燃物含水率)的时间序列变化情况，发现目标参数的时间变化具有非常强的季节物候分布特征(图 7-4)，这也基本符合北半球中纬度植被的自然生长规律。因此，本章基于季节时间划分森林冠层可燃物含水率的高值-低值区间，并将其应用到查找表反演结果的筛选中，以此来减弱查找表的病态多解问题对于实验结果的影响。对于森林冠层可燃物含水率的高值时间区间(春天和夏天：每年 4~9 月)，选择查找表中最优代价函数对应多解组合中的较大值作为最终的参数反演结果，反之对于森林冠层可燃物含水率的低值时间区间(秋天和冬天：每年 1~3 月和 10~12 月)，则选择较小值作为最终的反演结果。

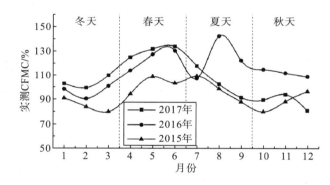

图 7-4   研究站点森林冠层可燃物含水率的季节物候分布特征

7.3   对比实验：Landsat-8 光学遥感数据和偏最小二乘回归方法

为了与所建立的半经验模型进行横向对比,本章同时采用了一种常规的遥感定量反演方法对所选实验站点的森林冠层可燃物含水率参数进行定量估算,具体为基于 Landsat-8 时间序列光谱反射率数据的偏最小二乘回归(partial least squares regression，PLSR)。

实验站点的 Landsat-8 时间序列的光谱反射率数据是在线编程平台——谷歌地球引擎①直接按坐标提取得到的。与星载 Sentinel-1A 微波数据预处理流程一致,首先采用 3 次样条插值方法对原光谱反射率数据进行插值处理,得到与地面采样时间对应的光谱反射率数据。然后采用 Savitzky-Golay 滤波器对插值后的数据进行滤波处理,消除了由于天气、传感器误差等带来的时间序列噪声。PLSR 是 Wold 等[22]于 2006 年提出的一种与主成分分

① Google Earth Engine,https: //code.earthengine.google.com/.

析相关的统计分析方法，其可以抽象地概括为多元线性回归+主成分分析。PLSR 通过将自变量和因变量投影到一个新的数据空间来构建线性回归模型，在自变量具有多重共线性的条件下具有更好的应用效果。PLSR 的目标是构建一种线性模型：

$$Y = \beta X + E \tag{7-12}$$

式中，Y 代表因变量向量（本章指的是森林冠层可燃物含水率数据）；X 代表自变量矩阵（本章指的是 Landsat-8 波段 2～波段 7 的光谱发射率数据）；β 代表模型系数矩阵；E 代表模型的残差矩阵。

7.4　反演结果与分析

7.4.1　基于双极化 Sentinel-1A 数据的反演结果

图 7-5 给出的是使用三重交叉验证方法对所建立的半经验模型的标定结果，即标定后模型模拟的和 Sentinel-1A 影像提取到的 VH 极化方式雷达后向散射系数之间的散点图。从图 7-5 可以看出，标定后的半经验模型［式(7-10)］可以很好地表征森林植被覆盖地面真实的微波后向散射情况，具体表现为所选择的用于评价模型标定效果的指标（模拟的实测

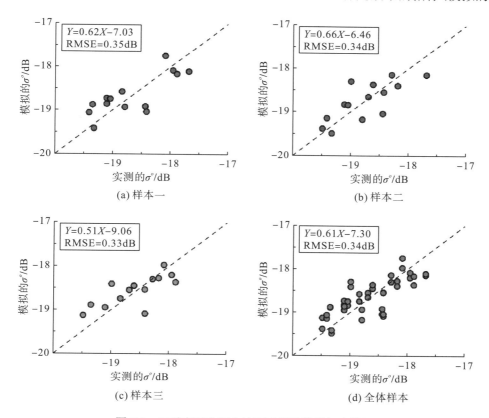

图 7-5　三重交叉验证方法下半经验模型标定结果

的 VH 极化方式雷达后向散射系数之间的均方根误差)处于一个比较低的水平并且两者的散点图均匀分布在 1：1 线附近。采用三重交叉验证方法下模型标定结果的评价指标依次为 0.35dB(样本一)、0.34dB(样本二)和 0.33dB(样本三)。

　　基于标定效果较好的半经验模型，结合查找表反演方法和先验知识辅助决策，利用剩余测试样本数据实现了森林冠层可燃物含水率的定量反演。图 7-6 给出了使用三重交叉验证方法下森林冠层可燃物含水率的反演结果，即标定后模型反演的和地面实测的森林冠层可燃物含水率之间的散点图。从图 7-6 可以看出，标定后模型的森林冠层可燃物含水率反演结果基本能与地面实测数据相吻合，具体表现为使用三重交叉验证方法时，模型反演的和地面实测的森林冠层可燃物含水率之间的均方根误差依次为 19.53%(样本一)、12.64%(样本二)和 15.45%(样本三)。与已有的关于森林冠层可燃物含水率遥感定量反演结果对比[20,23-25]，本章森林冠层可燃物含水率反演结果的精度指标居于比较好的分布水平，这也一定程度上反映了星载微波遥感数据用于定量反演森林冠层可燃物含水率这一直接影响森林火灾发生和传播的关键指标的可行性。

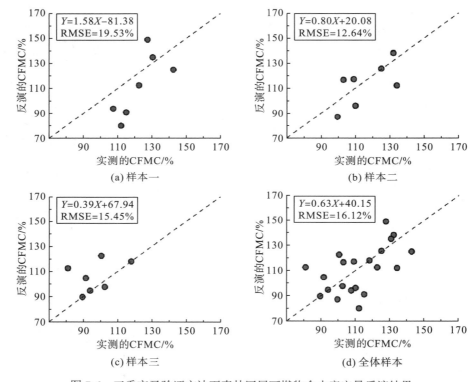

图 7-6　三重交叉验证方法下森林冠层可燃物含水率定量反演结果

　　图 7-7 给出的是模型定量反演的和地面实测的森林冠层可燃物含水率数据在时间序列上的变化情况。从图 7-7 可以发现，本章建立的半经验模型所定量反演的森林冠层可燃物含水率数据可以很有效地捕捉到地面实测森林冠层可燃物含水率数据在时间序列上的变化趋势。这种高精度的监测森林冠层可燃物含水率数据在时间尺度上的微小变化情况有助于更好地辅助评估与预警森林火灾风险。

图 7-7　三重交叉验证方法下模拟的和实测的森林可燃物含水率时间序列分布

7.4.2　基于光学 Landsat-8 数据的反演结果

为了横向比较说明微波遥感数据在定量反演植被冠层可燃物含水率参数方面的可行性，同时验证本章所建立的半经验模型用于遥感定量反演森林冠层可燃物含水率的有效性。本章同时基于完全相同的三重交叉验证方案，采用 Landsat-8 时间序列光谱反射率数据和经验的偏最小二乘回归(PLSR)方法对相同实验站点进行了森林冠层可燃物含水率的遥感估算。

图 7-8 给出的是使用不同训练样本和测试样本时 PLSR 模型训练和测试的结果，具体展示的是 PLSR 模型估算的和实测的森林冠层可燃物含水率之间的散点图。同时表 7-1 给出了三重交叉验证方法下不同训练样本和测试样本的模型精度(模型估算的和地面实测的森林冠层可燃物含水率之间的均方根误差)。从图 7-8 和表 7-1 可以看出，训练后的 PLSR 模型能够高精度地反映训练样本中森林冠层可燃物含水率数据的分布特征，具体表现为训练后的模型对于训练样本具有比较高的测试精度，在三重交叉验证方法下使用不同训练样本测试模型时的精度评价指标(模型估算的和地面实测的森林冠层可燃物含水率之间的均方根误差)都小于 10%(对应不同样本依次为 9.52%、8.69% 和 8.69%)。但是当使用训练样本之外的剩余测试样本时，训练良好的 PLSR 模型却表示出比较差的测试精度，具体表现为使用训练样本之外的测试样本时模型估算结果的精度评价指标均大于 20%(对应不同样本依次为 20.11%、26.21% 和 26.73%)。这在一定程度上反映了完全的统计经验模型不具有普适性的严重缺陷。相比而言，本章基于裸土散射线性模型和植被散射水云模型所建立的半经验耦合模型由于模型构建过程中考虑了一定的微波散射机制，普适性相对较高，在测试样本中依然能够表现出较好的目标参数估算精度。

图 7-9 同样给出的是基于 PLSR 模型所估算的和地面实测的森林冠层可燃物含水率数据在时间序列上的变化情况。对比分析图 7-7 和图 7-9 可以发现，基于光学 Landsat-8 光谱反射率数据和经验 PLSR 方法的定量估算结果对于森林冠层可燃物含水率的时间序列变化趋势并没有做到更有效的捕捉，从侧面说明了本章所建立的半经验模型在时间序列森林冠层可燃物含水率定量反演方面的有效性。

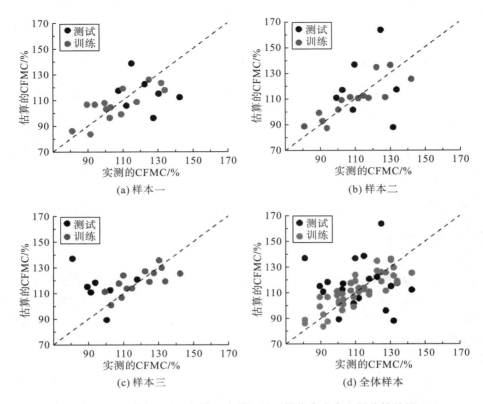

(a) 样本一　　　　　　　　　　(b) 样本二

(c) 样本三　　　　　　　　　　(d) 全体样本

图 7-8　三重交叉验证方法下森林冠层可燃物含水率定量估算结果

表 7-1　三重交叉验证方法下模型的训练和测试精度指标(均方根误差)

样本	模型训练精度/%	模型测试精度/%	总体精度/%
样本一	9.52	20.11	13.97
样本二	8.69	26.21	16.71
样本三	8.69	26.73	16.99
全体样本	8.97	24.53	14.16

图 7-9　三重交叉验证方法下模拟的和实测的森林可燃物含水率时间序列分布

主要参考文献

[1] Joseph A, Van Der Velde R, O'neill P, et al. Effects of corn on C-and L-band radar backscatter: A correction method for soil moisture retrieval. Remote Sensing of Environment, 2010, 114(11): 2417-2430.

[2] 白晓静. 基于多波段多极化 SAR 数据的草原地表土壤水分反演方法研究. 成都: 电子科技大学, 2017.

[3] Prévot L, Champion I, Guyot G. Estimating surface soil moisture and leaf area index of a wheat canopy using a dual-frequency (C and X bands) scatterometer. Remote Sensing of Environment, 1993, 46(3): 331-339.

[4] 行敏锋. 生态脆弱区植被生物量和土壤水分的主被动遥感协同反演. 成都: 电子科技大学, 2015.

[5] Zribi M, Baghdadi N, Holah N, et al. New methodology for soil surface moisture estimation and its application to ENVISAT-ASAR multi-incidence data inversion. Remote Sensing of Environment, 2005, 96(3-4): 485-496.

[6] Lin D S, Wood E F, Troch P A, et al. Comparisons of remotely sensed and model-simulated soil moisture over a heterogeneous watershed. Remote Sensing of Environment, 1994, 48(2): 159-171.

[7] Weimann A, Von Schonermark M, Schumann A, et al. Soil moisture estimation with ERS-1 SAR data in the East-German loess soil area. International Journal of Remote Sensing, 1998, 19(2): 237-243.

[8] Quesney A, Le Hégarat-Mascle S, Taconet O, et al. Estimation of watershed soil moisture index from ERS/SAR data. Remote Sensing of Environment, 2000, 72(3): 290-303.

[9] Attema E, Ulaby F T. Vegetation modeled as a water cloud. Radio Science, 1978, 13(2): 357-364.

[10] Bindlish R, Barros A P. Parameterization of vegetation backscatter in radar-based, soil moisture estimation. Remote Sensing of Environment, 2001, 76(1): 130-137.

[11] Wang L, He B, Bai X, et al. Assessment of different vegetation parameters for parameterizing the coupled water cloud model and advanced integral equation model for soil moisture retrieval using time series Sentinel-1A data. Photogrammetric Engineering and Remote Sensing, 2019, 85(1): 43-54.

[12] Bai X, He B. Potential of Dubois model for soil moisture retrieval in prairie areas using SAR and optical data. International Journal of Remote Sensing, 2015, 36(22): 5737-5753.

[13] He B, Xing M, Bai X. A synergistic methodology for soil moisture estimation in an alpine prairie using radar and optical satellite data. Remote Sensing, 2014, 6(11): 10966-10985.

[14] Joseph A, Van Der Velde R, O'neill P, et al. Effects of corn on C-and L-band radar backscatter: A correction method for soil moisture retrieval. Remote Sensing of Environment, 2010, 114(11): 2417-2430.

[15] Xing M, Binbin H E, Quan X, et al. An extended approach for biomass estimation in a mixed vegetation area using ASAR and TM data. Photogrammetric Engineering and Remote Sensing, 2014, 80(5): 429-438.

[16] Bai X, He B, Li X, et al. First assessment of Sentinel-1A data for surface soil moisture estimations using a coupled water cloud model and advanced integral equation model over the Tibetan Plateau. Remote Sensing, 2017, 9(7): 7-14.

[17] Ma Y, Xing M, Ni X, et al. Using a modified water cloud model to retrive leaf area index (LAI) from Radarsat-2 SAR data over an agriculture area. IEEE International Geoscience and Remote Sensing Symposium, 2018, 5: 5437-5440.

[18] Moré J J. The Levenberg-Marquardt algorithm: Implementation and theory. Berlin: Springer, 1978.

[19] Houborg R, Boegh E. Mapping leaf chlorophyll and leaf area index using inverse and forward canopy reflectance modeling and SPOT reflectance data. Remote Sensing of Environment, 2008, 112(1): 186-202.

[20] Quan X, He B, Yebra M, et al. Retrieval of forest fuel moisture content using a coupled radiative transfer model. Environmental Modelling Software, 2017, 95: 290-302.

[21] Quan X, He B, Li X. A Bayesian network-based method to alleviate the ill-posed inverse problem: A case study on leaf area index and canopy water content retrieval. IEEE Transactions on Geoscience and Remote Sensing, 2015, 53(12): 6507-6517.

[22] Wold S, Ruhe A, Wold H, et al. The collinearity problem in linear regression. The partial least squares (PLS) approach to generalized inverses. SIAM Journal on Scientific & Statistical Computing, 1984, 5(3): 735-743.

[23] Jurdao S, Yebra M, Guerschman J P, et al. Regional estimation of woodland moisture content by inverting Radiative Transfer Models. Remote Sensing of Environment, 2013, 132: 59-70.

[24] Caccamo G, Chisholm L, Bradstock R, et al. Monitoring live fuel moisture content of heathland, shrubland and sclerophyll forest in south-eastern Australia using MODIS data. International Journal of Wildland Fire, 2012, 21(3): 257-269.

[25] Yebra M, Chuvieco E, Riaño D. Estimation of live fuel moisture content from MODIS images for fire risk assessment. Agricultural and Forest Meteorology, 2008, 148(4): 523-536.

第三部分　野火风险评估预警方法及应用

本部分以云南省为研究区,开展野火风险评估预警方法及应用研究。主要研究内容如下。

(1)野火风险的诱发因子研究与样本数据提取方法研究。综合整理国内外有关野火风险的研究资料,拟基于植被因子、地形因子和气象因子实现野火风险的评估及预警。同时在时间和空间维度的限制条件下,采用基于半变异函数的方法提取模型的训练样本。

(2)云南省火灾时空分布特征研究与历史火点和火险因子关系研究。通过对云南省不同时期火点数量的变化和火点空间密度的分析,研究云南省野火的时空分布规律。拟通过对所提取的火点样本的植被因子、地形因子和气象因子与野火分布关系的分析,深入研究野火与各诱发因子间的内在联系。

(3)野火风险评估方法研究。首先研究 Logistic 回归模型在野火风险评估方面的应用原理,其次拟采用相关性分析、差异性分析和虚拟变量处理等方法对因子进行处理,构建野火风险评估模型,并采用野火风险指数(wildfire risk index,WRI)对野火风险程度进行表征。同时,通过对野火评估结果与历史火点数据、野火诱发因子间变化特征的研究,论证评估结果的有效性。

(4)野火风险预警方法研究。基于已构建的野火风险评估模型,结合气象预报数据和近实时的遥感数据,研究未来几天的野火风险预警方法。为了解决因遥感数据缺失导致野火风险预警结果缺失的问题,拟研究对预警结果进行时空数据填补的方法。

研究技术路线如下图所示。

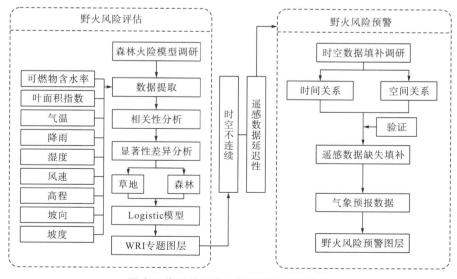

野火风险评估预警方法研究技术路线图

第8章　研究区概况与数据提取

8.1　研究区概况

8.1.1　地理位置

本书的研究区地处中国西南边陲的云南省，位于东经 97°31′39″～106°11′47″，北纬 21°8′32″～29°15′8″，北回归线横贯云南省南部，属低纬度内陆地区。全省东西跨距约 8650km，南北跨距约 900km，约占全国陆地总面积的 4%，居全国第八位。云南省的地理位置比较特殊，北部与西北部分别与四川盆地和西藏毗邻，因此地势变化较大。东部坐落着贵州省与广西壮族自治区。南部和西部与缅甸、老挝、越南接壤，与邻国的边界线总长超过 4000km。从全球的位置上看，处于亚洲大陆和东南亚半岛之间，因此气候受到东南季风和西南季风的双重影响。

8.1.2　气候条件

云南省位于低纬度地区，同时又靠近高原区域，地理位置特殊。冬季为干燥的大陆季风气候，导致云南省每年冬春季成为火灾高发时期。而夏季为湿润的海洋季风气候，因此在夏秋季高温时火灾的活动反而相对降低。云南省复杂的地理环境造就了其复杂的气候类型，全省共有 6 种气候类型，不同的气候区域间差异大且垂直变化显著。从全年来说，云南省年差温度变化小，降雨充沛但分布十分不均。

8.1.3　地形状况

云南省由于毗邻西藏高原，山高谷深，高低悬殊，地形条件十分复杂。在全省陆地面积中，山地约占 80%，高原和丘陵约占 10%，剩下的以盆地和河谷为主，因此研究区沟壑纵横，平原地区非常稀少。云南省南北海拔相差超过 5000m，在同一天不同地区的温差能超过 5℃。全省地势由北向南呈现阶梯状分布，其中西北部最高而东南部最低。

8.1.4　植被水文条件

全省降水量充沛，但降水量在季节上和地域上分配不均，部分地区年降水量可达 1600mm。冬季因暖气团的影响降水稀少，而夏季受西南季风影响降水充沛。降水量在夏秋季最多，占全年降水量的 70%～80%，而冬春季只有 20%～30%。云南省的植物种类非常丰富，包含了热带、亚热带以及温带的大部分品种，共约有 1.7 万种，其中花卉超过 1500 种，不乏珍奇异种植被。

8.2　数据说明与准备

随着全球变暖,中国、美国、加拿大、澳大利亚等许多国家都受到了森林野火的严重威胁。近年来对森林野火的研究也受到全球范围内相关学者的重视,更新野火风险评估因子和模型更是迫在眉睫的艰巨任务[1]。野火的发生并非随机的而是存在一定的规律,它受到多种因素综合作用的影响。这些因素主要分为三大类:可燃物因素、地形因素和气象因素,也有学者称之为野火环境三角模型。本书的主要目标是通过多源遥感数据集,结合气象数据和地形数据实现大范围的野火风险评估,其模型构建数据来源详述如下。

8.2.1　植被数据

随着遥感技术的不断发展,更高时空分辨率的遥感数据被不断获取。遥感卫星数据具有覆盖范围广、时空分辨率高的特点,通过遥感反演所获取的植被信息也越来越多。基于对文献资料的大量调研,本书将植被在森林火灾方面的信息提炼为可燃物含水率(fuel moisture content,FMC)和叶面积指数(leaf area index,LAI)。

可燃物含水率(FMC)是一种十分重要的野火风险评估因子,它与野火的发生和野火的传播速度密切相关[2,3]。根据统计数据,在西班牙超过 90%的森林火灾都是人为和闪电原因造成的。闪电造成的森林火灾一般都具有发生位置比较偏僻和同时具有多个着火点的特性,因此这类火灾的燃烧面积都比较大[4,5]。植被的可燃物含水率太低是其容易被闪电点燃的主要原因之一,因为有着高含水率的植被在被点燃时需要更高的温度或更长的加热时间来提供蒸发植被内在水分的热量。同理,可燃物含水率的高低也与森林野火的传播速度密切相关。

卫星遥感数据具有高时空分辨率和全范围覆盖的特点,随着遥感反演算法的不断发展,FMC 数据可通过卫星图像数据基于辐射传输方程进行反演获取。Quan 等[6]将植被类型根据 IGBP[7]土地分类原则分为 3 类:森林、灌木和草原,采用 MODIS(Moderate-resolution Imaging Spectroradiometer)提供的 MCD43A4 反射率产品、MCD43A2 反射率数据质量控制产品和 MCD12Q1 土地覆盖分类产品,通过双层辐射传输模型分别反演获取了全球 3 种植被类型的 FMC 数据,并取得了较高的精度。该数据的时间分辨率为 8 天,空间分辨率为 500m,图 8-1 展示了研究区 2006 年第 345 天的 FMC 数据。

MCD12Q1 是由 MODIS 提供的土地覆盖分类产品[8],它提供了常见的 5 种土地覆盖分类方案:IGBP 的全球植被分类方案、美国马里兰大学分类方案、基于 MODIS 叶面积指数分类方案、基于 MODIS 衍生净初级生产力分类方案和植物功能型分类方案。本书采用的是 IGBP 的全球植被分类方案(图 8-2),共把土地覆盖类型分为十七大类,依次是水体-0、常绿针叶林-1、常绿阔叶林-2、落叶针叶林-3、落叶阔叶林-4、混交林-5、稠密灌丛-6、稀疏灌丛-7、木本热带稀疏草原-8、热带稀疏草原-9、草地-10、永久湿地-11、农用地-12、城市和建筑区-13、农用地自然植被-14、冰雪-15 以及稀疏植被-16[9],同时还有代号 254 和255 分别表示未分类和背景值像元。

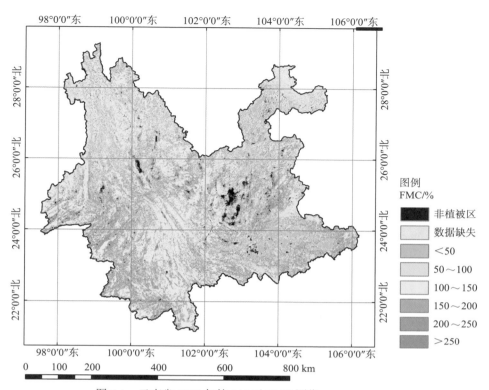

图 8-1 云南省 2006 年第 345 天 FMC 图像

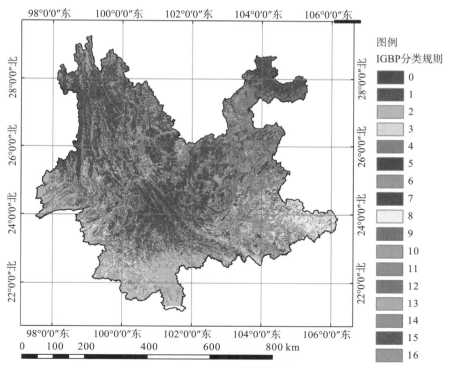

图 8-2 云南省 2006 年 IGBP 土地覆盖分类

LAI 是指一定土地面积上植物叶面面积的总和与土地面积之比,是描述植被冠层结构最基本的参量。

LAI 是一个重要的植物学参数和评价指标,在农业、林业以及生物学、生态学等领域被广泛应用。MODIS 提供了 MCD15A2H 产品,该产品包括了 LAI 的 8 天合成数据,可用于表征可燃物的生物量,是野火风险评估的重要参数之一,图 8-3 展示了研究区 2006 年第 345 天的 LAI 图像。

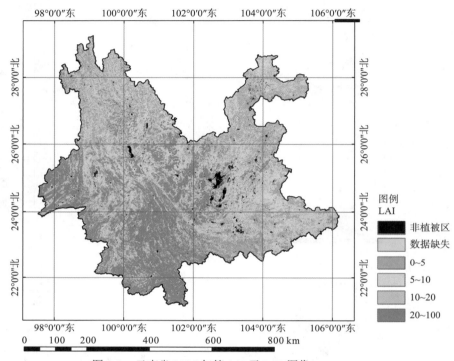

图 8-3 云南省 2006 年第 345 天 LAI 图像

8.2.2 地形数据

美国地质勘探局(United States Geological Survey,USGS)和国家地理空间情报局(National Geospatial-Intelligence Agency,NGA)共同合作开发了全球高程模型——2010全球多分辨率地形高程数据(global multi-resolution terrain elevation data 2010,GMTED2010)[10,11],并使用该模型代替了 GTOPO30 作为全球和大陆尺度应用的高程数据集。GMTED2010 在全球规模上提供了多个尺度的数据集,包含了 7 个新的栅格高程产品,用于 30s、15s 和 7.5s 的空间分辨率。新高程产品包含了最小高程、最大高程、平均高程、中高程、高程标准差等类型的数据集。其中许多产品已使用在各种区域大陆尺度的土地覆盖制图、水文建模的排水特征提取以及对中粗分辨率的卫星图像进行几何校正和辐射校正。利用 ArcGIS 软件,可通过高程获取坡度和坡向信息。

地形因子是静态变量,它对区域的野火风险的影响程度是固定的,因此也有许多学者把地形作为划分森林火灾危险区域的一个基础变量。地形间的差异会导致不同的气候条件和植被状况，包括植被的类型、覆盖度、含水量、长势等，野火风险自然也有所差异。除此之外，地形还与交通、通信、人口分布、经济发展等密切相关，进而影响火源、防火、救火等。

高程（elevation）是地形最基本的特征，在同一纬度地区带中，高程直接影响气候条件，如图 8-4 所示。高程越高，森林内的湿度通常越大，森林内的可燃物含水率和空气湿度相对就越大，野火风险就越小。随着高程的逐渐增加，当进入分水岭或雪线附近时，降水量会明显增加，发生森林火灾的风险将更低。但是高海拔地区一般风速会比较大，火灾一旦发生便会具有更快的传播速度，危险性更高。

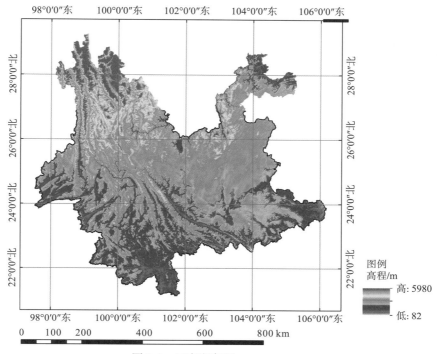

图 8-4　云南省高程

坡度（slope）是指地面上一点的切平面与水平面之间的夹角，用于表示地面在该点的倾斜程度，如图 8-5 所示。坡度的大小直接影响着可燃物含水率的变化，在坡度陡峭的地区，土壤的保水性能降低，降水容易流失，植被易干燥。相反，坡度平缓的地区，水分滞留时间长，森林湿度增加，植被可燃物含水率增加，野火风险降低。同时，坡度也与火灾的蔓延密切相关，对于上坡野火，上部的可燃物会直接受到来自下部野火上升热气流的烘烤，使得可燃物中的水分大量流失，进而增加野火上升时的蔓延速率。

坡向（aspect）是指地面上一点的切平面的法线矢量在水平面上的投影与过该点的正北方向的夹角，角度范围为 0°～360°，而对于没有坡向的平坡一般使用-1 表示，如图 8-6 所示。坡向不同，森林所接受的阳光照射烈度、时长等均有所差异，影响着森林土壤和空气的温湿度、植被状况等。通常，南坡接受光照的时间比较长，空气湿度比较低，植被的含水量较低，森林火灾风险较高，火灾的传播速度也相对较快。

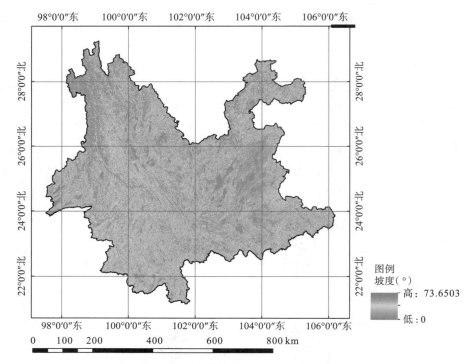

图 8-5　云南省坡度

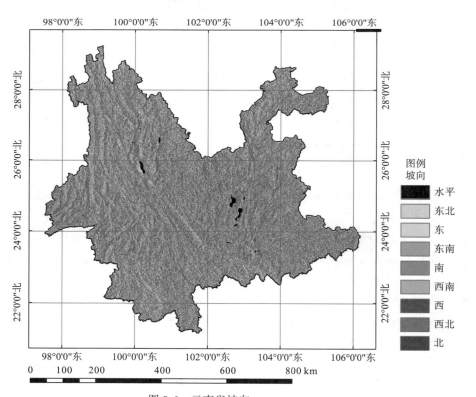

图 8-6　云南省坡向

8.2.3　气象数据

基于传统的气象站台数据的野火风险评估算法中，通常采用空间插值获取的气象因子栅格图像实现数据全区域覆盖。但是气象站台相对于大范围的区域来讲，其分布的离散度太高，导致插值获取的数据的质量太差。因此本书拟采用气象再分析资料进行代替。再分析资料的种类有很多，如 ERA40、JRA25、NARR、NNRP 等，但常用的且一直随着时间更新的有 FNL［NCEP FNL（Final）Operational Global Analysis Data］和 ERA-Interim 两种。

FNL 数据是一种全球尺度的再分析同化数据，由全球数据同化系统（global data assimilation system，GDAS）生产。该系统不断地从全球通信系统（global telecommunications system，GTS）和其他数据源收集观测数据并进行多次分析，以提供全球尺度每 6h 一次的 1°空间分辨率气象资料。FNL 与国家环境预测中心（National Centers for Environmental Prediction，NCEP）的全球预报系统（global forecast system，GFS）使用的模型相同，区别在于 FNL 是在 GFS 初始化后大约 1h 才有数据，而 GFS 会使用最近一次的 FNL 数据作为模型初始化的一部分。为了尽可能多地融合实际的气象观测数据来提高同化数据的精度，FNL 资料有一定的延迟性。由于该产品主要是用来研究大范围或全球尺度的气象变化，且其空间分辨对于本书的研究区来说太过于粗糙，因此本书拟采用 ERA-Interim 数据。

ERA-Interim 是由欧洲中期天气预报中心（European Centre for Medium-Range Weather Forecasts，ECMWF）发布的最新的全球大气再分析产品[12]，该产品自 1989 年 1 月起近实时地发布数据。ERA-Interim 数据是对 ERA-40 数据的改进，在数据质量方面有着显著的提升，其数据格式以栅格为主，空间分辨率最高能达到 0.125°，每隔几个小时就会发布陆地表面参数[13]，包括地表 2m 空气温度、地表 2m 空气露点温度、地表 10m 经（U）向和纬（V）向的风速、累计降雨量以及其他气象数据。结合本书的研究内容，所采用的 ERA-Interim 的数据内容见表 8-1。

表 8-1　ERA-Interim 详细信息

数据名称	空间分辨率/(°)	时间分辨率/h	时间范围/年	简介
U 向风速	0.125	6	2007～2016	距地表 10m 处经向风速
V 向风速	0.125	6	2007～2016	距地表 10m 处纬向风速
空气温度	0.125	6	2007～2016	距地表 2m 处空气温度
露点温度	0.125	6	2007～2016	距地表 2m 处空气露点温度
降雨量	0.125	12	2007～2016	过去 12h 累计降雨量

ERA-Interim 资料中尚未提供近地表 2m 处的空气相对湿度（relative humidity，RH）数据，而 RH 是影响森林野火的主要气象因子之一，所以本书拟通过 Tetens 经验公式［式(8-3)］进行间接获取[14]。

$$e_s = 6.1078e^{\left[\frac{17.2693882(T-237.16)}{T-35.86}\right]} \tag{8-3}$$

式中，e_s 为水汽压；T 为开氏温度。

将空气温度、露点温度分别代入式(8-3)可以近似地计算空气饱和水汽压 e_2 和空气水汽压 e_1，再结合 RH 的定义即可计算空气相对湿度，计算过程如下：

$$RH = \frac{e_1}{e_2} \times 100\% \tag{8-4}$$

空气温度(temperature)一直是森林火灾发生和蔓延的重要因子之一，在野火的评估、检测、蔓延速率和预警等方面一直受到国内外学者的重视，如图 8-7 所示。当气温升高时，空气相对湿度下降，导致植被的蒸腾作用增强，可燃物含水率降低，野火风险增加。同时，由于可燃物含水率降低，可燃物能够被点燃时所需的热量大大减少，增加了火灾发生时可燃物的易燃性，增大了火灾的蔓延速率和火势。根据统计数据，通常气温在 0℃以下时不容易发生森林火灾；在 0~10℃时，森林火灾的次数明显增加，受灾面积也增大；而气温在 20℃以上时，虽热气温较高，但是植被的长势比较旺盛，含水率高，野火风险反而较低。

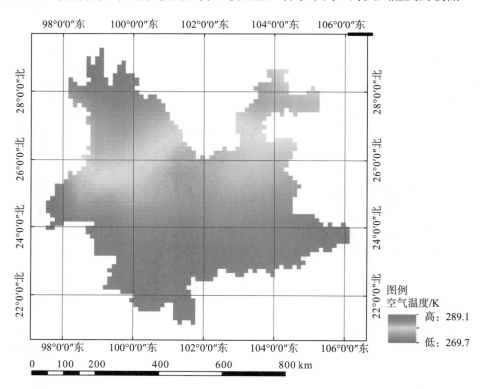

图 8-7　云南省 2017 年 1 月 1 日空气温度

空气相对湿度被定义为空气中的蒸汽压与饱和蒸汽压的百分比值，是一种常用来表示空气干湿程度的基本物理参数，是火险天气中的关键因素，其大小能直接影响到可燃物含水率的高低，如图 8-8 所示。空气相对湿度越大，空气中的含水量就越高，可燃物的水分流失得就越慢，野火风险降低。当空气的相对湿度达到 100%，即空气的水蒸气密度达到饱和状态时，空气中的水蒸气会析出成露水，如果此时空气温度为 0℃以下，则会直接凝结为霜，此时植被处于一个潮湿的环境中，不容易发生火灾。通常情况下，空气相对湿度高于 80% 时不容易发生森林火灾；在 55%~80% 时可能发生森林火灾，但火灾规模或者燃烧烈度都会比较小；在 55% 以下时，容易发生森林火灾，特别是小于 30% 时，容易发生特大森林火灾。

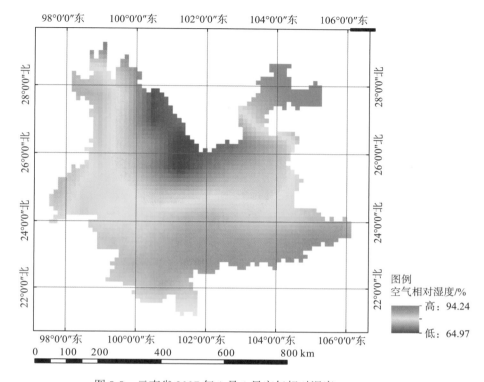

图 8-8　云南省 2007 年 1 月 1 日空气相对湿度

降雨量（precipitation）可以直观地表示降雨的多少，广义上的降雨还包括冰雪、露水、霜和雾等，降雨量的多少直接影响到可燃物含水率的高低，如图 8-9 所示。降雨量越大，地面越潮湿，空气相对湿度增加，可燃物含水率升高，森林火灾风险降低。根据统计数据调查，当降雨量小于 1mm 时，地物的湿度基本没有变化；当降雨量为 2~5mm 时，能有效地降低可燃物的易燃性；当降雨量超过 5mm 时，可燃物含水率可达到饱和状态，此时野火风险大大降低。同时，降雨量越大，水分的保有时间越久，对森林火灾的抑制效果持续得也就越久。相反，对于干旱无雨或者年降雨量较低的地区，森林火灾风险会相应增加。降雨对森林火灾的影响除体现在降雨量的多少外，还与连旱日数相关，即连续没有降雨的天数。在没有降雨的时段中，连旱日数越大，可燃物水分流失越快，其可燃性也逐渐增加。随着连旱日数的延长，植被为维持正常的生长而消耗土壤中的水分，可能会影响地下水位。

风（wind）在森林火灾研究中常被用来探究其对于火势蔓延的影响和作为评估野火风险的间接因子，如图 8-10 所示。风能够带走空气中的水分，降低空气相对湿度，增强植被的蒸腾作用，降低可燃物含水率。风对火灾的影响还体现在火灾的蔓延速率和传播方面，风能够使火势更加迅猛，使蔓延速率加快。风速较大时，容易产生"飞火"现象，把火星吹到空中向四处传播。

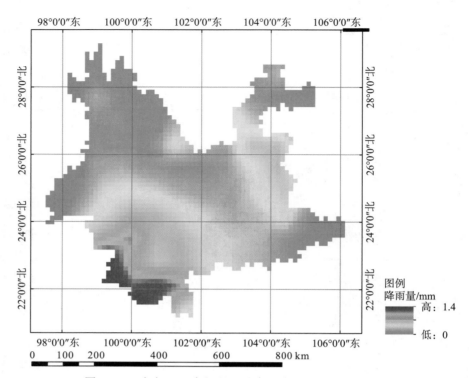

图 8-9　云南省 2007 年 1 月 1 日降雨量

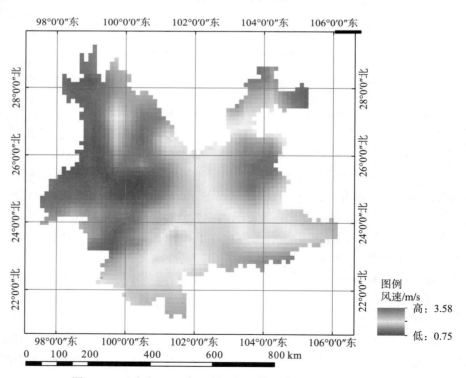

图 8-10　云南省 2007 年 1 月 1 日平均风速

8.2.4　历史火点数据

MCD64A1 是由 MODIS 提供空间分辨率为 500m 的燃烧区域制图的月合成产品。其算法的基本原理是通过 MODIS 的短波红外第 5 波段和第 7 波段计算得到的对燃烧敏感的植被指数（vegetation index，VI）的合成图像，将动态的阈值应用到该图像中进行燃烧区域识别，计算式如下：

$$VI = \frac{\rho_5 - \rho_7}{\rho_5 + \rho_7} \tag{8-5}$$

式中，ρ_5 和 ρ_7 分别是经过大气校正的短波红外第 5 波段和第 7 波段。

该产品共包含 5 个数据集，本书采用其中 3 个：燃烧日期数据集、燃烧日期不确定数据集和质量控制数据集。燃烧日期数据中 0 表示未燃烧像元，−1 表示未制图区域，−2 表示水体，1～366 表示火灾发生的儒略日（即每年从 1 月 1 日开始计算的第几天发生了火灾）；燃烧日期不确定数据用于评估燃烧日期的不确定性，该数据集对于本书采选训练样本像元时非常重要，确定的燃烧日期能够使我们准确地选取对应的燃烧像元的气象数据，有效范围为 0～100，表示不确定性的程度，而 0 表示未制图或者未发生火灾；质量控制数据采用 8 位二进制码的方式记录每个像元数据的质量。图 8-11 呈现了研究区 2017年 2 月的野火分布，红色区域表示燃烧区域，其值表示森林火灾发生时的儒略日。

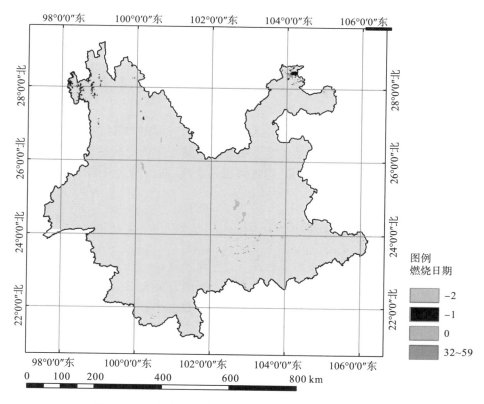

图 8-11　云南省 2007 年 2 月野火分布图像

8.3 基于半变异函数的数据提取

对野火风险进行评估和预测是十分有意义且十分必要的一项工作，基于遥感技术能够实现大范围、高时空分辨率的野火风险评估。目前对火险评估模型的研究已经比较深入，训练模型时一般需要输入气候参数、地形参数和植被参数，其中植被参数能反映出植被的物理特性(如含水率、类型、覆盖度等)。模型训练需要对比数据，即模型的输入数据不仅包括发生火灾的数据(火灾数据)，而且包括未发生火灾的数据(非火灾数据)。输入数据的质量对所训练模型的最终评估效果具有非常重要的影响。

目前，基于栅格图像获取火灾数据与非火灾数据方法的步骤如下：根据火点提取算法进行火灾燃烧面积制图，根据制图结果或者火灾产品提取发生了火灾的像元的数据，即可获取火灾数据；而获得非火灾数据通常是以火灾像元为圆心，根据经验确定缓冲半径进而建立缓冲区，在缓冲区之外的区域随机提取一个非火灾像元的数据作为该火灾像元的对比数据。这种非火灾数据提取的方法虽然操作简单，但是存在诸多问题。一是火灾像元缓冲半径的确定是根据经验划分的，存在人为因素带来的主观影响，同时，缓冲半径的大小随研究区域、植被类型等的不同而不同，也就是说每一个火灾像元的缓冲半径均有所差异。若缓冲半径设置过小，则会导致所提取的非火灾数据与对应的火灾数据之间存在空间相关性，因而缺乏对比性，进而影响所训练模型的评估效果；若缓冲半径设置过大，则会导致非火灾数据提取的区域过小。二是非火灾数据的提取方法仅仅考虑了空间相关性，并未考虑时间相关性。例如，某像元某时相未发生火灾，但下一个时相发生了火灾，说明在这个时相中该像元的数据与火灾数据接近，因此采用上述方法提取得到的非火灾数据与火灾数据间仍然缺乏对比性。综上所述，如何实现准确、便捷、高效地提取非火灾数据成了本书亟待解决的技术问题。

本书旨在提供一种基于半变异函数提取非火灾数据的方法，是一种基于球状模型的半变异函数来考虑因为地理学第一定律所带来的数据间的空间相关性，以及利用遥感图像的多时相特性从时间上考虑数据间的时间相关性，从而提高火灾数据与非火灾数据之间差异性的方法。

8.3.1 半变异函数模型

为了考虑空间关系，需要为每一个火灾像元建立一个缓冲半径区域，本书将采用半变异函数值来确定每个火灾像元的缓冲半径，既能去除人工依靠经验的非普适性，又能去除因不同地理位置带来的区域差异性。半变异函数也称半方差函数，它是地学统计学中研究土壤变异性的关键函数，是用来描述土壤性质空间连续变异的一个连续函数，反映土壤性质随着距离增加的变化情况，其表达式如下：

$$R_{(h)} = \frac{1}{2N} \sum_{i=1}^{N} [Z_{(x_i)} - Z_{(x_i+h)}] \tag{8-6}$$

式中，$R_{(h)}$ 为半变异函数值；N 为距离 h 处所有像元的个数；$Z_{(x_i)}$ 为距离 x_i 处的像元值；

$Z_{(x_i+h)}$ 为距离 x_i+h 处的像元值。

半变异函数值的拟合采用球状模型，球状模型是由法国学者马特隆提出的，因此也称为马特隆模型，模型首次呈现水平状态的距离称为变程，比该变程近的距离分隔的样本位置与空间自相关，而距离远于该变程的样本位置不与空间自相关，即

$$r_h = \begin{cases} C_0 + C\left(\dfrac{3}{2}\dfrac{h}{a} - \dfrac{1}{2}\dfrac{h^3}{a^3}\right), & 0 \leqslant h < a \\ C + C_0, & h \geqslant a \end{cases} \tag{8-7}$$

式中，r_h 为半变异函数模型值；C_0、C 和 a 均为模型参数；h 为空间距离。

如图 8-12 所示，拟合曲线逐渐随着横坐标的增加而增加，当到达变程距离时，曲线开始趋于水平，此时这个距离即为空间相关距离的阈值，即缓冲半径。

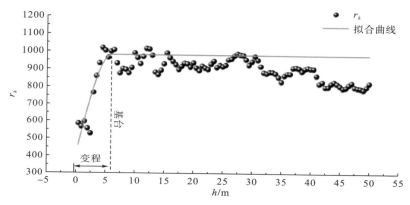

图 8-12　球状模型拟合半变异函数值示意图

8.3.2　样本数据提取

1. 火点样本提取方法

本书根据 MCD64A1 产品提供的历史火点燃烧、燃烧日期不确定性和质量控制产品来提取火灾点数据。云南省分布着 26 个少数民族部落，其中部分民族崇拜火文化，因此在历史火灾数据中不乏人为因素导致的森林火灾。这类火灾的规模通常比较小，因此本书将通过一个 3×3 的窗口来过滤这些小火灾，提高所提取的火灾数据的质量，如图 8-13 所示。再将剩下的火点像元通过燃烧日期的不确定性和质量控制进行进一步筛选。

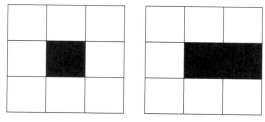

图 8-13　利用 3×3 像元窗口过滤单个火点像元(左图)，当窗口中过火
像元的数量超过 1(右图)时才被认为是有效火点像元

2. 非火点样本提取方法

首先是去除空间关系。MCD64A1 是月合成数据，一景图像中可能会存在多个有效的火灾像元，所以需要为每个火灾像元建立缓冲区并将这些缓冲区进行叠加，非火灾像元的选择不能落在任何一个缓冲半径之内。如图 8-14 所示，红色方框表示有效的火灾像元，外层的圆圈表示该像元的缓冲半径。左图为单个像元的缓冲半径示意图，橙色的圆圈表示缓冲半径，在缓冲区内的绿色像元不能作为非火灾像元来提取数据，只能选择范围外的蓝色像元；右图为多个有效火灾像元的缓冲半径叠加示意图，非火灾像元的选择不能落在任何一个缓冲区内。

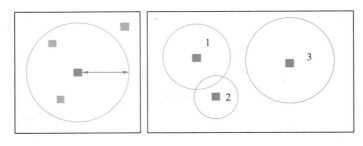

图 8-14　缓冲半径以及叠加示意图

为了更好地说明火灾像元缓冲半径的求解，本书以研究区某个火灾像元的 FMC 数据作为说明。图 8-15 为通过式(8-6)计算的某火点像元的 FMC 和随着距离的增加半变异函数值的变化曲线。随着距离的增加，FMC 半变异函数值逐渐增加并趋于平稳，不再发生变化。将半变异函数值用于拟合球状模型[式(8-7)]的模型参数，获取变程距离 a，该距离即为缓冲半径。通过计算，该火点像元的 FMC 缓冲半径为 35 个像元距离，所以在规划该火点像元的缓冲区时应该以 35 个像元距离为阈值。若该像元其他变量的变程大于 35，则应以其他变量的变程为缓冲半径。

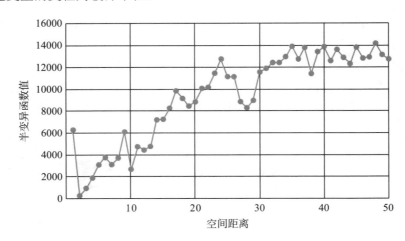

图 8-15　FMC 半变异函数值变化曲线

　　其次是去除时间关系。在实际情况中，火灾的发生与否有很强的偶然性。对于某个像元，在该时刻没有发生火灾，也没有处于该时刻任何火灾像元的缓冲半径之内，但是其数据显示该像元的火险等级很高，很有可能在相邻时刻或者其他年份对应时刻发生了火灾，如果不考虑相邻时刻和其他周期(年)对应时刻火灾发生的实际情况，有可能会把这个像元选为非火灾像元从而降低了火灾与非火灾数据之间的差异性，不利于模型的训练。为了避免这种情况，利用遥感图像多时相的特性，在空间数据提取的基础上，增加考虑了时间关系。

　　由于植被的变化具有物候性，即每年同一时刻植被的状况接近，气象条件也相似，所以若某一像元在一年中某一时刻的火险等级很高，则在该像元前后的相邻时刻和每年的这个时刻火险等级都可能会很高，在长时间序列上看，该像元发生过火灾的概率就很大，即该像元在这个时刻未发生火灾，但是在相邻时刻或其他年份对应时刻发生了火灾，那么本书也认为该像元不可作为非火灾像元。通过多时相数据，能够去除这样的问题。其基本思想是建立目标时相的火灾图像所有火灾像元的缓冲区之后，将每年相同时相及相邻时相的火灾缓冲区图像也建立出来并进行叠加，最后只有不落在任何一个缓冲区内的像元才可作为非火灾像元。如图 8-16 所示，图 8-16(a)～图 8-16(f)表示所要提取的非火灾像元所在时相的相邻和每年相同时相各自的火灾像元缓冲区叠加示意图，图 8-16(g)表示所有时相缓冲半径的叠加示意图，非火灾像元的选择不能落在图 8-16(g)中的任何缓冲区之内。

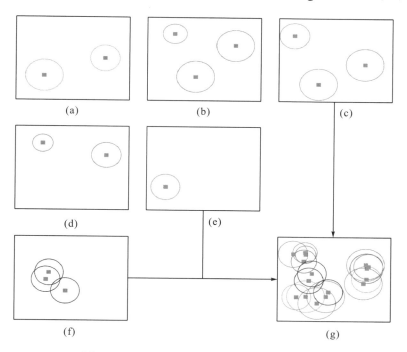

图 8-16　多时相火灾像元缓冲半径叠加示意图

3. 致灾因子提取

本书采用的植被数据是来自 MODIS 产品或者反射率产品的反演数据，即 FMC 和 LAI 数据均与 MODIS 数据时相相同，为向后 8 天合成数据。假设某个时相发生了火灾，若选择这个时相的 FMC 和 LAI 数据，则所得到的数据会受到火灾的影响而不能对野火燃烧之前的 FMC 或者 LAI 数据进行正确的表征。鉴于植被数据在一个 8 天时相内的变化比较微小，因此在提取 FMC 和 LAI 数据时，均从火灾所在时相的前一个时相提取 FMC 和 LAI 数据。如图 8-17 所示，假设火灾所在的时相为 t 时相，则所提取的遥感数据（FMC、LAI）为 $t-1$ 时相的数据，而提取的气象数据仍为 t 时相的数据。

本书是对自然条件下的野火风险进行评估，因此森林火灾的诱发因子主要是根据火灾三角模型确定的 3 个方面：植被因子、气象因子以及地形因子，同时也对某些重要的因子进行衍生变量生成。本小节基于上述介绍的数据提取方法，提取了如表 8-2 所示的致灾因子。

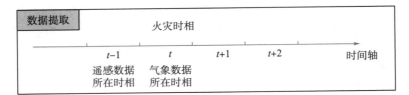

图 8-17　模型训练数据提取时相说明

表 8-2　致灾因子信息

因子类型	简化形式	时间分辨率/d	空间分辨率/m	数据来源
可燃物含水率(FMC)	FMC	8		
可燃物含水率差值(Difference)	Dif	8		
可燃物含水率异常值(Anomaly)	Ano	8		MODIS
叶面积指数(LAI)	LAI	8		
高程(Elevation)	Ele	静态数据		
坡度(Slope)	Slo	静态数据	500	GMTED2010
坡向(Aspect)	Asp	静态数据		
空气温度(Temperature)	Tem	1		
空气相对湿度(Relative Humidity)	RH	1		ERA-Interim
风速(WindSpeed)	Win	1		
当日是否降雨(WhetherRain)	Whe	1		

可燃物含水率差值（Difference）被定义为

$$Difference = FMC_{t_2} - FMC_{t_1} \qquad (8\text{-}8)$$

式中，FMC_{t_2} 和 FMC_{t_1} 分别表示前一个时相与后一个时相 FMC 的差值，物理意义在于其能够反映出可燃物含水率在灾前的变化趋势。

　　若 Difference 的值为正数，则说明 FMC 降低，火险概率可能会升高。而可燃物含水率异常值（Anomaly）被定义为

$$\text{Anomaly} = \frac{\text{FMC}_{t_1}}{\text{MeamFMC}_{t_1}} \times 100\% \tag{8-9}$$

式中，FMC_{t_1} 表示 t_1 时相的 FMC 数据；Meam FMC_{t_1} 表示每年 t_1 时相的 FMC 平均值，意义在于能够表征某年 t_1 时相的 FMC 数据相比于历年平均 FMC 的高低，若值大于 100%，则说明该年 t_1 时相的 FMC 数据比往年的平均值要高。

　　当日是否降雨（WhetherRain）是降雨量的衍生变量。根据对统计数据的分析，在研究区内当日是否降雨相比降雨量对野火风险评估的指示作用更强。

　　本书提取了云南省 2007～2016 年的火点数据以及等量的非火点数据。因为不同的植被类型间存在巨大的结构差距，本书将按照表 8-3，依据 IGBP 土地分类原则，将植被类型分为森林和草原两大类。其中因为研究区内灌木类型的植被太少，因此将其归类到森林类型中。最后提取的样本数据中草原共有 8168 对样本数据，森林共有 8217 对样本数据。

表 8-3　植被类型分类信息

IGBP 土地分类代号分类类型	类型
1、2、3、4、5、6、7	森林
8、9、10、11、12、14	草原

主要参考文献

[1] Preisler H K, Burgan R E, Eidenshink J C, et al. Forecasting distributions of large federal-lands fires utilizing satellite and gridded weather information. International Journal of Wildland Fire, 2009, 18(5): 508-516.

[2] Dasgupta S, Qu J J, Hao X, et al. Evaluating remotely sensed live fuel moisture estimations for fire behavior predictions in Georgia, USA. Remote Sensing of Environment, 2007, 108(2): 138-150.

[3] M García, Chuvieco E, Nieto H, et al. Combining AVHRR and meteorological data for estimating live fuel moisture content. Remote Sensing of Environment, 2008, 112(9): 3618-3627.

[4] Wotton B M, Martell D L. A lightning fire occurrence model for Ontario. Canadian Journal of Forest Research, 2005, 35(35): 1389-1401.

[5] Anderson, Kerry. A model to predict lightning-caused fire occurrences. International Journal of Wildland Fire, 2002, 11(4): 163-172.

[6] Quan X, He B, Yebra M, et al. Retrieval of forest fuel moisture content using a coupled radiative transfer model. Environmental Modelling & Software, 2017, 95: 290-302.

[7] Loveland T R, Belward A S. The IGBP-DIS global 1km land cover data set, DISCover: First results. International Journal of Remote Sensing, 1997, 18(15): 3289-3295.

[8] Broxton P D, Zeng X, Sulla-Menashe D, et al. A global land cover climatology using MODIS data. Journal of Applied

Meteorology & Climatology, 2014, 53(6): 1593-1605.

[9] Dong L, Yan Z, Huang L, et al. Evaluation of the consistency of MODIS land cover product (MCD12Q1) based on Chinese 30 m GlobeLand30 datasets: A case study in Anhui Province, China. ISPRS International Journal of Geo-Information, 2015, 4(4): 2519-2541.

[10] Carabajal C C, Harding J, Boy J P, et al. Evaluation of the Global Multi-Resolution Terrain Elevation Data 2010 (GMTED2010) using ICESat geodetic control. International Symposium on Lidar and Radar Mapping: Technologies and Applications, 2011.

[11] Djamel A, Hammadi A. External validation of the ASTER GDEM2, GMTED2010 and CGIAR-CSI- SRTM v4.1 free access digital elevation models (DEMs) in Tunisia and Algeria. Remote Sensing, 2014, 6(5): 4600-4620.

[12] Bao X, Zhang F. Evaluation of NCEP-CFSR, NCEP-NCAR, ERA-Interim, and ERA-40 reanalysis datasets against independent sounding observations over the tibetan plateau. Journal of Climate, 2013, 26(1): 206-214.

[13] Dee D P, Uppala S M, Simmoins A J, et al. The ERA-Interim reanalysis: Configuration and performance of the data assimilation system. Quarterly Journal of the Royal Meteorological Society, 2011, 137(656): 553-597.

[14] 盛裴轩. 大气物理学. 北京: 北京大学出版社, 2013.

第 9 章　野火及诱发因子时空特征分析

9.1　野火时空分布特征分析

本节内容基于历史火点产品 MCD64A1 提取了研究区 2007～2016 年的火灾历史统计数据，包括火灾发生的时间、火灾像元的数量以及火点的地理分布等信息。研究内容主要分为两部分：一是时间分布特征分析，包括研究区历史火灾的年度、月度变化特征；二是空间特征分析，主要以研究区各个地市级为对象，分析森林火灾在空间上的分布特征。

9.1.1　野火年度变化分布特征

云南省 2007～2016 年被卫星监测到的火灾像元共有 42503 个，平均每年有 4250.3 个像元。其中 2010 年研究区森林火灾像元数量剧增到 11170 个，变化十分显著。这是因为云南省在该年遭遇了百年一遇的全省特大旱灾，干旱的范围大，时间长，程度深，同时也造成了巨大的经济损失，由此可见火灾与气象的密切关系。若除开 2010 年的火灾像元累计数据，每年的平均火灾像元数量为 3481.4 个。如图 9-1 所示，火灾像元数量长时间的变化呈现出波动性的规则，即一年上升一年下降，在总体的变化上呈现出下降趋势。

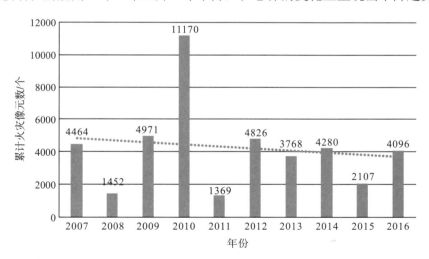

图 9-1　火灾像元年度变化曲线

9.1.2　野火月度变化分布特征

根据对野火诱发机理的深入剖析，气象条件对森林火灾的发生有着十分重要的影响。在短期的时间尺度上主要表现为每日具体的气象条件，如空气温度、空气相对湿度、降雨和风速等情况，而在宏观尺度上主要表现为气候条件，不同的气候条件在不同的季节中气象情况会有很大的不同。如图 9-2 所示，研究区火灾的发生数量从 12 月逐渐开始增加，到次年的 1 月、2 月逐步增加，大部分年份在 2 月时森林火灾次数达到最高；从 3 月开始又逐渐减少，直到 5 月仍有一定数量的森林火灾发生；而从 6 月开始，森林火灾数据都基本为 0，火点数量急剧减少；在 6 月之后，一直持续到 11 月基本处于无火灾状态。综上，云南省火灾数量在月度变化上呈现出十分显著的变化规律性。

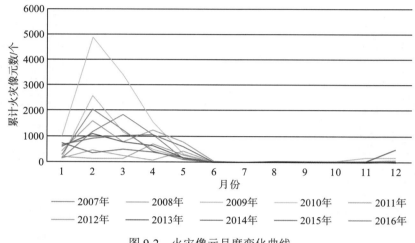

图 9-2　火灾像元月度变化曲线

　　云南省地处南半球中低纬度地区，其季节的时间分布与太阳历的季节划分略有不同，而更加符合中国的农历气候分布，即云南省在 12 月到次年的 2 月处于冬季，冬季受大陆干燥季风的影响，降雨量少，空气湿度低，可燃物含水率低，导致从入冬开始火灾频发，到冬季末时达到火灾的高发时期；3 月开始进入春季，降雨量开始增加，火灾数量开始逐渐减少，一直持续到 5 月中旬左右。从 5 月下旬开始，在过渡到夏季的这段时间，根据历史气象统计资料，云南省会在这段时期迎来降雨期。如图 9-3 所示，云南省在 5 月上旬与

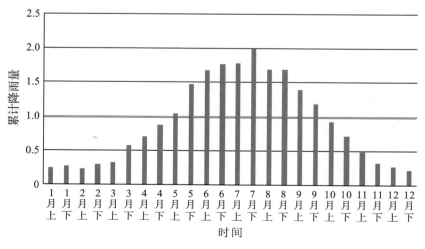

图 9-3　降雨量月度累计柱状图

5 月下旬之间出现了一个降雨量陡增的状况, 即云南省的雨季从 5 月下旬开始, 所以从 6 月开始森林火灾的数量大大减少。根据图 9-2 与图 9-3 的对比, 可发现两者在宏观变化上基本一致, 降雨量的变化与火灾数量的变化呈现出高度负相关的现象, 也进一步论证了森林火灾与气象条件之间的密切关系。

9.1.3 野火空间分布特征

云南省特殊的地理位置和复杂的地形条件导致其多样的气候类型, 使得森林火灾的分布在空间上也呈现出一定的规律, 图 9-4(a) 综合了云南省 2007~2016 年的所有火点迹象。由图可知, 火点主要集中在东南部、南部和西北部。东南部火点的密度最高, 且范围最广, 是火灾发生的重灾区; 最南部的西双版纳傣族自治州尽管相对于东南部的森林火灾侵蚀程度要弱一些, 但是其与周边的地市级相比火灾现象也显得比较突出; 而西北部森林火灾的分布比较分散, 没有明显的高密度区域。

云南省多种气候类型并存使其植被茂密且类型丰富, 本书为了克服不同植被类型间结构的巨大差异, 将植被类型主要分为草原和森林两类, 如图 9-4(b) 所示。由图可知, 在东南部发生的火灾类型主要为草原火灾, 南部的主要是森林火灾, 而西北部则是两种类型都有分布。综上, 森林火灾的发生与植被类型也密切相关, 论证了本书将森林和草原分开进行野火风险评估的科学性。云南省共有 16 个地市级行政区, 为了更加具体地了解森林火点迹象的分布, 本书统计了各个地市级行政区的火点像元数量, 如图 9-5 所示。其中文山壮族苗族自治州和红河哈尼族彝族自治州属于第一级阶梯, 火点的像元数量远远高于其他地市级行政区。大理白族自治州、丽江市、西双版纳傣族自治州和玉溪市属于第二级阶梯, 火点的像元数量在 2000 左右, 但是从各个地市级行政区的实际面积来看, 玉溪市的面积最小, 火点像元的分布密度最高。这 6 个地市级行政区囊括了云南省大部分森林火灾, 余下的 10 个地市级行政区的火点数量或者分布密度均比较低。

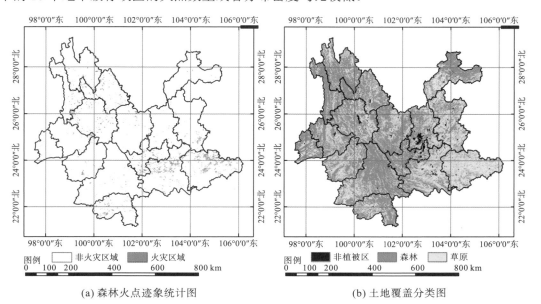

(a) 森林火点迹象统计图　　　　　　(b) 土地覆盖分类图

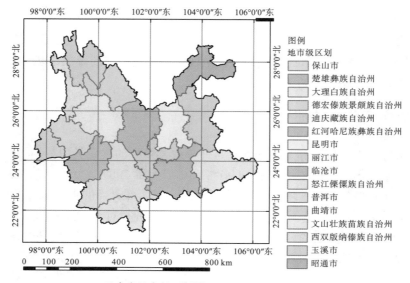

(c) 云南省地市级区划图

图 9-4　云南省野火空间分布

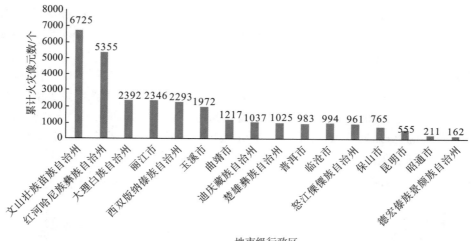

图 9-5　各地市级行政区 2007～2016 年累计火点像元数量

9.2　植被特征分析

　　植被对野火风险的评估有着重要的影响。在不同的海拔、气候、地理位置等条件下植被类型存在很大的差异，如阔叶林、针叶林、灌木以及草本类植物等，它们的森林火灾潜在危险程度有很大的差别。对森林火灾与植被之间关系的调研表明植被的一些参数能够很好地指示森林火灾发生的危险程度，本节内容以此为基础，探讨云南省历史火灾与植被参数间的关系。由于森林和草原的分析方法相似，本节内容均以草原火点样本数据为例进行分析。

9.2.1　可燃物含水率分布特征

可燃物含水率能够直观地反映出植被含水量，但深究其机理，它是对森林火灾有诱发作用的多种因子综合作用的结果。可燃物含水率容易受气象数据的影响，空气温度越高，蒸腾作用越强，植被叶片的水分流失越快，植被含水量降低；相反，空气相对湿度越高，蒸腾作用越弱，植被含水量越高；风对可燃物的影响体现在风速和风向两个物理量上，风速越高，植被的水分流失越快，含水量越低。而风向与地形条件密切相关，若带来干燥的空气，则植被含水量降低。

草原火点样本可燃物含水率（FMC）的数据区间分布如图 9-6 所示。区间以 50%为划分间隔。由图可知，火灾像元的 FMC 主要分布在小于 50%的区间内，共有 4134 个样本，超过总量的 50%。随着 FMC 的升高，火点样本的数量开始减少，在 50%～100%内分布的火点样本个数为 1830 个，相比于前一个区间数量已经大量减少。在 100%～150%内分布的火点样本数量为 1013 个，相比前一个区间减少的程度尽管不是十分显著，但也能观测出下降的趋势。随着 FMC 分布区间的进一步升高，在 150%～200%内的火点样本数据仅为 406 个，火点数量呈现进一步减少的现象。但随着 FMC 分布区间的进一步升高，火点的数量保持不变，不再受到 FMC 数据变化的影响。综上所述，FMC 数据小于 150%时，对研究区内火灾具有显著的指示作用，FMC 越低，火灾风险越高；当 FMC 数据超过 150%时，对森林火灾的指示作用下降，但也可说明火灾风险程度较低。

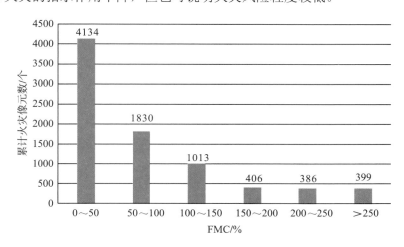

图 9-6　草原火点样本可燃物含水率（FMC）的数据区间分布柱状图

草原火点样本可燃物含水率差值（Difference）的数据区间分布如图 9-7 所示。根据对差值因子的定义，当其值为正时表示 FMC 降低，其值为负时表示 FMC 升高。由图可知，所有样本中有 535 个样本 FMC 的增长超过 20%；随着差值分布区间的升高，FMC 在 0～20%内的火点样本数量到达 2625 个，相比前一个区间有一个明显的增幅；当差值越过 0值时，即 FMC 相比于上一个时相降低，降低范围在 0～20%与大于 20%的区间内分别有2625 个和 3383 个样本点，远远多于前两个分布区间样本数。若把 FMC 升高的过程看作是"负降低"的过程，则负值越小，FMC 降低越少，由图可知，当 FMC 的数据值降低得越大时，火点的数量越多。

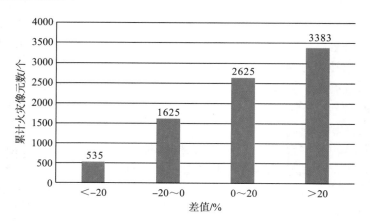

图 9-7　草原火点样本可燃物含水率差值的数据区间分布柱状图

草原火点样本可燃物含水率异常值(Anomaly)的数据区间分布如图 9-8 所示。根据对异常值因子的定义，当其值高于 100%时，火点样本 FMC 的值是高于历年该火点所在像元历年同一时相 FMC 的平均值。由图可知，在异常值小于 50%和 50%～100%内的样本数量相当且均远远高于其他 3 个分布区间。从 50%～100%区间到 100%～150%再到 150%～200%，样本点的数量都有显著减少的现象，但到 150%～200%和大于 200%区间时火点的样本数量基本没有变化。综上所述，异常值对研究区火灾的影响以 100%和 150%为阈值，当异常值小于 100%时，火点数量分布较多；随着异常值的升高，在 100%～150%内时，火点数量逐渐减少，当大于 150%时，火点数量不再随着异常值的变化呈现显著的变化。

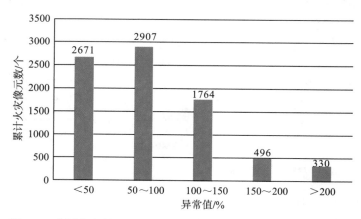

图 9-8　草原火点样本可燃物含水率异常值的数据区间分布柱状图

9.2.2　叶面积指数分布特征

草原火点样本叶面积指数(LAI)的数据区间分布如图 9-9 所示。柱状图显示出显著的分布特征。由图可知，在 LAI<1 的区间内样本数量达到 4891 个，在 1～2 内也有 2917 个样本，这两个区间的叶面积指数数据囊括了超过 95%的样本数量，在 LAI>2 之后的 3 个区间内火点样本数比较接近且都很少。综上所述，随着叶面积指数的降低，火点样本数量迅速减少，当 LAI>2 之后，样本点数量再无显著的变化。

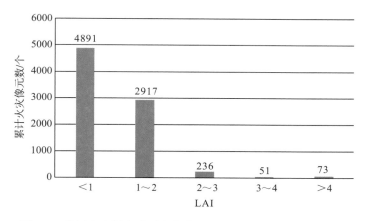

图 9-9　草原火点样本叶面积指数(LAI)的数据区间分布柱状图

9.3　地形特征分析

9.3.1　海拔分布特征

草原火点样本高程的数据区间分布如图 9-10 所示。由图可知，火点样本在高程小于 1500m 的区间内分布有 4552 个，在 1500～3000m 内分布有 3513 个，但在 3000～4000m 内只有极少的火点样本，整体表现出在 3000m 高程出现断崖式减少。该柱状图的分布与图 9-4 中火点地域分布的高程特征十分吻合，草原的火灾多发生在研究区东南部，而这个区域的高程较小。

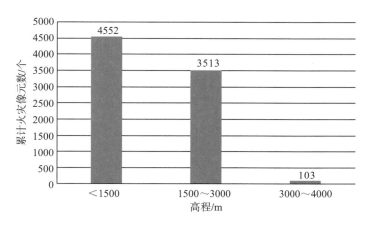

图 9-10　草原火点样本高程的数据区间分布柱状图

9.3.2 坡向分布特征

草原火点样本坡向数据区间分布如图 9-11 所示。坡向对于森林火灾的影响主要在于影响植被的光照时长，若从某单个坡向来分析与森林火灾之间的关系，很难发现其中的规律。但从坡向分布柱状图上分析，发现在南、东南和西南坡向上的火点样本数量最多，分别为 1173 个、1218 个和 1172 个，与这 3 个方向相对应的反向坡向为北、西北和东北坡向，这 3 个坡向是火点样本分布最少的坡向，分别为 786 个、870 个和 861 个，最后剩下的两个方向(西和东)的火点样本数量则位于中间。综上所述，研究区内野火风险在南坡最高，而在北坡最低。

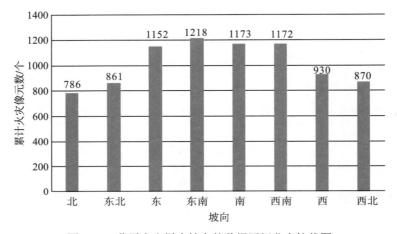

图 9-11　草原火点样本坡向的数据区间分布柱状图

9.3.3 坡度分布特征

草原火点样本坡度数据区间分布如图 9-12 所示。由图可知，在坡度小于 10°时火点样本数有 2669 个，随着坡度的增加，在 10°~20°内样本数量上升为 3213 个，之后 20°~

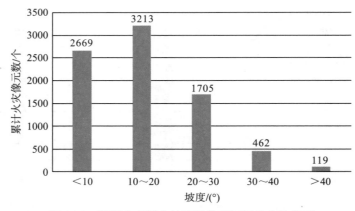

图 9-12　草原火点样本坡度的数据区间分布柱状图

30°内样本数量减少至 1705 个，但当坡度大于 30°时，火点样本数不再随着坡度的增加而增加。综上所述，火点的坡度分布特征与高程分布特征相似，在一定的坡度范围内，火点样本的分布随坡度的增加逐渐减少。

9.4　气象特征分析

9.4.1　空气温度分布特征

草原火点样本空气温度数据区间分布如图 9-13 所示。当空气温度低于 285K 时，共有 1222 个火点样本，随着空气温度的升高，在 285～290K 内火点样本的数量急剧增加到 2377 个，在 290～295K 内继续增加到 3321 个，两个区间增幅都较大。当空气温度越过 295K 这个阈值之后，火点样本数量在 295～300K 区间内大幅度减少到 1223 个，在大于 300K 的区间内继续减少到 25 个。研究区内的火灾高发季节在冬春季节，空气温度在一年中处于较低时期，当进入夏季时，研究区也迎来雨季，火灾数量减少，呈现出空气温度高时分布的火点样本数反而少的现象。

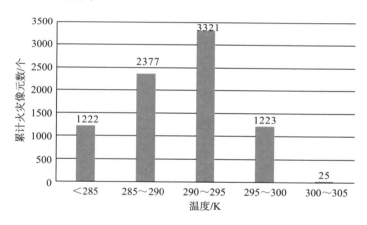

图 9-13　草原火点样本空气温度的数据区间分布柱状图

9.4.2　空气相对湿度分布特征

草原火点样本空气相对湿度（Relative Humidity）的数据区间分布如图 9-14 所示。当空气湿度小于 50%时，火点样本的分布数量达到 3492 个，随着空气相对湿度的升高，火点样本数量在 50%～60%内大幅减少到 1806 个，在 60%～70%内继续减少到 1566 个，降幅相对上一个区间小了很多。但随着空气相对湿度的进一步升高，在 70%～80%内样本数减少到 988 个，在大于 80%时火点样本数只有 316 个。综上所述，在研究区内森林火灾的风险程度和空气相对湿度成反比，相对湿度越高，火灾风险越低。

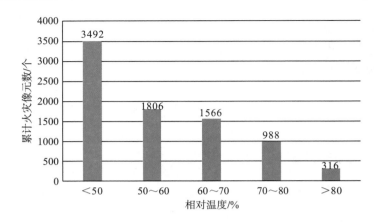

图 9-14　草原火点样本空气相对湿度的数据区间分布柱状图

9.4.3　风速分布特征

　　草原火点样本风速的数据区间分布如图 9-15 所示。当风速小于 2m/s 时，火点样本分布的数量只有 668 个，随着风速的增大，火点样本的数量在 2～2.5m/s 内增加到 1200 个，在 2.5～3m/s 内达到最多，为 1632 个，在此之前火点样本数随着风速的增大而增加。当风速越过 3m/s 阈值之后，开始出现下降趋势，在 3～3.5m/s 内减少到 1358 个，在 3.5～4m/s 内减少到 1226 个。当风速越过 4m/s 阈值之后，样本的火点数量趋于稳定。综上所述，火点样本数的分布是随着风速的增大呈现出先增大后减小的变化趋势，且增大的幅度要大于减小的幅度。

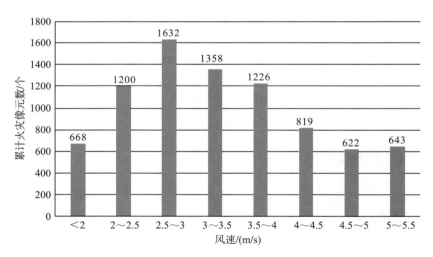

图 9-15　草原火点样本风速的数据区间分布柱状图

9.4.4　降雨分布特征

　　草原火点样本当日是否降雨的数据区间分布如图 9-16 所示。由图可知，未降雨区间火点样本有 6384 个，占据了大部分火点样本数据，在降雨区间内只有 1784 个，前后两个区间的火点样本数达到 3.58∶1 的比例。为了进一步说明当日是否降雨对森林火灾的影响程度，统计了所有样本火点的累计降雨量，如图 9-17 所示。由图可知，在有降雨的 1784 个火点样本中，其中降雨量小于 0.001m 的火点就有 1164 个，当降雨量超过 0.003m 的阈值之后，每个区间分布的火点样本数都少于 100 个。综上所述，当日未降雨的野火风险程度高于当日降雨，当日是否降雨对野火风险的影响程度高于累计降雨量。

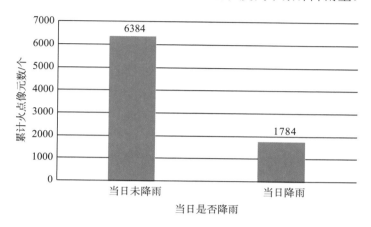

图 9-16　草原火点样本当日是否降雨的数据区间分布柱状图

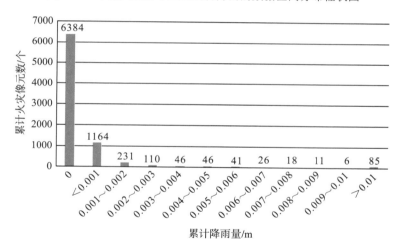

图 9-17　草原火点样本累计降雨量 (Precipitation) 的数据区间分布柱状图

第 10 章　基于 Logistic 回归模型的野火风险评估

10.1　Logistic 回归模型基本原理

根据本书的研究目的，拟采用 Logistic 回归模型计算野火风险指数（wildfire risk index，WRI）。野火风险指数是对野火风险程度定量化的表征，取值为 0～1，值越大代表野火风险程度越高。采用野火风险指数的目的在于通过对野火风险程度定量化的表征，取代传统的野火风险评估分类规则，如低风险、中风险、高风险等十分模糊的评估描述。

逻辑斯谛回归模型（Logistic regression model）本质上是一种二分类模型，其结果是在 0～1 之间波动的一个小数，表示目标事件发生的概率，该模型常用于数据挖掘、经济预测、疾病诊断等领域。近年来有许多森林火灾研究学者将该模型应用于野火风险评估，证明了模型在野火风险评估方面应用的有效性。本书将基于野火诱发因子，通过该模型计算野火风险指数来对野火风险程度进行表征，计算公式如下：

$$P_z = \frac{1}{1+e^{-z}} \tag{10-1}$$

式中，P_z 为野火风险程度，即 WRI 值；z 为一个多元线性方程组，可表示为

$$z = \beta_0 + \beta_1 x_1 + \beta_2 x_2 + \cdots + \beta_n x_n \tag{10-2}$$

式中，β_0 为模型中的常数，表示截距；n 为自变量的个数，表示野火诱发因子的个数；x_i 表示野火诱发因子的种类；$\beta_i (i=1, 2, \cdots, n)$ 表示模型中与 x_i 对应的变量参数。

Logistic 回归模型的数学理论基础是逻辑斯谛分布（Logistic distribution），与 sigmoid 函数密切相关，其函数图像如图 10-1 所示。由图可知，当 z 值趋近于正无穷或者负无穷时，P_z 值就无限接近于 1 或者 0 却不会等于 1 或者 0，这是由函数本身的特性决定的。图像的斜率在 z 值为 0 时最大，即 z 值在 0 附近变化时 P_z 值变化最快，这也符合实际意义。假如空气相对湿度的变化范围为 20%～100%，当空气相对湿度为 20% 或 30% 时，空气处于一种十分干燥的状态，P_z 值都非常高，两者的差距很小，均处于图像中的右上角曲线部分，野火风险程度都很高。同理，当空气相对湿度为 90% 或 100% 时，P_z 值都非常低，两者的差距同样很小，均处于图像的左下角曲线部分，野火风险程度也都很低。但是，当空气相对湿度为 60% 时，空气相对湿度升高或降低 10%，P_z 值的变化程度比前两种情况都大，在实际情况中同样也是对野火风险变化影响最大的区间。

Logistic 回归模型是广义线性模型的一种，其值是由条件概率分布 $P(y|x)$ 确定。为了估算公式［式(10-2)］中模型的各个参数值 β_i，需要使用极大似然估计根据训练样本集来对其进行确定。假设 $P_i = P(y_i=1|x_i)$ 表示给定的 x_i 条件下 $y_i=1$ 的条件概率，那么在相同条件下 $y_i=0$ 的概率就为 $P(y_i=0|x_i)=1-P_i$，因此得到一个观测值的概率如下：

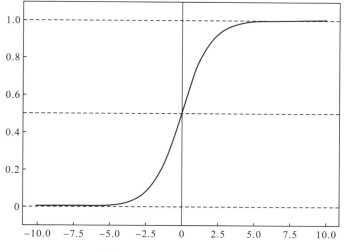

图 10-1　sigmoid 函数图象

$$P(y_i) = P_i^{y_i}(1 - P_i)^{1-y_i}$$
(10-3)

若将式(10-3)从 $i=1$ 到 $i=n$ 的各个边际分布相乘，则可以得到如下联合分布：

$$L(\theta) = \prod_{i=1}^{n} P_i^{y_i}(1 - P_i)^{1-y_i}$$
(10-4)

对式(10-4)两边取自然对数，得

$$J = \ln[L(\theta)] = \ln\left[\prod_{i=1}^{n} P_i^{y_i}(1 - P_i)^{1-y_i}\right] = \sum_{i=1}^{n}\left[y_i \ln\left(\frac{P_i}{1 - P_i}\right) + \ln(1 - P_i)\right]$$
(10-5)
$$= \sum_{i=1}^{n}[y_i(\beta_0 + \beta_1 x_1 + \beta_2 x_2 + \cdots + \beta_n x_n) - \ln(1 + e^{\beta_0 + \beta_1 x_1 + \beta_2 x_2 + \cdots + \beta_n x_n})]$$

最大似然估计是一种常用的获取参数的方法，当 β_i 的取值使得 J 能够取得最大值时，β_i 的值便是我们要训练的 Logistic 回归模型的参数。

10.2　模型参数预处理

数据挖掘通常又被称为数据采矿或者资料勘探，其本身是指从大量的数据中通过某些算法寻找到隐藏在其中的有用信息的过程，发现数据之间存在的隐藏关系，但是数据中存在的噪声等通常会覆盖或者影响数据间存在的真实关系。本节的内容主要是对第 2 章中提取的火灾诱发因子数据进行预处理，处理步骤主要包括相关性分析和显著性差异分析，排除一些冗余或者区分度不高的因子。

10.2.1　相关性分析

进行因子相关性分析的主要目的在于寻找因子间存在的高度相关性，避免数据冗余导致某些方面的信息在模型中被重复使用，从而导致某些因子的权值过重，本书将采用皮尔逊（Pearson）相关系数来确定野火诱发因子间的相关性。

皮尔逊相关系数系数的取值范围为[-1，1]，当值为负时表示负相关，当值为正时表示正相关。皮尔逊相关系数的值的绝对值越大，因子间的相关性越强，值为 0 时表示因子间没有相关性。通常，按照统计学的一般规则，认为系数值在 0～0.19 时为极低相关，在 0.20～0.39 时为低度相关，在 0.40～0.69 时为中度相关，在 0.70～0.89 时为高度相关，在 0.90～1 时为极高相关。皮尔逊相关系数的计算公式为

$$\rho_{x,y}=\frac{\text{cov}(x,y)}{\sigma_x\sigma_y}=\frac{E((x-\mu_x)(y-\mu_y))}{\sigma_x\sigma_y}=\frac{E(xy)-E(x)E(y)}{\sqrt{E(x^2)-E^2(x)}\sqrt{E(y^2)-E^2(y)}} \tag{10-6}$$

式中，$\rho_{x,y}$ 表示相关系数；x 与 y 表示野火因子；E 表示期望。

对第 8 章中所提取的数据中的因子进行皮尔逊相关系数计算，结果见表 10-1。所提取的草原与森林因子间的相关系数基本都小于 0.6，即所有因子间的相关性都处于极低相关性和中度相关性之间，没有存在高度相关性的情况，避免了数据冗余的情况发生。对表 10-1 中的数据进行进一步的分析发现，尽管草原和森林间的植被结构差异十分明显，但不同因子间的相关性却高度一致。在草原中，处于中度相关的变量有 FMC-Ano（为 0.59）、FMC-LAI（为 0.47）、Elevation-Tem（为-0.43）、Tem-RH（为-0.56）、RH-Win（为-0.59）、RH-Whe（为 0.53）以及 Tem-Win（为 0.45）。而在森林因子中，在上述的几对变量关系中除 FMC-LAI 和 Tem-Win 的相关性处于低度相关之外，其他的几对关系均与草原一样处于中度相关状态。而草原和森林中剩下的其他所有因子间的相互关系都处于低度相关状态。

相关性分析阶段，草原和森林均未去掉任何一个野火诱发因子。

10.2.2　显著性差异分析

显著性差异（significant difference）在统计学上是对数据差异性的一种评价方法，通常用 Sig 值表示。一般认为，显著性差异的值小于 0.05 或 0.01 时，说明数据之间的差异性显著或极其显著。当两组数据之间差异性显著或极其显著时，从数学角度便有理由认为这两组数据不是属于同一个样本总体，即火点样本数据与非火点样本数据存在差异性，这是构建野火风险评估模型的基础。在本书中，将经过相关性分析的数据的火点样本数据和非火点样本数据看作是两组数据，本小节的目的在于排除火点样本数据和非火点样本数据中不存在显著性差异的因子。

表 10-1　草原与森林数据各因子间皮尔逊相关系数表

草原	FMC	Dif	Ano	LAI	Ele	Asp	Slo	Tem	RH	Whe	Win
FMC	1	-0.1	0.59	0.47	0.11	0.02	-0.11	0.08	-0.01	0.03	0.01
Dif	-0.1	1	-0.25	0.03	-0.06	-0.02	-0.05	0.05	-0.06	-0.04	0.09
Ano	0.59	-0.25	1	0.16	0.2	-0.01	-0.11	-0.07	0.03	0.02	-0.03
LAI	0.47	0.03	0.16	1	-0.01	-0.01	0.04	0.21	-0.06	-0.02	0.01
Ele	0.11	-0.06	0.2	-0.01	1	0.05	-0.16	-0.43	0.11	0.05	-0.16

续表

草原	FMC	Dif	Ano	LAI	Ele	Asp	Slo	Tem	RH	Whe	Win
Asp	0.02	−0.02	−0.01	−0.01	0.05	1	0.02	−0.02	0	0.02	−0.01
Slo	−0.11	−0.05	−0.11	0.04	−0.16	0.02	1	−0.05	−0.04	−0.06	0.07
Tem	0.08	0.05	−0.07	0.21	−0.43	−0.02	−0.05	1	−0.56	−0.13	0.45
RH	−0.01	−0.06	0.03	−0.06	0.11	0	−0.04	−0.56	1	0.53	−0.59
Whe	0.03	−0.04	0.02	−0.02	0.05	0.02	−0.06	−0.13	0.53	1	−0.27
Win	0.01	0.09	−0.03	0.01	−0.16	−0.01	0.07	0.45	−0.59	−0.27	1
森林											
FMC	1	−0.19	0.61	0.29	0.1	0.01	0.01	−0.05	0.09	0.06	−0.18
Dif	−0.19	1	−0.37	−0.19	−0.15	−0.01	−0.08	0.1	−0.07	−0.07	0.14
Ano	0.61	−0.37	1	0.15	0.2	−0.02	0.02	−0.14	0.06	0.04	−0.11
LAI	0.29	−0.19	0.15	1	0.05	−0.03	0.01	0.15	0.05	0.07	−0.24
Ele	0.1	−0.15	0.2	0.05	1	0.02	0.15	−0.61	0.06	−0.04	−0.28
Asp	0.01	−0.01	−0.02	−0.03	0.02	1	0	0.03	−0.02	0	0.04
Slo	0.01	−0.08	0.02	0.01	0.15	0	1	−0.24	0.09	0.02	−0.09
Tem	−0.05	0.1	−0.14	0.15	−0.61	0.03	−0.24	1	−0.42	−0.01	0.37
RH	0.09	−0.07	0.06	0.05	0.06	−0.02	0.09	−0.42	1	0.56	−0.51
Whe	0.06	−0.07	0.04	0.07	−0.04	0	0.02	−0.01	0.56	1	−0.23
Win	−0.18	0.14	−0.11	−0.24	−0.28	0.04	−0.09	0.37	−0.51	−0.23	1

注：表头各含义见表 8-2。

　　在所提取的变量中，坡向和降雨两个变量属于离散变量，因此不做显著性差异分析[1,2]。对于剩下的连续变量，草原和森林的火点与非火点样本间显著性差异计算结果见表 10-2。包含了各因子的火点样本与非火点样本之间差异性检验的 Sig 值。由表 10-2 可知，对于草原因子，所有因子的 Sig 值均小于 0.01，即通过了显著性差异检验；对于森林，因子 Slope 和因子 Temperature 的 Sig 值分别为 0.03 和 0.47，都大于 0.01 的阈值，因此未通过显著性差异检验，说明这两个因子在火点样本和非火点样本中数据之间的差异很小或者不能较好地对火点和非火点进行区分，应去掉。

表 10-2　草原和森林的火点与非火点样本间各因子的显著性差异检验

Sig	FMC	Dif	Ano	LAI	Ele	Slo	Tem	RH	Win
草原	0	0	0	0	0	0	0	0	0
森林	0	0	0	0	0	0.03	0.47	0	0

注：表头含义见表 8-2。

10.3　模　型　构　建

10.3.1　离散因子处理

Logistic 回归模型不能有效地识别离散因子和连续因子,因此离散因子不能直接代入模型,而需要进行虚拟变量或虚拟因子设置。本书中的坡向(Aspect)和当日是否降雨(WhetherRain)均属于离散因子范畴。

Aspect 数据是 Elevation 数据通过 ArcGIS 软件转化而成的,数值的大小为 0°~360°,表示与正北方向的夹角。但是坡向数据的数值并非数值本身的意义,而表示的是方位。例如,在方位表示中,0° 和 360° 表示的都是正北方向,若将坡向以连续因子的方式代入模型进行计算,则会导致同样表示北向的 0° 和 360° 会有不同的结果。因此,坡向数据应该转化为离散因子,以虚拟因子的方式代入模型中。首先根据 Aspect 数据所表示的方位,把 Aspect 数据离散化,如图 10-2 所示。本书把坡向分为 8 个方向,分别以北、东北、东、东南、南、西南、西和西北 8 个方向为中心,再向左右各移动 22.5° 的范围。例如,北方使用代码 0 声明,表示的坡向范围为 337.5°~360° 和 0°~22.5° 的并集;东北方使用代码 1 声明,表示的坡向范围为 22.5°~67.5°,其他坡向代码的意义与此相似。除此之外,研究区内有一些像元呈现出水平,即没有坡向,但此类像元的数量较少,因此将其归类到北向,仍用 0 代码声明。

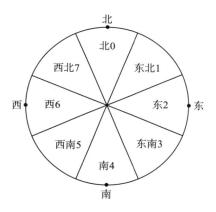

图 10-2　Aspect 数据离散化示意图

WhetherRain 数据本身已经是二值因子,代码 0 表示当日没有降雨,代码 1 表示当日有降雨。

虚拟因子用 0 或 1 来表示,虚拟因子个数的设置需要遵循一定的原则:当回归模型有截距项或者常数项时,某个因子有 n 种属相类型,则模型中只需引入 $(n-1)$ 个虚拟因子,即 Aspect 数据在模型中会以 7 个虚拟因子的形式加入,WhetherRain 会以 1 个虚拟因子的形式加入。表 10-3 显示了 Aspect 和 WhetherRain 参数在模型中转变为虚拟因子后的形式。对于 Aspect 数据,北向 0 被编码为(1 0 0 0 0 0 0 0),东北向 1 被编码为(0 1 0 0 0 0 0),东向 2 被编码为(0 0 1 0 0 0 0)，其他方向的编码与此类似，在编码中均有 1。但是西北向 7 的编码例外，它的编码为(0 0 0 0 0 0 0)。在模型中进行计算时，西北向的虚拟变量不参与计算，即由 8 个虚拟因子表示的 Aspect 数据在模型中只有 7 个虚拟因子参与计算。同理，对于 WhetherRain 的编码方式一样，由 2 个虚拟因子表示的 WhetherRain 数据在模型中只有 1 个虚拟因子参与计算。

表 10-3　离散因子转变为虚拟因子对照表

参数	参数代码	(1)	(2)	(3)	(4)	(5)	(6)	(7)
Aspect	0	1	0	0	0	0	0	0
	1	0	1	0	0	0	0	0
	2	0	0	1	0	0	0	0
	3	0	0	0	1	0	0	0
	4	0	0	0	0	1	0	0
	5	0	0	0	0	0	1	0
	6	0	0	0	0	0	0	1
	7	0	0	0	0	0	0	0
WhetherRain	0	0						
	1	1						

10.3.2　模型训练

进行 Logistic 回归模型训练时，本书采用后向迭代算法(backward stepwise algorithm)将因子代入模型中，其基本思路如下：首先是让所有的因子全部进入模型中进行训练，然后根据每个因子在模型中的显著性作用 Sig 值进行剔除，每次剔除不满足显著性作用限制 Sig 值最大的因子；然后把剩下的因子代入模型重新训练，再次进行筛选，直到模型中剩下因子的 Sig 值全部都满足显著性条件(Sig<0.05)，整个过程被称为迭代训练过程。

模型的训练与模型的精度验证是密不可分的，本书将训练样本分为三个部分，见表 10-4。首先把数据按照年限分为两部分：2007～2014 年和 2015～2016 年。然后把 2007～2014 年的数据又划分为两部分，随机选择其中 70%的数据用来训练模型，剩下的 30%用来进行模型精度的内部验证。对于 2015～2016 年的数据，则全部用来进行模型精度的外部验证。外部验证存在的意义在于随着时间的流逝，模型在未来的使用中是否仍能表现出理想的评估性能。

表 10-4　训练样本分配规则

训练样本时限	按年份划分	按比例划分/%	用途
2007～2016 年数据	2007～2014 年	70	训练模型
		30	内部精度验证
	2015～2016 年	100	外部精度验证

1. 草原模型训练

草原模型训练样本共有 11 个因子,其中包括 9 个连续因子(FMC、Difference、Anomaly、LAI、Elevation、Slope、Temperature、RelativeHumidity、WindSpeed)和 2 个离散因子(Aspect 转化的 7 个虚拟因子、WhetherRain 转化的 1 个虚拟因子)。把数据输入 Logistic 回归模型中进行迭代训练,得到如表 10-5 所示的训练结果。其中 B 表示各因子在模型中的系数,S.E.表示它的标准误差,Wald 表示卡方值,F 表示自由度,Sig 表示因子的显著性作用,$\text{Exp}(B)$ 表示模型的 OR 值,其中最为重要的是 B 和 Sig。Sig 表示因子在模型中的显著性作用,当 Sig>0.05 时表示该变量对模型不具有显著性作用,因此会被从模型中剔除。

对于草原模型的初始训练中,由步骤 1a 可知最大的 Sig 值为 LAI 的 0.518,因此在第一次训练完成之后去掉 LAI 因子。步骤 2a 呈现了第二次模型训练的结果,其中 Aspect 的 Sig 值最大为 0.239,因此在第二次训练完成之后去掉 Aspect 因子。步骤 3a 呈现了第三次模型训练的结果,其中 Slope 的 Sig 值最大为 0.105,因此在第三次训练完成之后去掉 Slope 因子。步骤 4a 呈现了第四次模型训练的结果,此时模型中因子的显著性 Sig 值均小于 0.05,模型训练迭代终止,即草原模型最后的表达式如下:

$$\text{WRI}_{\text{grassland}} = \frac{1}{1+e^{-z}}$$

$$\begin{aligned} z = &-0.013\,\text{FMC} + 0.005\,\text{Difference} + 0.009\,\text{Anomaly} \\ &-0.001\,\text{Elevation} - 0.023\,\text{Temperature} - 0.047\,\text{Relative Humidity} \\ &-0.576\,\text{WhetherRain}(1) + 0.391\,\text{WindSpeed} + 11.13 \end{aligned} \tag{10-7}$$

其中,当没有降雨时 WhetherRain(1) 的值为 0,有降雨时为 1。

表 10-5　草原模型训练迭代过程

训练步骤	参数	B	S.E.	Wald	F	Sig	$\text{Exp}(B)$
	FMC	−0.013	0	749.949	1	0	0.987
	Difference	0.005	0.001	57.686	1	0	1.005
	Anomaly	0.01	0.001	146.08	1	0	1.01
	LAI	−0.024	0.037	0.417	1	0.518	0.976
	Elevation	−0.001	0	426.293	1	0	0.999
	Aspect			9.193	7	0.239	
	Aspect(1)	−0.018	0.134	0.019	1	0.891	0.982
步骤 1a	Aspect(2)	−0.03	0.128	0.056	1	0.814	0.97
	Aspect(3)	−0.158	0.122	1.681	1	0.195	0.854
	Aspect(4)	0.065	0.121	0.286	1	0.593	1.067
	Aspect(5)	0.122	0.12	1.039	1	0.308	1.13
	Aspect(6)	0.126	0.12	1.106	1	0.293	1.134
	Aspect(7)	0.012	0.127	0.009	1	0.926	1.012
	Slope	0.005	0.003	2.594	1	0.107	1.005
	Temperature	−0.021	0.007	8.424	1	0.004	0.979

续表

训练步骤	参数	B	S.E.	Wald	F	Sig	Exp(B)
	RelativeHumidity	−0.046	0.003	257.009	1	0	0.955
	WhetherRain(1)	−0.574	0.077	55.355	1	0	1.775
	WindSpeed	0.392	0.035	127.418	1	0	1.481
	常量	10.351	2.216	21.824	1	0	31275.53
步骤 2a	FMC	−0.013	0	871.411	1	0	0.987
	Difference	0.005	0.001	57.227	1	0	1.005
	Anomaly	0.01	0.001	148.083	1	0	1.01
	Elevation	−0.001	0	426.851	1	0	0.999
	Aspect			9.233	7	0.236	
	Aspect(1)	−0.019	0.134	0.019	1	0.89	0.981
	Aspect(2)	−0.031	0.128	0.06	1	0.807	0.969
	Aspect(3)	−0.158	0.122	1.692	1	0.193	0.854
	Aspect(4)	0.065	0.121	0.285	1	0.593	1.067
	Aspect(5)	0.121	0.12	1.028	1	0.311	1.129
	Aspect(6)	0.127	0.12	1.117	1	0.291	1.135
	Aspect(7)	0.013	0.127	0.011	1	0.917	1.013
	Slope	0.005	0.003	2.351	1	0.125	1.005
	Temperature	−0.022	0.007	10.345	1	0.001	0.978
	RelativeHumidity	−0.047	0.003	263.257	1	0	0.954
	WhetherRain(1)	−0.57	0.077	54.981	1	0	1.769
	WindSpeed	0.396	0.034	131.79	1	0	1.485
	常量	10.724	2.14	25.122	1	0	45426.19
步骤 3a	FMC	−0.013	0	869.445	1	0	0.987
	Difference	0.005	0.001	57.675	1	0	1.005
	Anomaly	0.01	0.001	146.298	1	0	1.01
	Elevation	−0.001	0	426.062	1	0	0.999
	Slope	0.005	0.003	2.626	1	0.105	1.005
	Temperature	−0.022	0.007	10.536	1	0.001	0.978
	RelativeHumidity	−0.047	0.003	262.785	1	0	0.955
	WhetherRain(1)	−0.576	0.077	56.227	1	0	1.779
	WindSpeed	0.396	0.034	132.241	1	0	1.485
	常量	10.765	2.132	25.491	1	0	47339
步骤 4a	FMC	−0.013	0	869.825	1	0	0.987
	Difference	0.005	0.001	56.966	1	0	1.005
	Anomaly	0.009	0.001	144.905	1	0	1.01
	Elevation	−0.001	0	433.639	1	0	0.999
	Temperature	−0.023	0.007	11.416	1	0.001	0.977
	RelativeHumidity	−0.047	0.003	264.587	1	0	0.954
	WhetherRain(1)	−0.576	0.077	56.238	1	0	1.779
	WindSpeed	0.391	0.034	130.151	1	0	1.478
	常量	11.13	2.121	27.535	1	0	68154.29

2. 森林模型训练

森林模型训练样本共有 9 个因子，其中包括 7 个连续因子（FMC、Difference、Anomaly、LAI、Elevation、RelativeHumidity、WindSpeed）和 2 个离散因子（Aspect 转化的 7 个虚拟因子、WhetherRain 转化的 1 个虚拟因子）。把数据输入 Logistic 回归模型中进行迭代训练，得到如表 10-6 所示的训练结果。由表可知，森林模型在第一次迭代训练时所有因子的显著性作用 Sig 值均小于 0.05 的阈值，即森林模型最后的表达式如下：

$$WRI_{forest} = \frac{1}{1 + e^{-z}}$$

$$\begin{aligned} z = &-0.011\,FMC + 0.004\,Difference + 0.014\,Anomaly - 0.105\,LAI \\ &- 0.00043\,Elevation + 0.098\,Aspect(1) - 0.07\,Aspect(2) - 0.009\,Aspect(3) \\ &+ 0.096\,Aspect(4) + 0.397\,Aspect(5) + 0.206\,Aspect(6) - 0.041\,Aspect(7) \\ &- 0.048\,Relative\,Humidity - 0.714\,WhetherRain(1) + 0.53\,WindSpeed + 2.268 \end{aligned} \quad (10\text{-}8)$$

其中，Aspect 只要一个虚拟因子满足 Sig 值的阈值要求即可。Aspect(1) 表示当坡向为北向时，该因子的值为 1，否则为 0。Aspect 其他虚拟因子的取值方式与此相同。

表 10-6   森林模型训练迭代过程

训练步骤	参数	B	S.E.	Wald	自由度	显著性	Exp(B)
步骤 1a	FMC	−0.011	0.001	358.625	1	0	0.989
	Difference	0.004	0.001	19.61	1	0	1.004
	Anomaly	0.014	0.001	138.352	1	0	1.014
	LAI	−0.105	0.015	50.147	1	0	0.9
	Elevation	−0.00043	0	97.429	1	0	1
	Aspect			27.407	7	0	
	Aspect(1)	0.098	0.101	0.935	1	0.334	1.103
	Aspect(2)	−0.07	0.105	0.445	1	0.505	0.932
	Aspect(3)	−0.009	0.104	0.007	1	0.933	0.991
	Aspect(4)	0.096	0.105	0.832	1	0.362	1.101
	Aspect(5)	0.397	0.107	13.816	1	0	1.487
	Aspect(6)	0.206	0.108	3.625	1	0.057	1.229
	Aspect(7)	−0.041	0.103	0.16	1	0.689	0.959
	RelativeHumidity	−0.048	0.002	382.453	1	0	0.953
	WhetherRain(1)	−0.714	0.067	114.094	1	0	2.041
	WindSpeed	0.53	0.037	205.454	1	0	1.699
	常量	2.268	0.283	64.073	1	0	9.658

10.3.3   模型精度评价

Logistic 回归模型本质上是二分类模型，因此将采用 ROC（receiver operating characteristic）曲线下方面积（area under the curve，AUC）来对模型的评估精度进行评价。ROC 曲线通常又被称为感受性曲线，因为曲线上的点都是对同一信号的刺激反应，只不过是在几种不同的判断准则下所获得的结果。ROC 曲线是以假阳性概率(false positive rate)为横轴，真阳性概率(true positive rate)为纵轴，在特定刺激条件下采用不同判断标准得到的不同结果画出的曲线图。而 AUC 值就是指 ROC 曲线下的积分面积，使用 AUC 作为评价准则是因为 ROC 曲线常常不能清晰地指明哪个分类器效果更好，而将 ROC 曲线转化为 AUC 值则能清晰地指明分类效果更好的分类器。

　　草原和森林的内部精度验证如图 10-3 所示。其中草原内部验证的 AUC 值为 0.91，而森林的 AUC 值为 0.86。从 AUC 值可知两者的内部精度验证结果非常不错，显示出了模型较好的评估性能。

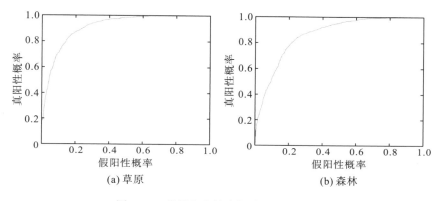

图 10-3　草原和森林内部验证 ROC 曲线

　　草原和森林的外部精度验证如图 10-4 所示。其中草原外部验证的 AUC 值为 0.89，而森林的 AUC 值为 0.83。尽管两者的 AUC 值相比于内部验证精度来说都稍有降低，但是根据 AUC 值的常用等级分类标准，外部精度验证结果也是非常不错的，说明随着时间的流逝，模型在未来仍能有出色的野火风险评估性能。

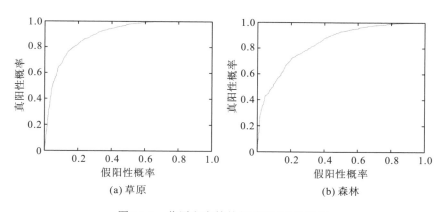

图 10-4　草原和森林外部验证 ROC 曲线

10.4　野火风险评估结果及分析

10.4.1　野火风险评估结果

根据 MODIS 的土地覆盖分类产品 MCD12Q1 将研究区内的植被类型分为草原和森林两大类，基于已经建立好的模型，对研究区内 2009~2016 年的野火风险指数(wildfire risk index，WRI)进行了计算，结果如图 10-5 所示。其中灰色表示数据缺失，黑色表示非植被区，如城市、水体、冰雪、裸地等。WRI 按照 0.2 为一个等级进行划分。由图可知，分别呈现了 2009 年第 1 天、第 97 天、第 185 天和第 273 天的 WRI。其中第 185 天处于秋季时节，由于云层对光学遥感的影响，数据缺失严重。

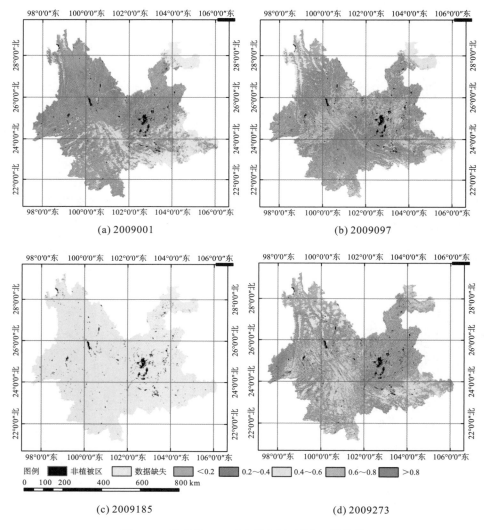

图 10-5　云南省 2009 年不同时相野火风险指数

　　为了进一步分析野火风险的评估结果，本书根据历史火点统计数据，随机提取了某个火灾发生次数较多的像元，并提取了该像元长时间序列的 WRI。图 10-6 为云南省某森林像元 2013～2016 年的 WRI 时序变化曲线图，其中每年有 46 个时相，当 WRI 为 0 时表示数据缺失。由图可知，在每年开始时 WRI 逐渐升高，大概在 3 月时达到峰值状态；之后开始逐渐降低，大概在 5 月降到较低状态；之后的 WRI 大部分都是处于较低或者数据缺失状态，一直持续到 10 月左右；从 11 月开始，WRI 又开始逐步升高。每年的 WRI 变化曲线趋势大体相同，如此周而复始。通过图 10-6 与图 9-2 的对比发现，两者的曲线变化十分相似，因此间接证明了基于 Logistic 回归模型评估野火风险的有效性和实用性。

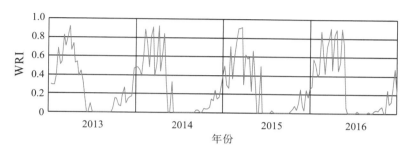

图 10-6　云南省某森林像元 2013～2016 年的 WRI 时序变化曲线

10.4.2　野火风险评估因子分析

　　野火风险指数评估模型的因子中，除地形因子为静态因子外，其余的均为动态因子，本小节的主要内容是分析野火风险指数与各动态因子间的变化关系，分为植被和气象两大类。本小节所提取的因子与图 10-6 所示的森林像元为同一像元，提取结果如图 10-7 所示。

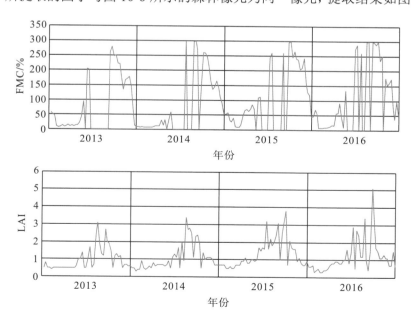

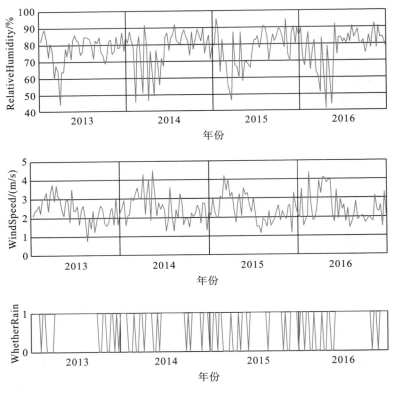

图 10-7　云南省某森林像元 2013～2016 年火险因子变化曲线

　　植被因子变化分析包括 FMC 和 LAI 两个因子,如图 10-7 所示。其中 FMC 曲线中 0 表示数据缺失。由图可知,在总体上 FMC 曲线变化和 LAI 曲线变化呈现相同的趋势。将图 10-7 与图 10-6 和图 9-2(森林火灾月度变化曲线)进行对比可发现,从 1 月到 2 月左右,随着 FMC 和 LAI 的逐渐降低,WRI 呈现出逐渐升高的变化趋势,在 2 月左右达到最高值;之后 FMC 和 LAI 开始逐渐升高,WRI 呈现出逐渐降低的变化趋势,在 5 月达到较低值;从 6 月到 11 月,尽管 FMC 和 LAI 均出现了先升后降的状态,但是均处于较高的状态,因此此时 WRI 的变化幅度减小且处于较低状态。

　　气象因子变化分析包括 RelativeHumidity、WindSpeed 和 WhetherRain 三个因子,如图 10-7 所示。将图 10-7 与图 10-6 和图 9-2(森林火灾月度变化曲线)进行对比可发现,RelativeHumidity 和 WindSpeed 的变化趋势完全相反,从 1 月到 3 月随着 RelativeHumidity 的降低和 WindSpeed 的升高,WRI 也逐渐升高并在 3 月时达到最大值阶段;从 3 月到 5 月,随着 RelativeHumidity 的升高和 WindSpeed 的降低,WRI 也开始逐步降低,并且在 5 月达到低值阶段;从 6 月到 11 月,RelativeHumidity 和 WindSpeed 都比较稳定,一直处于高值和低值阶段,对应的 WRI 也处于低值阶段;从 12 月份开始,随着 RelativeHumidity 的降低和 WindSpeed 的升高,WRI 也开始出现升高。WhetherRain 因子本身是一种离散因子,由图可知,在冬春季节时,WhetherRain 值为 0 居多,即无降雨发生,WRI 处于高值时段;而在夏秋季节时,WhetherRain 值为 1 居多,即有降雨发生,WRI 处于低值时段。

综合对比，当日是否降雨对森林燃烧指数有明显的指示作用。综上所述，RelativeHumidity 与 WRI 的变化成反比，WindSpeed 与 WRI 的变化成正比，而 WhetherRain 值为 0 时的 WRI 显著高于其值为 1 时的 WRI。

主要参考文献

[1] Pan J, Wang W, Li J. Building probabilistic models of fire occurrence and fire risk zoning using logistic regression in Shanxi Province, China. Natural Hazards, 2016, 81（3）: 1879-1899.

[2] Zhang H, Han X, Dai S. Fire occurrence probability mapping of Northeast China with binary Logistic regression model. IEEE Journal of Selected Topics in Applied Earth Observations & Remote Sensing, 2013, 6（1）: 121-127.

第11章　野火风险预警方法

11.1　野火风险预警可行性分析

野火风险与气象条件息息相关，而近年来气象预报技术的高速发展为森林野火的预警提供了基础条件。本节主要以气象预报数据和近实时的遥感图像为基础，从模型到数据详细分析实现野火风险预警的可行性。

11.1.1　模型可行性分析

模型的可行性分析主要分为两部分进行阐述：模型构建和模型应用，如图11-1所示。时间轴是以时相为单位，一个时相为8天，与本书采用的遥感图像的时相相匹配。

模型构建过程。假设 t 时相中发生了火灾（称为火灾时相），那么此时提取 t 时相的气象数据和 $t-1$ 时相的遥感数据，通过模型可以构建 t 时相的气象数据和 $t-1$ 时相的遥感数据与 t 时相的野火风险之间的关系，即建立了前一个时相的遥感数据和后一个时相的气象数据与后一个时相的野火风险之间的关系模型。

模型应用过程。假设现在所在的时相是 $t+1$，则预警 $t+2$ 时相（火险预警时相）的野火风险时，需要提取 $t+2$ 时相的气象预报数据和 $t+1$ 时相的遥感数据，并代入模型构建过程中获得模型，则模型的输出数据便是 $t+2$ 时相的野火风险指数，达到实现提前一个时相预警的目的。

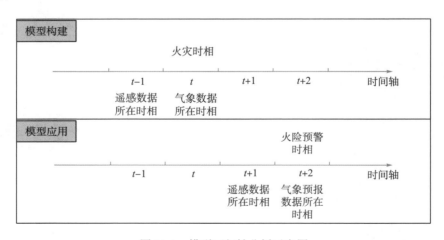

图 11-1　模型可行性分析示意图

11.1.2　植被数据

前面章节野火风险评估使用的是基于 MCD43A4 反射率产品反演的 FMC 数据，但是该产品并非实时的，有 10 天的延迟，已经超过了构建模型时 8 天为一个时相的范围，即当预测 $t+2$ 时相的野火风险指数时，无法获得 $t+1$ 时相的 FMC 数据，因此不能满足预测模型的应用。但经过调研发现 MOD09GA 反射率产品是每日反射率数据，其延迟性只有 2 天，即对于构建模型时 8 天为一个时相的时长来说，可以实现未来 6 天的野火风险预警。而 LAI 数据在一个时相内变化较小，因此仍使用 MCD15A2H 产品。

11.1.3　GFS 气象预报数据

全球气象预报数据(Global Forecast System，GFS)是由美国国家环境预报中心(National Centers for Environmental Prediction，NCEP)发布的长达 16 天的确定性和概率性指导数据，每天在世界时的 0 时、6 时、12 时和 18 时发布数据。数据的空间分辨率最高为 0.25°，数据的时间分辨率根据预报的时长而不同，预报的前 120h 为 1h，在 120～240h 为 3h，在 240～384h 为 8h。GFS 数据集合中提供了评估野火风险所需的全部气象因子。

11.2　野火风险预警结果及分析

如表 11-1 所示，本节以上述预警模型理论和数据为基础，在 2018.07.24 上午 7 时进行了研究区 2018.07.24～2018.07.29 的野火风险预警。其中，FMC 使用的是 2018.07.05～2018.07.21 基于 MOD09GA 反演获取的数据；LAI 使用的是 MCD15A2H 产品 2018.07.11(8 天合成)数据；GFS 数据使用的是 2018.07.24～2018.07.29 的气象预报数据。

表 11-1　预测野火风险指数要素说明

模型应用日期	2018.07.24 上午 7 时
模型应用数据集	FMC 数据：2018.07.05～2018.07.21 LAI 数据：2018.07.11(8 天合成) GFS 数据：2018.07.24～2018.07.29
预警时长	WRI：2018.07.24～2018.07.29

野火风险预警结果如图 11-2 所示，预警时间跨度从 2018 年第 205 天(2018.07.24)到 2018 年第 210 天(2018.07.29)共 6 天。由图可知，预警的 WRI 在整个研究区都比较低且缺失严重，这是因为一年中的第 200 天左右处于研究区多云的秋季，数据缺失十分严重。为了说明预警结果的可靠性，展示了 2013～2016 年相同时相的野火风险评估图像，如图 11-3 所示。经过与历史评估图像的对比发现，预警的野火风险分布情况较历史的十分接近，论证了预警结果的可靠性。

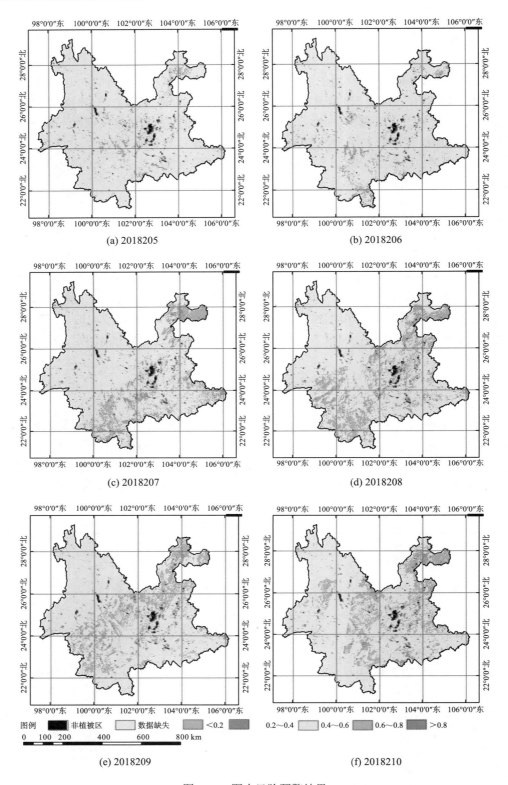

(a) 2018205

(b) 2018206

(c) 2018207

(d) 2018208

图例 | 非植被区 | 数据缺失 | <0.2

0 100 200 400 600 800 km

0.2~0.4 | 0.4~0.6 | 0.6~0.8 | >0.8

(e) 2018209

(f) 2018210

图 11-2 野火风险预警结果

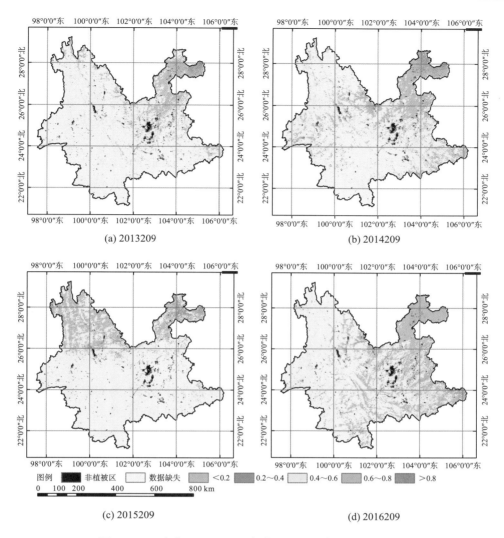

图 11-3　云南省 2013～2016 年第 209 天野火风险评估结果

11.3　野火风险指数时空填补

　　光学遥感的观测原理决定了光学遥感图像在云量较多时获得的图像往往存在不同程度的缺失，限制了数据在某些应用场景中的使用。野火风险的历史评估可根据长时间的评估结果进行分析应用，不会受到数据缺失的影响。但是，野火风险预警的初衷在于预测未来几天的野火风险，若得到的预警结果如图 11-2 那样存在大量缺失，则预警结果将失去预警的意义。综上所述，本节的主要内容是研究如何对缺失的野火风险预警结果进行填补。GFS 气象预报数据和地形数据均不存在缺失现象，因此数据填补的关键在于如何填补植被数据，即 FMC 和 LAI 专题图层。

11.3.1　专题图层时空填补方法

数据填补的目的在于防止因植被数据缺失带来的野火风险预警结果的缺失,因此对于专题图层 FMC 和 LAI 数据填补的特殊性在于只能使用前面时相的数据来填补后面时相缺失的数据。由于专题图层的数据属于时空数据,因此填补数据时仅仅考虑空间或者时间关系得到的结果精度较低[1]。

间隙填补算法[2-4] (implementation of a Gap-Filling algorithm,IGFA)是一种被广泛用于遥感数据填补的方法。该算法融合了时间和空间对数据变化的影响,其基本公式为

$$X_{(i)} = X_{(i-1)} + [\bar{X}_{(i)m \times m} - \bar{X}_{(i-1)m \times m}]$$ (11-1)

式中,$X_{(i)}$ 表示在 i 时相(即下一个时相)中待填补的像元;$X_{(i-1)}$ 表示 $i-1$ 时相(即上一个时相)中同一像元的值,$X_{(i)m \times m}$ 表示 i 时相中以待填补像元为中心的 $m \times m$ 窗口像元值的平均值;$\bar{X}_{(i-1)m \times m}$ 表示 $i-1$ 时相中以待填补像元为中心的 $m \times m$ 窗口像元值的平均值。

窗口的大小并非固定不变的,范围可从 3×3 到 15×15,甚至是整幅图像大小。该算法的填补原理是,对于 i 时相中的某个像元来说,该像元的值相对于该像元上一个时相的值的增加或者减少量应该与周围临近像元的增加或减少量接近,而这个接近值用周围像元变化的平均值表示。但是,在使用该算法之前首先要得到一景完全没有缺失的专题图层却具有一定的困难。

本书提出一种顺时相填补方法来获取一景完整的专题图层作为间隙填补算法的初始图层,如图 11-4 所示。其中红色像元表示数据缺失,蓝色和白色像元表示有数据。假设现在所在时相是 i 时相,其中有某些像元数据缺失,但该像元在 $i-1$ 时相中也是数据缺失状态,那么此时就顺时前往 $i-2$ 时相。若该像元在 $i-2$ 时相不再处于缺失状态,则先用 $i-2$ 时相来填补 $i-1$ 时相,再用 $i-1$ 时相来填补 i 时相。若 $i-2$ 时相仍为缺失像元,则继续寻找更前面时相的数据来填补。同时,由于森林、草原和灌木等不同的植被类型间存在巨大的结构性差异,因此在填补缺失像元值时加入土地覆盖分类数据,即参与计算均值的有值像元必须与被填补的像元为同一种植被类型。

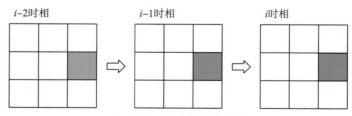

图 11-4　顺时填补示意图

11.3.2　填补结果精度验证

可燃物含水率(FMC)数据的时空填补结果精度验证如图 11-5 所示。由图可知,间隙填补算法填补的 FMC 值与反演的 FMC 值之间的 R^2 高达 0.8294,线性相关趋势线的斜率为 0.8996,充分说明了该算法填补的结果的可靠性。

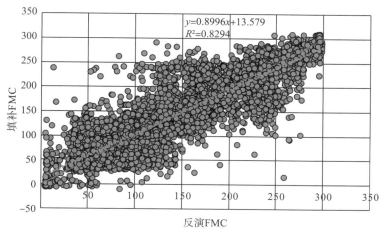

图 11-5　FMC 数据时空平滑精度验证

由图 11-5 可知，FMC 填补值(纵轴)中出现了负数，显然与 FMC 必须大于 0 的客观事实不相符。因此，对于间隙填补算法还应该对最后的结果添加一些限制。FMC 数据的值始终应该是大于 0 的，但是当 i 时相的 FMC 较 i-1 时相的 FMC 是整体降低的，且待填补像元上一个时相的 FMC 值也比较低时，通过上述算法，填补的 FMC 值可能存在负数的情况，违背了 FMC 的可取值范围。同理，当 i 时相的 FMC 较 i-1 时相的 FMC 整体偏高时，被填补像元的 FMC 可能存在被过分夸大的情况。

本书在填补的结果之上添加了阈值处理步骤：滤波处理。该步骤的核心思想是，若所计算出的被填补像元的 FMC 小于 $m×m$ 窗口内像元的最小值，则用窗口内最小值代替所计算出来的结果；若所计算出的被填补像元的 FMC 大于 $m×m$ 窗口内像元的最大值，则用窗口内最大值代替所计算出来的结果。滤波后结果的精度验证如图 11-6 所示。由图可知，尽管线性相关斜率值和 R^2 基本没有变化，但是 FMC 填补值(纵轴)中的负值消失了，即满足了 FMC 的取值范围。基于上述算法，填补了 FMC 和 LAI 专题图层并再次对野火风险进行了预警，结果如图 11-7 所示。

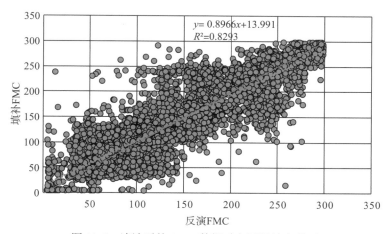

图 11-6　滤波后的 FMC 数据时空平滑精度验证

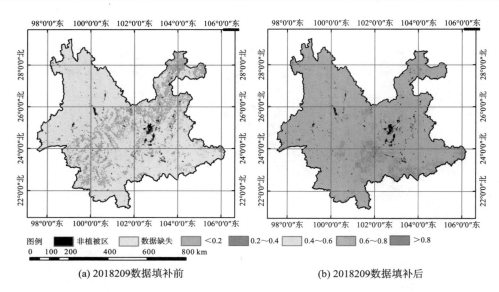

(a) 2018209数据填补前   (b) 2018209数据填补后

图 11-7　数据填补前与数据填补后的野火风险对比

主要参考文献

[1] Dumedah G, Coulibaly P. Evaluation of statistical methods for infilling missing values in high-resolution soil moisture data. Journal of Hydrology, 2011, 400(1): 95-102.

[2] Ehsan C, Quazi H. Development of a new Daily-Scale forest fire danger forecasting system using remote sensing data. Remote Sensing, 2015, 7(3): 2431-2448.

[3] Lin L, Meng Y, Yue A, et al. A spatio-temporal model for forest fire detection using HJ-IRS satellite data. Remote Sensing, 2016, 8(5): 403.

[4] Chowdhury, Hassan. Use of remote sensing-derived variables in developing a forest fire danger forecasting system. Natural Hazards, 2013, 67(2): 321-334.

第四部分　全球森林火灾风险时空挖掘及预警预测方法

本部分内容以作者团队研发的全球植被冠层可燃物含水率产品为基础，结合多源遥感、气象和地形等数据，通过大数据挖掘技术、深度学习模型以及时间序列预测模型建立了森林火灾风险时空挖掘及预警预测的方法体系，并在全球五大林火多发区域开展应用实验，为森林火灾风险预警预测提供新的解决思路和方法。主要研究内容如下。

(1)基于辐射传输模型(RTM)和中分辨率成像光谱仪(MODIS)反射率产品 MCD43A4和土地覆盖产品 MCD12Q1 反演了中国西南三省的可燃物含水率产品，并从 MODIS 火烧迹地产品 MCD64A1 中提取火灾事件。研究了处于柯本气候分类冬干温暖带下的亚热带高原气候区(Cwa)和亚热带湿润气候区(Cwb)内可燃物含水率与森林火灾发生的关系。证明了可燃物含水率对森林火灾发生存在短期的阈值作用和长期的控制作用。

(2)通过整合 2000～2018 年的可燃物诱发因子[MODIS MCD15A2H 产品的叶面积指数(LAI)、基于 MCD12Q1 的可燃物类别及基于遥感数据和辐射传输模型反演的可燃物含水率]、气象诱发因子(通过 ERA-Interim 气象再分析资料提取和计算的相对湿度、降雨量、温度和风速)、地形诱发因子(通过 GMTED2010 地形数据提取和计算的高程、坡度和坡向)以及森林火灾参考信息因子(通过 MODIS MCD64A1 提取的森林火灾燃烧年、森林火灾燃烧日期和经纬度)构建完整的历史森林火灾事件及诱发因子数据库。

(3)基于半变异函数和多时相遥感信息来确定森林火灾像元的时空缓冲半径，确定非森林火灾样本点，同时也提取其目标时期的相关诱发因子数据，完成森林火灾事件及诱发因子数据库的对照数据库构建。基于深度学习模型计算森林火灾风险，以中国西南三省为例，实现了对森林火灾风险在空间上的定量表征。模型以上述历史森林火灾事件和诱发因子数据库及其对照数据库为基础，采用 70%的样本作为训练数据训练模型，30%的样本作为验证样本验证模型精度。以 AUC 值和准确率作为验证标准，验证结果表明构建的深度学习模型对森林火灾风险具有很好的评估性能。

(4)基于全球森林火险指数(fire danger index，FDI)产品，通过时间序列 ARIMA 模型实现了全球 5 个森林火灾多发区域(中国西南三省、澳大利亚北部、欧洲南部、非洲中部和美国西海岸)在 2000～2018 年森林火灾风险的像素级模拟以及 2019～2020 年森林火灾风险未来趋势预测和分析。

本部分研究的技术路线如下图所示。

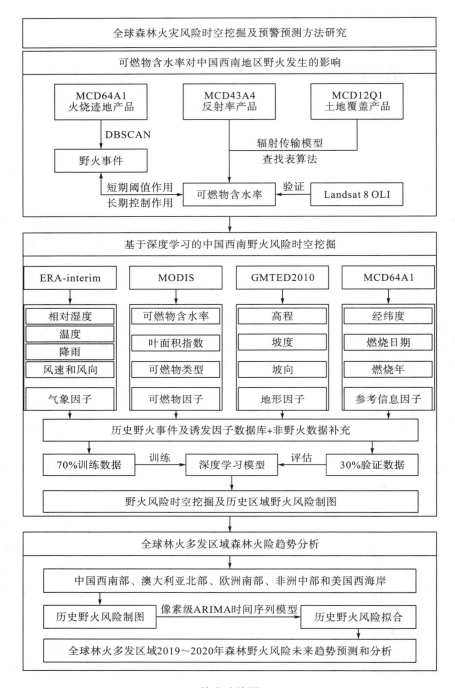

技术路线图

　　首先，以中国西南三省为研究区，基于 MODIS MCD64A1 火烧迹地产品和 DBSCAN 聚类算法提取了 2007～2016 年研究区内的森林火灾事件；基于 MODIS MCD43A4 反射率产品和 MCD12Q1 土地覆盖产品以及辐射传输模型时空连续地反演了研究区可燃物含水率；利用 Landsat 8 OLI 数据以及可燃物含水率野外实测数据根据异质性筛选方法进行了反演精度评价；对可燃物含水率与森林火灾发生关系进行定量和定性分析，验证了其作为森林火灾发生驱动因子的重要性。

其次，通过从 ERA-interim 气象再分析资料中提取和重计算日均相对湿度、温度、降雨、风速作为气象诱发因子；从 MODIS 卫星数据中提取或反演可燃物含水率、叶面积指数、可燃物类型作为可燃物诱发因子；从 GMTED 2010 数据中提取和计算高程、坡度、坡向作为地形诱发因子；从 MCD64A1 火烧迹地产品中提取经纬度、燃烧日期、燃烧年作为森林火灾参考信息因子；将上述 4 种类型诱发因子整合并结合提取的历史森林火灾事件构建了完整的历史森林火灾事件及诱发因子数据库；利用半变异函数和多时相遥感信息构建时空缓冲区以提取典型非森林火灾信息并构建历史森林火灾事件及诱发因子数据库的对照数据库；将两数据库合并后，利用 70%的数据作为训练数据，30%的数据作为验证数据，通过 TensorFlow 和 Keras 提供的序列模型构建全连接网络(即多层感知器)完成了中国西南三省的历史森林火灾风险评估。

最后，遴选全球 5 个林火多发区域(中国西南三省、澳大利亚北部、欧洲南部、非洲中部和美国西海岸)作为研究区；基于全球森林火险指数产品，利用长时间序列预测模型 ARIMA 模型完成了 2000～2018 年全球林火多发区域基于像素级的历史森林火灾风险拟合，并对 2019～2020 年的未来森林火灾风险进行了预测；通过分地区分季节对不同全球林火多发区域进行了分析，包括 2019～2020 年森林火险趋势的分析，以及 2000～2020 年从历史到未来的整体森林火灾风险分析，为森林防火提供科学数据支撑。

第12章 可燃物含水率对西南三省
森林火灾的作用关系研究

12.1 研究区概况

研究区(101°~107°E, 22°~27°N)位于中国西南部,是云贵高原的组成部分[图12-1(a)],大部分地区海拔为1500~2000m。根据MODIS土地覆盖产品MCD12Q1中的国际岩石圈生物圈项目(IGBP)分类方案[1],常绿阔叶林、混交林、多树草原、草原、农田、农田/自然植被混合区是这个地区主要的植被类型[图12-1(b)和表12-1]。根据柯本气候分类[2],研究区位于亚冬干温暖带下的亚热带高原气候区(Cwa)和亚热带湿润气候区(Cwb)[图12-1(b)],年平均气温为15~18℃,年温差为12~16℃。研究区年降水量为1000~1200mm。5~10月降水量占全年降水量的80%~90%,11月至次年4月为旱季,降水量少,这一时期森林火灾发生频率高。图12-2显示了从MODIS火烧迹地产品MCD64A1[3]中提取的研究区域内2007~2016年每月的过火面积,可以看出森林火灾通常发生在旱季且1~4月是森林火灾发生的高峰期。因此,本书将火灾季节定义为从9月(LFMC值最高的月份)到下一年8月(如2009~2010年火灾季节从2009年9月开始到2010年8月)。此外,本书选择了两次大型森林火灾(过火面积大于10km²[4])作为案例研究LFMC和火灾发生之间的关系,分别是丘北县森林火灾[24.41°E, 104.42°N],过火面积为18.2km²,起火日期为2010年2月1日,持续约两周,如图12-1(c)所示],灯笼山草原火灾[23.89°E, 103.23°N,过火面积为35.4km²,起火日期为2016年2月13日,持续约3天,如图12-1(d)所示]。

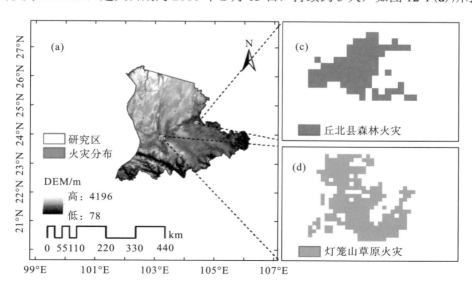

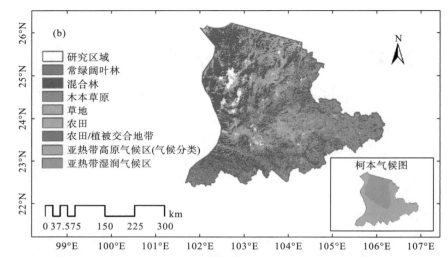

图 12-1　研究区 DEM、历史火灾分布、植被类型覆盖、气候分类以及典型大型火灾分布图

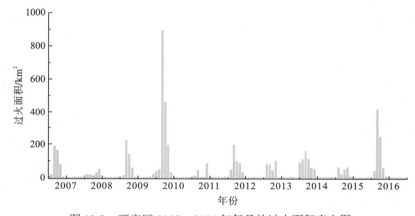

图 12-2　研究区 2007～2016 年每月的过火面积直方图

12.2　数据说明与准备

本章使用的数据主要分为野外实测数据及卫星数据。其中，卫星数据来自两个卫星系列产品：MODIS 产品和 Landsat 8 OLI 产品。MODIS 产品由美国地质调查局（USGS）地球资源观测与科学中心（Earth resovrces observation and science，EROS）的土地过程分布式活动档案中心（Land processes distributed actire archive Center，LP DAAC）提供。Landsat 8 OLI 产品由美国地质调查局通过谷歌地球引擎提供。

12.2.1　可燃物含水率野外实测

在中国西部地区进行的 LFMC 野外测量用来验证 RTM 反演 LFMC 的准确性。共在 3 个地点进行了 4 次野外工作：①2013 年，若尔盖草原（102.46°E～102.67°E，33.38°N～33.98°N）；②2014 年，青海湖流域（98.30°E～101.09°E，36.38°N～38.25°N）；③2015 年，青海

湖流域(98.48°E～101.07°E,36.34°N～37.78°N);④2016 年,温泉镇(102.44°E～102.46° E,24.99°N～25.00°N)。共计 192 个草原和森林的 FMC 采样样本(2013 年 50 个样本,2014 年 62 个样本,2015 年 70 个样本,2016 年 10 个样本)。每个样方的位置均是通过全球定位系统(GPS,Trimble Geo 3000)定位。在每一块草原样方(30m×30m)中,随机选择多个子样方(0.5m×0.5m)进行破坏取样。森林样方取自距样方中心点 20m 以内的区域(该样方的面积约为 40m×40m),使用伸缩剪刀对树冠上不易触及的叶子进行取样。新鲜的样本首先被密封在塑料袋中以防止水分流失,然后运送到实验室,称重,烘干,再次称重以确定 LFMC。有关采样协议的详细信息,请参阅相关参考文献[4,5]。

12.2.2　土地覆盖产品

MODIS MCD12Q1 土地覆盖产品 Collection 5[1]提供了 5 个全球土地覆盖分类方案,分别为国际地圈-生物圈计划(IGBP)全球植被分类方案、美国马里兰大学分类方案、基于 MODIS 叶面积指数/光合有效辐射分量(LAI/FPAR)的分类方案、基于 MODIS 衍生净初级生产力的分类方案和基于植被功能类型的分类方案。此外,它还提供了土地覆盖类型评估和质量控制信息。本章选用该产品中集成的 IGBP 分类方案,该方案将土地覆盖类型分为十七大类,其中植被覆盖及其在 IGBP 中的编码对应为常绿针叶林(1)、常绿阔叶林(2)、落叶针叶林(3)、落叶阔叶林(4)、混交林(5)、郁闭灌丛(6)、开放灌丛(7)、多树稀疏草原(8)、热带稀疏草原(9)、草地(10)、永久湿地(11)、农用地(12)以及农用地自然植被(14)。根据 Yebra 等[6]的研究,将研究区植被类型重新划分为 3 个可燃物类别(表 12-1):森林、草原、灌木。由于 MCD12Q1 Collection 5 只在 2001～2013 年可用,所以 2014～2016 年继续使用 2013 年的土地覆盖产品。值得注意的是,由于在研究区域内发现灌木占比极小(约占总植被覆盖面积的 0.46%),而相应的累计过火面积也小于 10km²,因此本书将这些灌木像素进行掩膜处理,并没有估算其 LFMC。

表 12-1　基于 IGBP 的可燃物重分类及其覆盖面积和累计过火面积表

可燃物类型	土地覆盖类型	覆盖面积/km²	累计过火面积/km²
森林	常绿针叶林	28.9	*
	常绿阔叶林	4263.6	117.7
	落叶针叶林	1.7	*
	落叶阔叶林	10.7	*
	混交林	26680	1880.2
草地	多树草原	22384	2079.2
	稀树草原	30	*
	草原	5784.7	417.8
	永久湿地	108.9	*
	作物	9794.9	429
	作物和自然植被镶嵌体	5687.9	281.5
灌木	郁闭灌丛	139.6	*
	开放灌丛	206.4	*

注:覆盖面积以 2013 年 MCD12Q1 IGBP 为基础计算;*表示该植被类型 2007～2016 年累计过火面积小于 5km²。

12.2.3　反射率产品

MODIS MCD43A4 Collection 5 产品[7]提供 8 天时间分辨率和 500m 空间分辨率的地表反射率产品，并通过 Nadir 双向反射率分布函数调节，MODIS MCD43A2 Collection 5 产品记录了 MCD43A4 像素反射率的质量信息。MCD43A4 基于 16 天的周期，这使得 LFMC 反演较少受到云层或阴影[8]的影响。此外，双向反射分布函数的调整使得观测到的反射率更接近于基于零天顶角的 RTM 模拟[9]。

直接利用 LFMC 野外测量值验证卫星反演的 LFMC 是不合理的，因为两者尺度不匹配，LFMC 测量值为 30～40m 而卫星反演 LFMC 的空间分辨率为 500m。因此，选择与采样时间最接近的空间分辨率为 30m 的 Landsat 8 OLI 产品来过滤掉在异质区域的 LFMC 野外测量(12.2.1 节)。

12.2.4　火烧迹地产品

MODIS MCD64A1 火烧迹地产品是由 MODIS 提供的空间分辨率为 500m 的燃烧区域制图的月合成产品[7,8]，被证明具有较高的准确性[10]，因此被选作火灾发生的度量产品。该产品火点探测算法的基本原理是通过 MODIS 搭载的传感器短波红外(第 5 波段和第 7 波段)计算对热敏感的植被指数图像并将设置的动态阈值用于识别该图像的燃烧区域，计算公式如下：

$$VI = \frac{\rho_5 - \rho_7}{\rho_5 + \rho_7} \tag{12-1}$$

式中，ρ_5 和 ρ_7 分别是经过大气校正的短波红外的第 5 波段和第 7 波段。

本书采用该产品中的 3 个数据集：燃烧日期、燃烧日期不确定和数据质量控制。在燃烧日期数据集中 0 表示未燃烧像元，1～366 表示火灾发生的儒略日(day of year，DOY，即当年顺位第几天)。燃烧日期不确定数据集用于评估燃烧日期的不确定性，用 0～100 表示对评估的不确定性程度，而 0 同样表示未燃烧像元。该数据集对本书提取训练样本非常重要。质量控制数据采用 8 位二进制码的方式记录每个像元数据的质量。

12.3　可燃物含水率反演、验证及制图

12.3.1　可燃物含水率反演及验证方法

参照 Quan 等基于查找表(LUT)算法对草原[11]和森林[5]相关参数反演的研究，从 MCD43A4 中检索反演了 2007～2016 年中国西南三省的 LFMC 并进行区域制图。在这些研究中，PROSAIL RTM(PROSPECT[12]+SAILH[13,14]) 被用于草原的 LFMC 反演，PROSAIL RTM 与 PROGeoSAIL RTM(PROSPECT+GeoSAIL[15]) 被用于森林的 LFMC 反演。其中后者为耦合模型，以更好地模拟西南三省典型双层结构的林分特征，即上层为树木，下垫面为草地。为了验证该反演方法，LFMC 实地测量(见 12.2.1 节)必不可少。然而，由于尺度

差异（LFMC 实测：草原 30m，森林 40m；LFMC 反演：500m），直接通过实地测量验证可能会导致错误[16]（图 12-3）。为了缓解尺度差异，只选用 MODIS 像元内植被明显均质的 LFMC 实测值作为验证数据。提取实测值所在的 MODIS 像元构成 500m×500m 缓冲区，基于 Landsat 8 OLI 像元计算 NDVI（归一化植被指数），并通过该缓冲区内 NDVI 的标准差（SD_{NDVI}）和变异系数（CV_{NDVI}）来评估 MODIS 像元内植被的均质性。本书认为当 CV_{NDVI}（范围为 0.05～0.15）和 SD_{NDVI}（范围为 0.15～0.30）低于某一阈值[17]时，500m×500m MODIS 像素大小缓冲区内的植被在物种组成和水分条件上应更加均质。最后，选择产生高 R^2 和低 RMSE 的阈值作为最终方法。值得注意的是，通过计算 MODIS 尺度下 LFMC 测量值的平均值，最终得到 152 个实测值（原来是 192 个 LFMC），如图 12-3 所示。

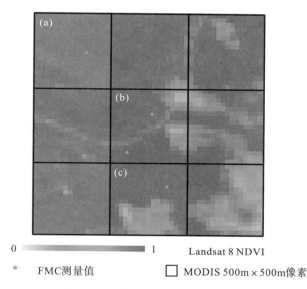

图 12-3　30m NDVI 和 MODIS 像元空间分布及 LFMC 采样点均质水平示意图

图 12-3 中，每个大黑框表示 1×1 MODIS 像元（500m×500m）；图 12-3（a）为在 MODIS 像元下均质植被的 FMC 采样示意图，图 12-3（b）为包含多个 FMC 实测值的 MODIS 像元示意图，图 12-3（c）为在 MODIS 像元下非均质植被的 FMC 采样示意图，这种情况下计算 FMC 测量值的平均值为验证值。

$$NDVI = \frac{\rho_{NIR} - \rho_{red}}{\rho_{NIR} + \rho_{red}} \tag{12-2}$$

$$CV_{NDVI} = \frac{SD_{NDVI}}{MEAN_{NDVI}} \tag{12-3}$$

使用谷歌地球引擎[18]对 Landsat 数据进行处理，并在 MATLAB（R2017a 版本）中实现 LFMC 检索算法。

12.3.2　可燃物含水率验证结果及区域制图

当降低 CV_{NDVI} 和 SD_{NDVI} 阈值以过滤 MODIS 像元内非均质植被时，LFMC 反演的准确性提高(R^2 增大，RMSE 降低)(图 12-4)。具体来说，随着 CV_{NDVI} 和 SD_{NDVI} 阈值降低，R^2 从 0.52 增大到 0.67，RMSE 从 41.8%略微降低到 40.5%。本书研究的一个成果是 2007~2016 年中国西南三省 8 天时间分辨率的 LFMC 数据集。图 12-5 显示了 2009 年 9 月~2010年 8 月火灾季节 LFMC 每月的分布情况。从 2009 年 11 月到 2010 年 5 月，研究区域的 LFMC很低，特别是在 1~4 月。这几个月正好是旱季，研究区域的过火面积达到最大(图 12-2)。雨季一般从 6 月开始，一直持续到 10 月。因此，在此期间观测到的 LFMC 值较高(图 12-5)。

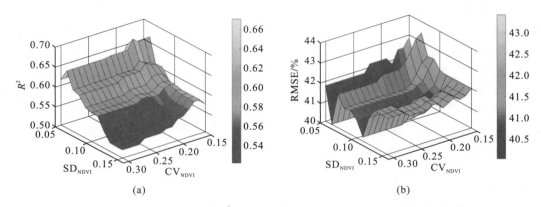

(a)　　　　　　　　　　　　　　　　　　　(b)

图 12-4　LFMC 验证精度 R^2 和 RMSE 随 CV_{NDVI} 和 SD_{NDVI} 阈值的变化图

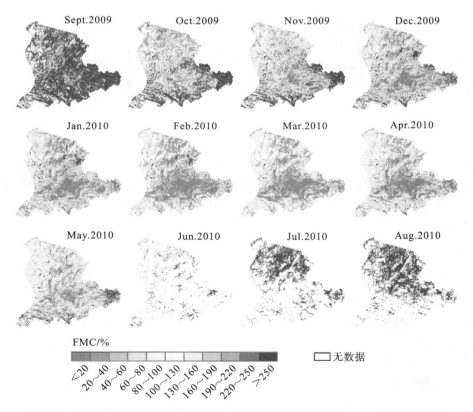

图 12-5　2009 年 9 月~2010 年 8 月火灾季中国西南三省每月 LFMC 空间分布图

12.4　可燃物含水率对森林火灾发生的短期阈值作用

12.4.1　可燃物含水率临界阈值的确定

MCD64A1 火烧迹地产品用于提取历史森林火灾位置和日期，然而，这些数据是在像素级提供的，而不是具体的火灾事件（通常过火面积超过一个像素）。使用基于 KD-Tree 的 DBSCAN 算法[19]聚类并提取火灾事件，图 12-1(c) 和图 12-1(d) 分别为丘北县森林火灾和灯笼山草原火灾的聚类结果。为了分析火灾前 LFMC 对过火面积和森林火灾发生频率的影响，需要事先确定 LFMC 的临界阈值。根据 MCD64A1 BA 产品的 Burn date 层信息，本书确定了每个火灾事件中所有像素的燃烧日期。火灾前每个像素的 LFMC 值等于该像素燃烧日期之前的 LFMC 值，利用火灾前所有 LFMC 值的中位数来表征火灾发生前 LFMC 的整体状态。因此，首先参考 Dennison 等[20]以及 Nolan 等[21]将火灾事件造成的累计过火面积计算为火灾前 LFMC 中值降低的映射函数。然后，应用分段回归模型[15]拟合所有灾前 LFMC 与累计过火面积的关系，从而确定 LFMC 的临界阈值。选择 Akaike 信息准则（Akaike information Criterion，AIC）值最低的模型作为最优模型[4,3]。累计过火面积显著增加的断点最终被确定为临界阈值，其他断点由于不能体现过火面积显著增加而被丢弃。在这里，本书将研究区域划分为 4 个区域（Cwa 和 Cwb 下的森林和草原区域），并将这种确定阈值的方法应用于每个区域。

对于草原和森林来说，过火面积和灾前 LFMC 之间的关系都是非线性的（图 12-6）。此外，不同可燃物类别的灾前 LFMC 临界阈值是不同的，且相同可燃物类别在不同气候带下的阈值相似。当 LFMC 低于阈值时，过火面积显著增加（图 12-6）。更具体地说，在 Cwa 气候带下，森林 LFMC 的 3 个阈值分别为 151.3%（95%置信区间：146.8%～155.9%）、123.1%（95%置信区间：121.8%～124.3%）和 51.4%（95%置信区间：51.2%～51.7%）。低于这些阈值的过火面积分别占总过火面积的 93.1、86.5%和 34.2%（图 12-6、表 12-2）。共监测到 21 起大型森林火灾（过火面积大于 10km^2），低于这些阈值发生的大型森林火灾分别有 10 起、9 起和 5 起（表 12-2）。另外，有 3 个附加 101.8%（95%置信区间：100.2%～103.4%）、48.3%（95%置信区间：47.9%～48.6%）和 39.8%（95%置信区间：（38.5%～41.1%）被分段线性回归模型确认，但是由于它们没有指示出过火面积的显著增加（如 51.4%～101.8%的斜率低于 101.8%～123.1%的斜率），因此未被识别为阈值并被丢弃。在 Cwa 气候带下，还观察到 3 个草原 LFMC 阈值［138.1%（95%置信区间：134.1%～142.0%）、72.8%（95%置信区间：70.8%～74.8%）和 13.1%（95%置信区间：12.1%～14.1%）］［图 12-6(b)］。同样，21 起大型草原火灾中，分别有 17 起、14 起和 4 起发生在相应的阈值以下（表 12-2）。

在 Cwb 气候带下，森林的阈值分别为 115.0%（95%置信区间：113.6%～116.3%）和 54.4%（95%置信区间：53.6%～55.2%）［图 12-6(c)］。这两个阈值与 Cwa 气候带森林的第二个阈值（123.1%）和第三个阈值（51.4%）接近。该气候带下支持森林火灾发生的最大 LFMC 为 124.3%，在 LFMC 值较高的区间未发现森林火灾，因此 LFMC 高值区域没有阈值。在 Cwb 气候带下，137.5%（95%置信区间：129.4%～145.6%）、69.0%（95%置信区间：66.5%～

71.4%)和 10.6%(95%置信区间：10.2%～11.0%)被确定为临界草原 LFMC 阈值[图 12-6(d)]。这 3 个阈值与 Cwb 气候带的草原 LFMC 阈值相似。

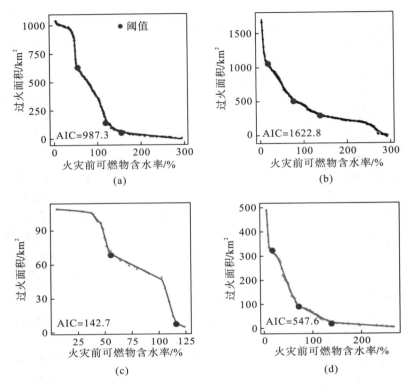

图 12-6　Cwa 和 Cwb 森林和草原灾前 LFMC 与累计过火面积之间的分段线性回归图

表 12-2　LFMC 阈值和置信范围及低于相应阈值的森林和草原火灾面积比例和数量

可燃物类型	气候带	阈值/%	95%置信区间/%	过火面积比例/%	大型火灾数量
森林	Cwa	151.3	146.8～155.9	93.1	10/10
		123.1	121.8～124.3	86.5	9/10
		51.4	51.2～51.7	34.2	5/10
	Cwb	115.0	113.6～116.3	92.2	2/2
		54.4	53.6～55.2	34.1	0/2
草原	Cwa	138.1	134.1～142.0	81.6	17/21
		72.8	70.8～74.8	67.5	14/21
		13.1	12.1～14.1	33.7	4/21
	Cwb	137.5	129.4～145.6	94.4	2/2
		69.0	66.5～71.4	81.1	2/2
		10.6	10.2～11.0	30.7	0/2

注：过火面积比例表示低于此阈值的过火面积占总过火面积的比例；大型火灾数量指的是低于该阈值和总的大型火灾数量。

12.4.2　典型森林火灾案例验证短期阈值作用

此外，以丘北县森林火灾和灯笼山草原火灾为例，分析了火灾前后的 LFMC 动态变化，探讨了 LFMC 临界阈值对火灾发生的影响。

2010 年 2 月 1 日发生的丘北县森林火灾，过火区域包括 75%的森林和 25%的草原。在火灾发生的前 6 个月，森林 LFMC 中值从最高的 179.7%（2009 年 DOY=241）逐渐下降到最低的 49.8%（2010 年 DOY=025），当森林 LFMC 低于 Cwa 气候带 51.4%的阈值时发生了此次火灾 [图 12-7（a）]。火灾后，整个区域的 LFMC 中值在一个多月的时间里稳定在 49%左右。同样，灯笼山草原火灾过火区域（78%的草地和 22%的森林）植被的 LFMC 中值也从286.8%（2015 年 DOY=249）降至 151.7%（2015 年 DOY=345）[图 12-7（b）]。在火灾发生的前两个月，LFMC 中值（125.2%，2015 年 DOY=353）已经低于气候带的草原 LFMC 临界阈值 138.1%，进一步下降至 17.3%（2016 年 DOY=041），略高于火灾发生前 13.1%的草原 LFMC临界阈值。与丘北县森林火灾不同，灯笼山草原火灾在火灾后的 LFMC 恢复较快，可能是由于该地区的草生长较快。

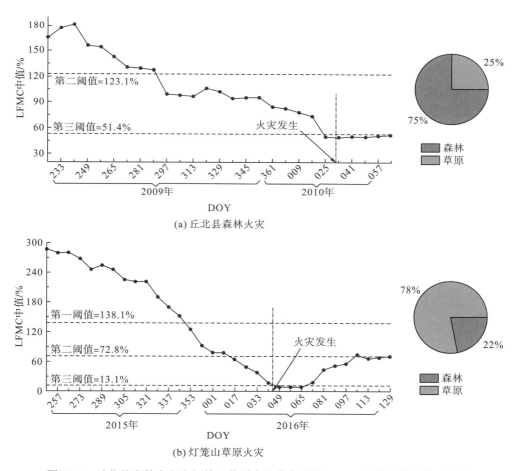

(a) 丘北县森林火灾

(b) 灯笼山草原火灾

图 12-7　丘北县森林火灾和灯笼山草原火灾发生前后 LFMC 的变化和阈值对应图

12.5   可燃物含水率对森林火灾发生的长期控制作用

计算 2007～2016 年中国西南三省每景森林和草原的 LFMC 中值，然后使用箱形图来表征 10 年间每个儒略日（8 天间隔）下的 LFMC 整体分布。由于 Cwa 和 Cwb 气候带的 LFMC 临界阈值相似（见 13.2 节），本书在这里没有区分两个气候带，而是根据不同的可燃物类别（森林和草地）分析了 LFMC 变化特征与火灾发生的关系。此外，本书还分析了 2015～2016 年火灾季森林和 2009～2010 年火灾季草原的 LFMC 中值和相应的过火面积变化特征。两个火灾季是本书研究中要调查的大型森林火灾（丘北县森林火灾和灯笼山草原火灾）的发生时间。在此分析中，根据从 MCD64A1 产品中提取的燃烧日期，将过火面积的时间分辨率重新计算为 8 天。

研究区森林[图 12-8（a）]和草原[图 12-8（b）]区域 LFMC 中值的动态变化与火灾季节的走向相似（见 12.1 节）。区域 LFMC 中值的最低值处于 DOY 337 到 DOY 113，正值旱季和火灾高发的时期（图 12-8）。同时，在 2009～2010 年和 2015～2016 年火灾季草原和森林区域 LFMC 中值（红色线）相对于整个 10 年（显示为箱线图）来说更早地达到 LFMC 阈值（虚线）。此外，这两个火灾季节的 LFMC 中值几乎低于同一 DOY 上箱形图的第一个四分位值，更有可能被判定为低离群值（红线穿过的点）。例如，分别有 14 个和 21 个区域 LFMC 中值在 2015～2016 年火灾季节[图 12-8（a）]和 2009～2010 年[图 12-8（b）]火灾季节被判定为低离群值。并且，低 LFMC 中值的时期对应着大的过火面积（图 12-8），表明临界 LFMC 阈值可以有效地解释过火面积。例如，2009～2010 年火灾季节，几乎所有的草原火灾都发生在区域 LFMC 中值低于 70.9%阈值的时期[图 12-8（b）]。

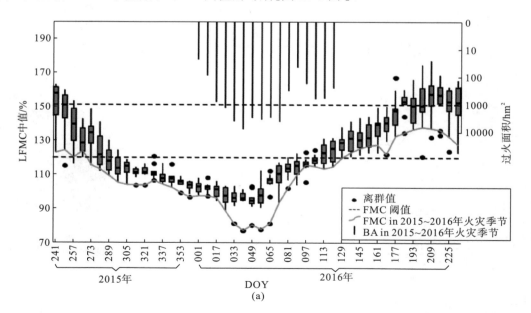

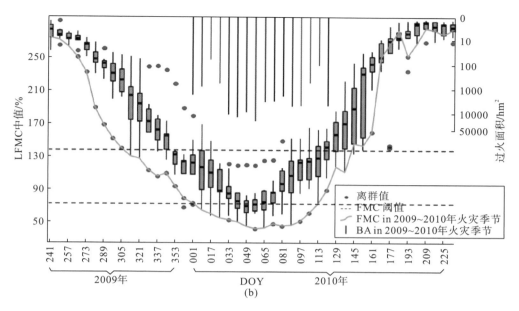

图 12-8　区域森林和草原 LFMC 中值在森林火灾高发年以及 10 年箱形图的动态变化

12.6　讨　论

12.6.1　可燃物含水率反演及验证

要从区域尺度上探讨 LFMC 对火灾发生的影响，需要高质量的 LFMC 空间信息。在本书研究中，本书采用了 Quan 等的方法[5,11]，使用 MCD43A4 产品反演了中国西南三省的 LFMC。利用在野外测得的 LFMC 验证反演结果存在显著性差异（$p<0.01$）。LFMC 的 R^2 从 0.52 增大到 0.67，RMSE 从 41.8%降到 40.5%。说明采样点的异质性对 LFMC 反演的准确性评价有很大影响，因此在进行模型评价时应予以考虑。

12.6.2　可燃物含水率对森林火灾发生的影响

本书使用累计过火面积法来识别断点，从而确定 Cwa 和 Cwb 气候带下森林和草原 LFMC 的阈值。Pimont 等[22]建议，这种方法应该谨慎考虑，因为它会受到 LFMC 分布频率的影响。然而，本书认为灾前 LFMC 阈值不仅受到灾前 LFMC 分布的影响，还受到相应过火面积的影响。例如，在低 LFMC 条件下［低于 15%，图 12-6（b）和图 12-6（d）］，累计过火面积显著增加，主要是因为发生了几起大面积的火灾事件。因此，使用这种方法来寻找 LFMC 阈值是合理的，低于该阈值时，火灾更容易爆发并烧毁大面积区域。Pimont 等[93]也发现，采用累计过火面积法，在 LFMC 值较低时，火灾活动达到饱和，如 LFMC 低于 37.2%时，累计过火面积基本不增加［图 12-6（c）］。然而，这种饱和并不意味着低的 LFMC 对应低的火灾发生率。说明当 LFMC 略高于 37.2%时，就已经满足森林火灾爆发的条件，因此，LFMC 阈值为 54.4%［图 12-6（c）］。

与先前报道的研究类似[20,23-25]，本书发现大多数森林火灾发生在低 LFMC 条件下，以及低于 LFMC 阈值时。相反，当灾前 LFMC 超过 200%时，过火面积仅占总森林过火面积的 0.29%和总草原过火面积的 0.19%。然而，在 Cwa 气候带却意外地发现了 4 场草原大火，且火灾前 LFMC 大于 200%［图 12-6（b）］。同样，Yebra 等[6]也在 2013 年 10 月 16 日发生在新南威尔士州的 Linksview Road 草原火灾中发现其灾前 LFMC 为 232%～256%。表明 LFMC 并不是火灾发生的唯一驱动因素，因此，其他因素（如温度、降水、空气相对湿度等）应该被充分考虑。对于中国西南三省的森林和草原，第一个阈值（137.5%～151.3%）与 Nolan 等确定的澳大利亚东部森林和林地的 LFMC 阈值（156.1%）相似。不同可燃物类别之间的第二个阈值存在不同，森林为 115.0%～123.1%，草原为 69.0%～72.8%。其中，森林（115.0%～123.1%）与 Nolan 等确定的东澳大利亚[25]阈值（113.6%）相似，草原（69.0%～72.8%）与其他研究报道的阈值相似[20,23,25]。森林的第三个阈值（51.4%～54.4%）接近其他研究中导致森林火灾发生的 LFMC 的最低值[20,21,23,26,27]。草原的第三个阈值（10.6%～13.2%）与之前报道的结果一致，即当灾前 LFMC 降低到 12.4%～15.1%[21]时，火灾发生的概率增加。

10 年时间序列的 LFMC 动态表明，森林和草地 LFMC 值在火灾季节明显较低且对应火灾活动相对较高。此外，这些 LFMC 值更容易被检测为 10 年时间序列的低异常值。表明低 LFMC 是中国西南三省森林火灾发生的有效驱动因素和早期预警指标。

主要参考文献

[1] Friedl M A, Sulla-Menashe D, Tan B, et al. MODIS Collection 5 global land cover: Algorithm refinements and characterization of new datasets. Remote Sensing of Environment, 2010, 114(1): 168-182.

[2] Peel M C, Finlayson B L, Mcmahon T A. Updated world map of the Koppen-Geiger climate classification. Hydrology and Earth System Sciences, 2007, 11(5): 1633-1644.

[3] Giglio L, Schroeder W, Justice C O. The collection 6 MODIS active fire detection algorithm and fire products. Remote Sensing of Environment, 2016, 178: 31-41.

[4] Arganaraz J P, Landi M A, Scavuzzo C M, et al. Determining fuel moisture thresholds to assess wildfire hazard: A contribution to an operational early warning system. PLoS One, 2018, 13(10): e0204889.

[5] Quan X, He B, Yebra M, et al. Retrieval of forest fuel moisture content using a coupled radiative transfer model. J Environmental Modelling and Software, 2017, 95: 290-302.

[6] Yebra M, Quan X, Riaño D, et al. A fuel moisture content and flammability monitoring methodology for continental Australia based on optical remote sensing. Remote Sensing of Environment, 2018, 212: 260-272.

[7] Strahler A H. MODIS BRDF/albedo product: Algorithm theoretical basis document version 5.0, 1999.

[8] Yebra M, Dijk A V, Leuning R, et al. Evaluation of optical remote sensing to estimate actual evapotranspiration and canopy conductance. Remote Sensing of Environment, 2013, 129(2): 250-261.

[9] Jurdao S, Yebra M, Guerschman J P, et al. Regional estimation of woodland moisture content by inverting Radiative Transfer Models. Remote Sensing of Environment, 2013, 132(Complete): 59-70.

[10] Padilla M, Stehman S V, Ramo R, et al. Comparing the accuracies of remote sensing global burned area products using stratified random sampling and estimation. 2015, 160: 114-121.

[11] Quan X, He B, Li X, et al. Retrieval of grassland live fuel moisture content by parameterizing radiative transfer model with interval estimated LAI. IEEE Journal of Selected Topics in Applied Earth Observations Remote Sensing, 2016, 9(2): 910-920.

[12] Feret J B, François C, Asner G P, et al. PROSPECT-4 and 5: Advances in the leaf optical properties model separating photosynthetic pigments. Remote Sensing of Environment, 2008, 112(6): 3030-3043.

[13] Verhoef W. Light scattering by leaf layers with application to canopy reflectance modeling: The SAIL model. Remote Sensing of Environment, 1984, 16(2): 125-141.

[14] Kuusk A. The hot spot effect in plant canopy reflectance. Berlin: Springer, 1991: 139-159.

[15] Huemmrich K. The GeoSail model: A simple addition to the SAIL model to describe discontinuous canopy reflectance. Remote Sensing of Environment, 2001, 75(3): 423-431.

[16] Adab H, Devi Kanniah K, Beringer J. Estimating and Up-Scaling fuel moisture and leaf dry matter content of a temperate humid forest using multi resolution remote sensing data. Remote Sensing, 2016, 8(11): 961.

[17] Yebra M, Scortechini G, Badi A, et al. Globe-LFMC, a global plant water status database for vegetation ecophysiology and wildfire applications. Scientific Data, 2019, 6(1): 1-8.

[18] Gorelick N, Hancher M, Dixon M, et al. Google Earth Engine: Planetary-scale geospatial analysis for everyone. Remote Sensing of Environment, 2017, 202: 18-27.

[19] Hahsler M. Density based clustering of applications with noise (DBSCAN) and related algorithms [R package dbscan version 0.9-7], 2016.

[20] Dennison P E, Moritz M A. Critical live fuel moisture in chaparral ecosystems: A threshold for fire activity and its relationship to antecedent precipitation. International Journal of Wildland Fire, 2009, 18(8): 1021-1027.

[21] Nolan R H, Boer M M, De Dios V R, et al. Large-scale, dynamic transformations in fuel moisture drive wildfire activity across southeastern Australia. Geophysical Research Letters, 2016, 43(9): 4229-4238.

[22] Pimont F, Ruffault J, Martin-Stpaul N K, et al. A cautionary note regarding the use of cumulative burnt areas for the determination of fire danger index breakpoints. International Journal of Wildland Fire, 2019.

[23] Dennison P E, Moritz M A, Taylor R S. Evaluating predictive models of critical live fuel moisture in the Santa Monica Mountains, California. International Journal of Wildland Fire, 2008, 17(1): 18-27.

[24] Jurdao S, Chuvieco E, Arevalillo J M. Modelling fire ignition probability from satellite estimates of live fuel moisture content. Fire Ecology, 2012, 8(1): 77-97.

[25] Nolan R H, Boer M M, De Dios V R, et al. Large-scale, dynamic transformations in fuel moisture drive wildfire activity across southeastern Australia. Geophysical Research Letters, 2016, 43(9): 4229-4238.

[26] Chuvieco E, González I, Verdú F, et al. Prediction of fire occurrence from live fuel moisture content measurements in a Mediterranean ecosystem. International Journal of Wildland Fire, 2009, 18(4): 430-441.

[27] Schoenberg F P, Peng R, Huang Z J, et al. Detection of non-linearities in the dependence of burn area on fuel age and climatic variables. International Journal of Wildland Fire, 2003, 12(1): 1-6.

第13章 基于深度学习的西南三省 森林火灾风险时空挖掘

13.1 研究区概况

　　研究区覆盖中国西南部的四川、云南和贵州三省。中国云南、四川西部及贵州西南部等地区为主要的历史森林火灾发生区域，而这部分地区降雨主要集中于 5～10 月，冬季降雨量稀少，回温较快，加上草木枯黄，致使该地区冬春旱现象严重，每年的 12 月至翌年 5 月易发生森林火灾，历史上曾发生 2011 年 3 月 2 日云南大理森林火灾、2012 年 3 月 18 日云南玉溪森林火灾、2013 年 2 月 28 日云南昆明宜良县森林火灾、2014 年 1 月 23 日贵州福泉山林火灾、2018 年 2 月 16 日四川雅江县森林火灾、2019 年 3 月 30 日四川木里森林火灾等。本章根据 MODIS MCD12Q1 土地覆盖产品中的 IGBP 分类方案，将研究区限定于西南三省的草原和森林（详见 12.2.2 节）。研究区的土地覆盖类型图、柯本气候分区以及 2000～2018 年的历史森林火灾分布图如图 13-1 和图 13-2 所示。

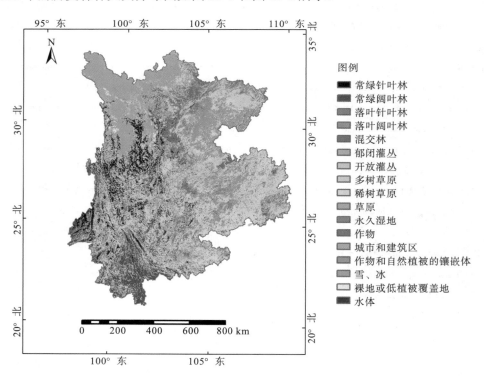

图 13-1　西南三省土地覆盖类型图

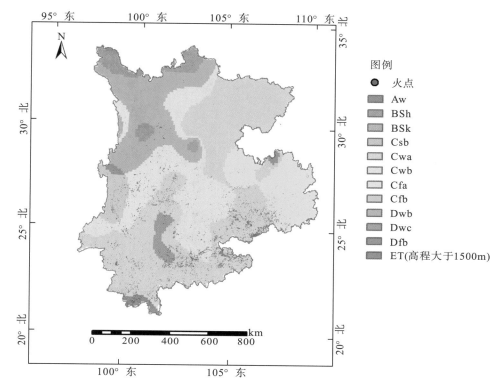

图 13-2　西南三省气候分区及历史森林火灾分布图

13.2　数据说明与准备

通过提取历史森林火灾事件及其 3 个可燃物解释变量(LFMC、LAI 和植被类型)、4 个气象解释变量(相对湿度、温度、降雨量及风速)、3 个火点参考信息(经纬度、燃烧日期、燃烧年份)和 3 个地形解释变量(坡度、坡向和海拔),建立案例数据库,探讨"火灾环境三角"背景下历史火灾事件与解释变量之间的关系。本章所有基于遥感和气象的解释变量重新采样到 500m。

13.2.1　可燃物数据

LFMC 数据反演及产品化方法详见 2.3 节。此外,尽管 LFMC 对长期气候和植物对干旱的适应有反应[1],但有研究表明其可在相对较短的时间内被监测到变化[2],因此本节还将加入火灾发生前 8 天、16 天的 LFMC 情况以及这段时间内 LFMC 的定量变化情况(图 13-3 和图 13-4)。而森林火灾发生前 16 天到 8 天的 LFMC 变化被定义为

$$\text{LFMC}_{\text{diff}} = \text{LFMC}_{16} - \text{LFMC}_8 \tag{13-1}$$

式中,LFMC_{16} 和 LFMC_8 分别表示森林火灾发生前 16 天和前 8 天对应的可燃物含水率;$\text{LFMC}_{\text{diff}}$ 表示在此期间的 LFMC 定量变化。

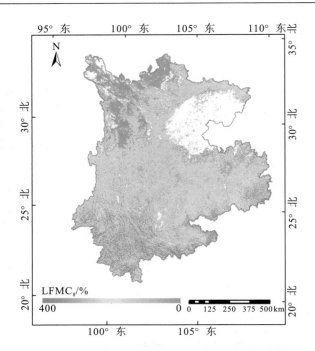

图 13-3   2018 年 1 月 1 日西南三省 LFMC$_8$ 分布图

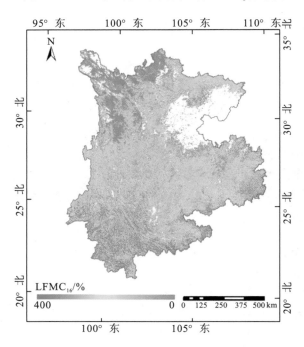

图 13-4   2018 年 1 月 1 日西南三省 LFMC$_{16}$ 分布图

LAI 是指单位地面面积上的植物叶面面积之和,这里用来近似表示可供燃烧的可燃物载荷量。该参数通过 MODIS 叶面积指数(LAI)和光合有效辐射分量(FPAR)MOD15A2H 产品获取(图 13-5)。该产品提供 500m 分辨率的 8 天复合数据集。LAI 的计算公式如下:

$$\mathrm{LAI}=0.75\rho_{种}\frac{\sum\limits_{i=1}^{m}\sum\limits_{j=1}^{n}\left(L_{ij}B_{ij}\right)}{m} \tag{13-2}$$

式中，n 表示第 j 株的总叶片数；m 表示测定的株数；$\rho_{种}$ 为种植密度；L_{ij} 为各株的叶片叶长；B_{ij} 为最大叶宽。

可燃物类别详见 12.2.2 节。

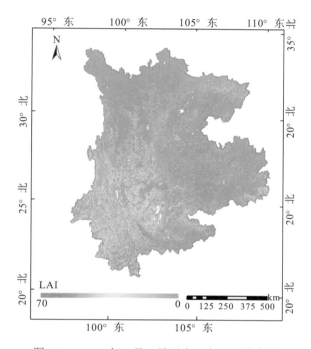

图 13-5　2018 年 1 月 1 日西南三省 LAI 分布图

13.2.2　气象数据

气象站台数据作为森林火灾风险估算中常用的传统气象资料，通常采用空间插值方法获取气象因子栅格图像实现数据全区域覆盖。然而其较低的空间分辨率和必不可少的插值带来的额外误差，使得在大尺度上的应用难以实现。因此本章使用气象再分析资料 ERA-Interim 作为气象数据来源。

ERA-Interim 是由欧洲中期天气预报中心（European Centre for Medium-Range Weather Forecasts，ECMWF）提供的全球大气再分析数据集[3]，该产品近实时发布，时间跨度为 1989 年 1 月至 2019 年 8 月，空间分辨率最高可达 0.125°[4]。ERA-Interim 提供多种参数数据的下载，包括本书所用到的地表 2m 空气温度（2 metre temperature）、地表 2m 空气露点温度（2 metre dewpoint temperature）、地表 10m 经向和纬向的风速（10 metre U/V wind component）、累计降雨量（total precipitation），详细信息见表 13-1。

表 13-1　本书所用到的 ERA-Interim 气象参数详细信息表

数据名称	单位	空间分辨率/(°)	时间分辨率/h	简介
10 metre U wind component	m/s	0.125	6	地表 10m 经向风速
10 metre V wind component	m/s	0.125	6	地表 10m 纬向风速
2 metre temperature	K	0.125	6	地表 2m 空气温度
2 metre dewpoint temperature	K	0.125	6	地表 2m 空气露点温度
total precipitation	m	0.125	12	过去 12h 累计降雨量

　　ERA-Interim 中提供的露点温度是地表以上 2m 的空气必须冷却才能达到饱和的温度。它是测量空气湿度的一种方法。结合温度和压力，可以计算出相对湿度。地表 2m 空气露点温度是在考虑大气条件的情况下，在最低模型水平和地球表面之间进行插值计算得到的，单位是开尔文（K）。由于 ERA-Interim 未直接提供空气相对湿度（relative humidity，RH）数据，而 RH 在以往的研究中被证明是重要的气象森林火灾诱发因子，因此本书利用 Tetens[5]经验公式［式（13-3）和式（13-4）］间接获取 RH。首先将露点温度和空气温度代入式（13-3）计算空气水汽压 e_1 和空气饱和水汽压 e_2，再由式（13-4）计算得到相对湿度。

$$e_s = 6.1078 e^{\left[\frac{17.2693882(T-237.16)}{T-35.86}\right]} \tag{13-3}$$

式中，e_s 为水汽压；T 为开氏温度。

　　结合 RH 的定义即可计算空气相对湿度（图 13-6），计算公式如下：

$$RH = \frac{e_1}{e_2} \times 100\% \tag{13-4}$$

式中，e_1 为空气水汽压；e_2 为空气饱和水汽压。

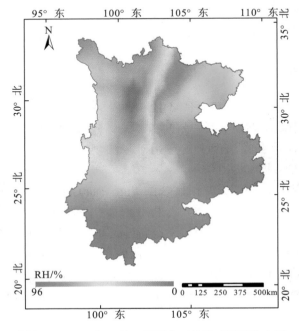

图 13-6　2018 年 1 月 1 日西南三省相对湿度分布图

　　ERA-Interim 中提供的空气温度(Temperature)为地表、海洋或内陆水域上空 2m 处的空气温度(图 13-7)。2m 处的空气温度是通过在最低模型水平和地球表面之间的插值计算出来的,考虑了大气条件。空气温度一直是森林火灾发生和蔓延的重要因子之一。通常来说,空气温度升高,相对湿度下降,蒸腾作用增强,可燃物含水率下降,因此增加了可燃物的易燃性,同时一定程度增大了森林火灾发生的概率。

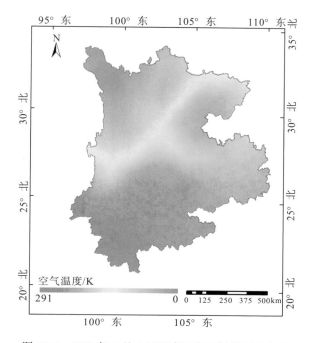

图 13-7　2018 年 1 月 1 日西南三省空气温度分布图

　　ERA-Interim 中提供的降雨量(Precipitation)是降落到地球表面的累计的液体和冻结的水,包括雨和雪。它是大规模降水(由大尺度天气模式产生的降水,如槽型和冷锋)和对流降水(由于低层大气中的空气比高层大气温度高、密度小,因此上升)的总和(图 13-8)。降水参数不包括雾、露或降落在地球表面之前在大气中蒸发的降水。这个参数是特定时间段内累计的总水量,它取决于提取的数据。降雨量的单位是深度,以 m 为单位。通常来讲降雨量增加,相对湿度增加,可燃物含水率升高,森林火灾风险降低。此外,除当日降雨量这一重要指标外,降雨对森林火灾的影响还与累计降雨量相关。换言之,即使植被有调节和适应能力,但如果长时间缺少降雨,则其可燃性会逐渐增加。

　　ERA-Interim 中提供的经(U)向和纬(V)向风速(Wind Speed)分别是在离地面 10m 的高度,以 m/s 为单位,向东方和北方移动的空气水平速度(图 13-9)。在将该参数与观测值进行比较时应谨慎,因为风的观测值在小的空间和时间尺度上变化,并且受当地地形、植被和建筑物的影响,而这些在 ECMWF 综合预报系统中只代表平均水平。两参数相结合可以算出水平 10m 风的速度。风在森林火灾的相关研究中主要被用来研究其对森林火灾的蔓延和传播方向、速率的影响。但由于其具有改变空气相对湿度和热量等作用，也被作为森林火灾诱发因子之一。

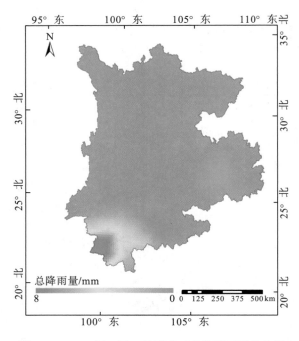

图 13-8　2018 年 1 月 1 日西南三省总降雨量分布图

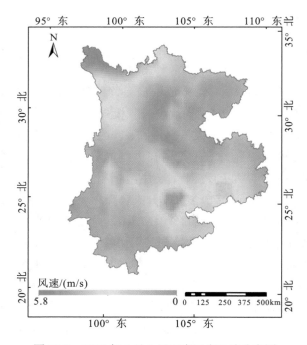

图 13-9　2018 年 1 月 1 日西南三省风速分布图

13.2.3 地形数据

地形诱发因子是静态变量,地形诱发因子对森林火灾的发生有着相对间接的影响,因为气候条件和植被状况都会受到地形条件的影响。例如,青藏高原和四川盆地植被种类必然不同,因此可燃物状态有很大差异。同时,即使海拔相近,其坡度和坡向又会使得植被的长势、局部气候状态有较大的差异。除此之外,地形还会潜在影响地理可达性、交通可达性,甚至人口分布和经济发展,因此会对火源、防火、救火有间接影响。

本书选择全球多分辨率地形高程数据 2010(Global Multi-Resolution Terrain Elevation Data 2010,GMTED2010)作为源数据提取或计算高程、坡度和坡向因子。GMTED2010是由美国国家地理空间情报局(National Geospatial-Intelligence Agency,NGA)联合 USGS 开发的数字高程模型[6,7],提供最高分空间分辨率为 7.5rad/s 的多个栅格高程产品。本书利用 ArcGIS 软件计算坡度和坡向信息。

高程(Elevation)指的是某点沿铅垂线方向到绝对基面的距离,又称绝对高程,属于地形中最基础的描述特征(图 13-10)。高程的差异会影响气候条件(如空气相对湿度、空气温度、降水量等)和植被状况(如可燃物种类、可燃物含水率和载荷量)。

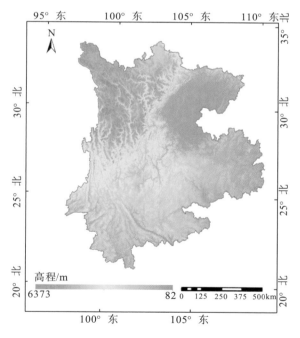

图 13-10 西南三省高程分布图

坡度(Slope)是指地表单元陡缓的程度(图 13-11)。坡度作为地形诱发因子之一主要是因其能够影响可燃物状态以及森林火灾蔓延速率。例如,在坡度陡峭的地区,土壤含水量必然低于平坦区域,降雨也更容易流失,可燃物含水率相对更低,必然会对森林火灾风险造成一定影响。此外,坡度与森林火灾的蔓延、传播也密切相关,因为火行为决定了森林火灾倾向于向上方向传播。对于生长在一定坡度上部的植被来说，随着下部森林火灾向上蔓延的趋势以及热气流的烘烤，相对火险概率会高于下部植被。

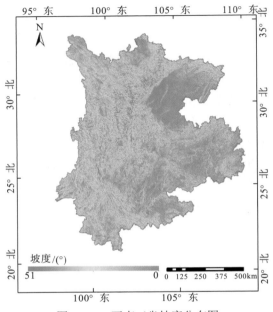

图 13-11　西南三省坡度分布图

　　坡向（Aspect）是指坡面法线在水平面上的投影的方向，范围为 0°～360°，而对于平坡（无坡向）本书在 Arcgis 中赋值为-1（图 13-12）。坡向对于山地生态有较大影响，包括日照时数和太阳辐射强度的差异，从而导致土壤、空气和植被状况的差异。对于北半球而言，辐射最多的坡向是南坡，最少的是北坡。

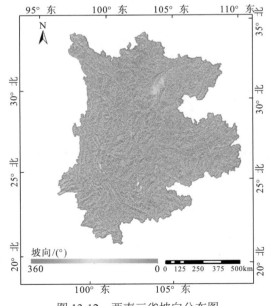

图 13-12　西南三省坡向分布图

13.2.4　火点参考信息数据

火点参考信息数据仍然通过 MODIS MCD64A1 火烧迹地产品(详见 2.2.4 节)提取,包括经纬度(Longitude and Latitude)、燃烧日期(Burn Date)、燃烧年份(Burn Year)。选择这 3 个火点参考信息作森林火灾诱发因子是因为它们能描述历史森林火灾点的空间位置和发生时间,对森林火灾和诱发因子间的复杂非线性关系起了补充描述的作用。

13.2.5　诱发因子提取

本书首先利用 3×3 的窗口来过滤潜在热异常监测点,数据清洗以提高使用的森林火灾数据质量。然后将剩下的火点像元通过燃烧日期的不确定性和质量控制进行进一步筛选。由于可燃物诱发因子的时间分辨率均为 8 天且可燃物在相对较短时间内的变化不会太大,因此本书提取的可燃物诱发因子为森林火灾发生时相的前一个时相。例如,森林火灾所在的时相为 t,所提取的可燃物诱发因子时相为 $t-1$,而提取的气象数据时相仍为 t,以此表示气象对森林火灾风险的相对实时影响。诱发因子及其详细信息见表 13-2。

表 13-2　森林火灾诱发因子及其详细信息表

森林火灾诱发因子类型	具体因子名称(英文简写或全称)	时间分辨率/d	空间分辨率/m
可燃物	8 天前可燃物含水率($LFMC_8$)	8	
	16 天前可燃物含水率($LFMC_{16}$)	8	
	可燃物含水率差值($LFMC_{diff}$)	8	
	叶面积指数(LAI)	8	
	可燃物类别(Fuel type)	—	
气象	空气温度(Temperature)	1	
	空气相对湿度(Relative Humidity)	1	
	风速(Wind Speed)	1	500
	降雨量(Precipitation)	1	
地形	高程(Elevation)	—	
	坡度(Slope)	—	
	坡向(Aspect)	—	
森林火灾参考信息	经度(Longitude)	—	
	纬度(Latitude)	—	
	燃烧日期(Burn Date)	—	
	燃烧年份(Burn Year)	—	

注:一表示该诱发因子为静态因子。

13.2.6 典型非火点信息提取

在本书中只存在火点和非火点两种状态，从分类角度上属于二分类。因此在建立森林火灾诱发因子数据库后，需要建立非火点的诱发因子对照数据库，用来让模型学习非火点的特征，以此提高模型对火点和非火点的分类能力。因此，为了提取更为典型的非火点特征，本书参考前人的研究[8]，利用基于球状模型的半变异函数和多时相遥感影像分别计算和考虑数据的空间、时间相关性并以此建立时空缓冲区，以此降低由人工设置半径大小的非普适性以及因地理位置不同的区域差异性并提高火点数据和非火点数据间的差异性。然后利用 13.2.5 节中提及的提取方法提取典型非火点在对应日期的各因子数值。

至此，完成了基于深度学习的森林火灾风险挖掘数据准备和预处理。

13.3 深度学习模型构建及其性能评价

13.3.1 深度学习模型构建

本章采用 TensorFlow 和 Keras 提供的序列(sequential)模型构建全连接网络，采用设置构造函数的参数对网络进行配置，通过改变编译参数对训练过程进行调整和优化，并调整拟合参数来确定训练轮数及训练批次等。上述样本中 70%作为训练样本利用构建的网络进行训练，并利用剩下的 30%样本作为验证样本评价模型性能。

TensorFlow 是一个基于数据流编程的符号数学系统，其前身是 DistBelief 神经网络数据库[9]。TensorFlow 具有多级结构，可以部署在各种服务器、PC 终端和 Web 页面上并且支持高性能数值计算，被广泛应用于各种机器学习算法的编程以及多个领域的科学研究中[9]。

Keras 是一个由 Python 编写的开源人工神经网络库，可以作为 TensorFlow 的高阶应用程序接口，进行深度学习模型的设计、调试、评估、应用和可视化。Keras 在代码结构上由面向对象方法编写，完全模块化并具有可扩展性，其运行机制和说明文档将用户体验和使用难度纳入考虑，并试图简化复杂算法的实现难度。Keras 支持现代人工智能领域的主流算法，包括前馈结构和递归结构的神经网络，也可以通过封装参与构建统计学习模型。在硬件和开发环境方面，Keras 支持多操作系统下的多 GPU 并行计算，可以根据后台设置转化为 TensorFlow 等系统下的组件。研究中所使用到的重要函数和参数见表 13-3。

本章研究是对森林火灾风险进行挖掘，一般而言，其值为 0～1；构建的森林火灾诱发因子数据库及其对照数据库提供的训练和验证样本决定了本章研究是一个二分类问题。通过数据输入模型判断其森林火灾风险的高低并给出数值。通过对神经网络的有效利用，可以在较高程度上解决二分类问题。本书通过 TensorFlow 和 Keras 提供的序列模型构建全连接网络，共设有 7 层网络。第一层设有 512 个节点，第二层设有 256 个节点，第三层设有 128 个节点，第四层设有 64 个节点，第五层设有 32 个节点，第六层设有 16 个节点，且第一层至第六层都设置一个输出节点，第七层只设置一个节点，并使用 sigmoid 激活函数，该函数将把 0～1 的所有值压缩成 sigmoid 曲线的形式，如图 13-13 所示。其余层同样使用 sigmoid 作为激活函数。使用一个输出单元，因为对于每一组输入该模型都将输出一个预测概率。如果其值高则表示其火灾风险高，反之则表示其火灾风险低。使用 rmsprop 作为该网络的优化器(optimizer)，使用二分类最常用的 binary_crossentropy 作为损失函数 (loss function)；该模型训练了 700 个时期(epochs)，批大小(batch_size)为 512。

表 13-3　深度学习模型构建中的重要函数和参数介绍表

函数/参数	用途/用法
activation	设置层的激活函数。此参数由内置函数的名称或可调用对象指定
kernel_initialize bias_initializer	设置层创建时，权重和偏差的初始化方法
kernel_regularizer bias_regularizer	设置层权重、偏差的正则化方法
optimizer	训练过程的优化方法
loss	训练过程中使用的损失函数(通过最小化损失函数来训练模型)
epochs	训练多少轮(小批量)
batch_size	当传递 NumPy 数据时，模型将数据分成较小的批次，并在训练期间迭代这些批次。此整数指定每个批次的大小
validation_data	监控其在某些验证数据上的性能

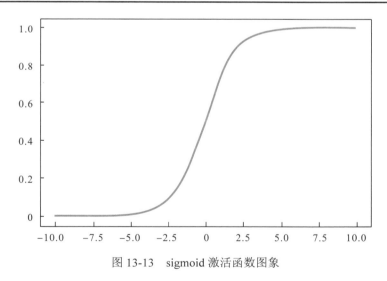

图 13-13　sigmoid 激活函数图象

13.3.2　模型性能评价指标

采用准确率(Accuracy)、ROC 曲线下面积(AUC)作为深度学习模型性能的评价指标。

准确率是指模型预测正确的结果所占的比例，是一个用于评估分类模型的指标，其定义如下：

$$准确率 = \frac{预测正确的数量}{预测总量} \tag{13-5}$$

此外，也可以利用正类别和负类别按如下方式计算准确率：

$$Accuracy = \frac{TP+TN}{TP+TN+FP+FN} \tag{13-6}$$

式中，TP 为真正例；TN 为真负例；FP 为假正例；FN 为假负例。

ROC 曲线通过绘制真正例率（TPR）和假正例率（FPR）两个参数来表示分类模型在所有分类阈值下的效果，TPR 和 FPR 的计算公式见式(13-7)和式(13-8)。ROC 曲线用于绘制采用不同分类阈值时的 TPR 与 FPR。降低分类阈值会导致将更多样本归为正类别，从而增加假正例和真正例的个数。

$$TPR = \frac{TP}{TP+FN} \tag{13-7}$$

$$FPR = \frac{FP}{FP+TN} \tag{13-8}$$

图 13-14 显示了一条典型的 ROC 曲线。ROC 曲线中的一条曲线显示了不同分类阈值下的 TPR 与 EPR。

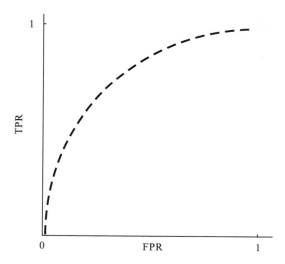

图 13-14　不同分类阈值下的 TPR 与 FPR 以及 ROC 曲线示意图

AUC 表示"ROC 曲线下面积"，是指曲线下面积测量的是从 $(0,0)$ 到 $(1,1)$ 整个 ROC 曲线以下的整个二维面积（图 13-15）。曲线下面积的尺度不变以及曲线下面积的分类阈值不变使得 AUC 较为实用，因为其测量的是预测的排名情况，而不是测量其绝对值，以及测量模型预测的质量，而不考虑所选的分类阈值。

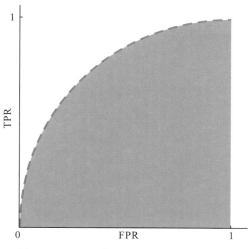

图 13-15　ROC 曲线下面积（AUC）示意图

13.3.3　模型性能评价结果

　　经过多次训练并反复调度优化学习模型的结构，图 13-6～图 13-8 为训练样本和验证样本对优化后的模型的历史性能评价结果，验证精度均在 Epochs 等于 500 左右时饱和。图 13-16 显示的是随着 Epochs 的增加，训练 AUC 精度和验证 AUC 精度变化图，数值越大表示性能越好。其中训练 AUC 精度最高接近 0.95，验证 AUC 精度最高为 0.92。图 13-17 显示的是随着 Epochs 的增加，训练 Accuracy 精度和验证 Accuracy 精度变化图，数值越大表示性能越好。其中训练 Accuracy 精度最高接近 0.89，验证 Accuracy 精度最高为 0.87。图 13-18 显示的是随着 Epochs 的增加，训练 Loss 和验证 Loss 变化图，在一定程度上数值越小意味着模型性能越好。其中训练 Loss 最低低于 0.28，验证 Loss 最低为 0.30。

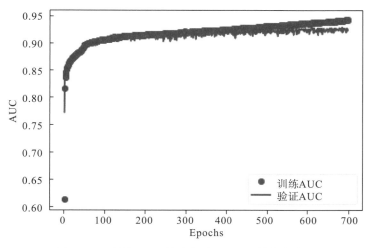

图 13-16　训练 AUC 精度和验证 AUC 精度变化图

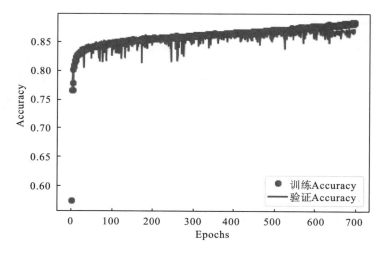

图 13-17　训练 Accuracy 精度及验证 Accuracy 精度变化图

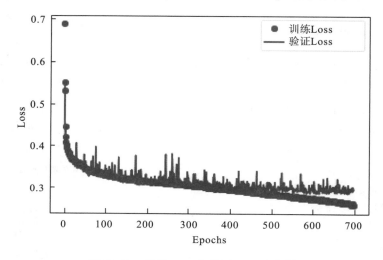

图 13-18　训练 Loss 和验证 Loss 变化图

13.3.4　基于 Logistic 回归模型的森林火灾风险挖掘

　　Logistic 回归模型是二分类问题和火灾风险评估最常用的模型，被选择作为研究区森林火灾风险挖掘的传统方法模型与构建的深度学习模型进行比较。本节参考前人的研究，通过对训练数据进行预处理（相关性分析和显著性差异分析）降低因子间冗余及区分度较差的因子，并通过离散变量处理和模型迭代构建森林火灾风险挖掘模型，最后利用 ROC 和 AUC 对模型性能进行了评价[8]。图 13-19 是利用 ROC 对基于 Logistic 回归模型的西南三省森林火灾风险挖掘的性能进行评估，其 AUC 值为 0.87，略低于上述深度学习模型对火灾风险挖掘的性能。

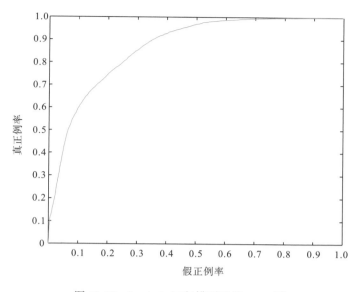

图 13-19　Logistic 回归模型训练 ROC 图

13.4　西南三省森林火灾风险时空挖掘

　　将优化后的模型保留,同时将西南三省区域 2018 年 1 月 1 日的各可燃物诱发因子、气象诱发因子、地形诱发因子和森林火灾参考信息因子(详见 13.2 节)逐项元输入模型中。利用矩阵运算提高计算速度并以栅格形式逐像元输出森林火灾风险评估数值。图 13-20 为 2018 年 1 月 1 日西南三省森林火灾风险分布图。

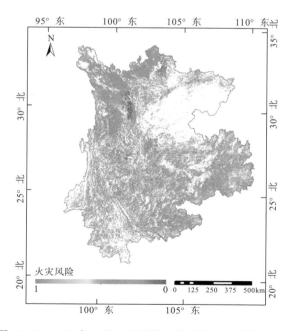

图 13-20　2018 年 1 月 1 日西南三省森林火灾风险分布图

主要参考文献

[1] Yebra M, Dennison P E, Chuvieco E, et al. A global review of remote sensing of live fuel moisture content for fire danger assessment: Moving towards operational products. Remote Sensing of Environment, 2013, 136(5): 455-468.

[2] Luo K, Quan X, He B, et al. Effects of live fuel moisture content on wildfire occurrence in Fire-Prone regions over Southwest China. Forests, 2019, 10(10): 887.

[3] Bao X, Zhang F. Evaluation of NCEP-CFSR, NCEP-NCAR, ERA-Interim, and ERA-40 reanalysis datasets against independent sounding observations over the Tibetan Plateau. Journal of Climate, 2013, 26(1): 206-214.

[4] Dee D P, Uppala S M, Simmons A J, et al. The ERA-Interim reanalysis: Configuration and performance of the data assimilation system. Quarterly Journal of the Royal Meteorological Society, 2011, 137(656): 553-597.

[5] Coulson K L. Characteristics of the radiation emerging from the top of a rayleigh atmosphere—Ⅰ: Intensity and polarization. Planetary & Space Science, 1959, 1(4): 277-284.

[6] Carabajal C C, Harding D J, Boy J P, et al. Evaluation of the Global Multi-Resolution Terrain Elevation Data 2010 (GMTED2010) using ICESat geodetic control. Proceedings of SPIE-The International Society for Optical Engineering, 2011.

[7] Djamel A, Achour H. External validation of the ASTER GDEM2, GMTED2010 and CGIAR-CSI- SRTM v4.1 free access digital elevation models (DEMs) in Tunisia and Algeria. Remote Sensing, 2014, 6(5): 4600-4620.

[8] 文崇波. 野火风险遥感评估方法及应用. 成都: 电子科技大学, 2019.

[9] Abadi M, Barham P, Chen J, et al. Tensorflow: A system for large-scale machine learning. 12th {USENIX} Symposium on Operating Systems Design and Implementation(OSDI 16)，2016: 265-283.

第14章　全球林火多发区域森林火险趋势分析

本书基于作者团队研发的全球森林火险指数(FDI)产品展开，FDI 产品基于全球植被冠层可燃物含水率、空气相对湿度、空气温度、累计降雨量、叶面积指数、坡度、坡向、高程、火烧迹地产品等与林火密切相关的多源遥感及气象数据产品并进一步分析了 2019～2020 年森林火险趋势变化，为森林防火提供科学数据支撑。

14.1　研究区概况

综合全球历史森林火灾分布、全球森林资源分布、森林火灾影响等多方因素后，遴选 5 个林火多发区域作为代表区域完成森林火险的趋势分析，分别是中国西南三省(四川省、云南省、贵州省)、澳大利亚北部(西澳大利亚州、北领地州和昆士兰州的北部地区)、欧洲南部(西班牙、葡萄牙、安道尔、意大利、希腊、马耳他、梵蒂冈、圣马力诺、斯洛文尼亚、克罗地亚、阿尔巴尼亚、罗马尼亚、保加利亚、塞尔维亚、黑山、北马其顿共和国和波黑)、非洲中部(安哥拉、赤道几内亚、加蓬、刚果共和国、刚果民主共和国、圣多美和普林西比)、美国西海岸(华盛顿州、俄勒冈州和加利福尼亚州)。历史上这些区域曾发生数起恶性森林火灾，如 2019 年 3 月 30 日四川省木里县森林火灾、2018 年 7 月 30 日希腊雅典森林火灾、2017 年 10 月 19 日美国加利福尼亚州森林火灾等，造成严重人员伤亡与财产损失，引发国际社会的广泛关注。

森林火灾已经成为澳大利亚北部稀树草原植被结构和功能的关键影响因素，其中干季持续高温，降雨量稀少，相对湿度较低，下层草地因缺乏水分而干枯易燃，再加上灌木和树木的凋落物，每年的可燃物积累量巨大。因此，澳大利亚北部火灾集中发生在干季。

欧洲南部地区属于典型的地中海气候，夏季炎热干燥，高温少雨，冬季温和多雨，年降水量集中于冬季，下半年降水量只占全年降水量的 20%～40%，因此每年夏季常发生森林火灾，如 2017 年 6 月 17 日葡萄牙大佩德罗冈森林火灾、2017 年 7 月 10 日意大利南部亚平宁森林火灾、2018 年 6 月 23 日希腊阿提卡森林火灾、2017 年 6 月 24 日和 2018 年 8 月 7 日西班牙皮内特和莫格尔森林火灾，频发的森林火灾给这些区域的自然环境带来了巨大的破坏。

非洲中部区域赤道附近为热带雨林气候，全年高温多雨，月平均气温为 25～28℃，年降水量可达 2000mm；赤道南北两边区域为热带草原气候，全年气温高，年平均气温约为 25℃，全年高温，呈明显的干季和湿季。由于该地区常遭受雷电袭击且具有适合的成火环境，使得火灾频发，被称为"火灾大陆"。

美国西海岸位于太平洋东岸，属于地中海气候，夏季炎热干燥、冬季温和多雨，最高气温出现在 8 月，降水主要集中在冬春两季。该地区全年火灾高发，其中夏季干燥的海洋季风通常伴随着灰尘，最易引发大规模的森林火灾，如 2015 年 7 月 31 日至 11 月 5 日加利福尼亚州弗雷斯诺森林火灾、2017 年 10 月 8~31 日北加利福尼亚州森林火灾、2018 年 11 月加利福尼亚州巴特森林火灾。其中 2018 年 11 月加利福尼亚州巴特森林火灾是迄今为止加州历史上最致命、最具破坏性的火灾。

中国西南三省概况参见 13.1 节。

中国西南三省、欧洲南部、美国西海岸 3 个区域以天文学时间(春分，3 月 21 日；夏至，6 月 22 日；秋分，9 月 23 日；冬至，12 月 21 日)划分四季：3 月 21 日至 6 月 21 日(北半球春季)，6 月 22 日至 9 月 22 日(北半球夏季)，9 月 23 日至 12 月 21 日(北半球秋季)，12 月 22 日至 3 月 20 日(北半球冬季)；按照近 100 年来北领地州达尔文地区月均降水量，将澳大利亚北部季节划分为早期干季(5~7 月)、晚期干季(8~10 月)、早期湿季(11 月至次年 1 月)和晚期湿季(2~4 月)；非洲中部(与澳大利亚北部类似)按照 5~7 月(早期干季)、8~10 月(晚期干季)、11 月至次年 1 月(早期雨季)、2~4 月(晚期雨季)划分。

14.2   ARIMA 时间序列预测模型介绍

本书基于 2000~2018 年的全球森林火险指数，对同一像元在 2000~2018 年的 FDI 进行时间序列模型建模，并进一步预测 2019~2020 年森林火险趋势。这符合 ARIMA 模型的基本思想[1]，即根据序列的过去值及现在值对序列的未来值进行预测。ARIMA 模型全称为自回归滑动平均模型(autoregressive integrated moving average model)，记为 ARIMA(p, d, q)。其中 AR 为"自回归"，p 为自回归系数；MA 为"滑动平均"，q 为滑动平均项数，d 为差分次数(阶数)，表达形式如下：

$$\varepsilon_1 = c + \phi_1\varepsilon_{t-1} + \phi_2\varepsilon_{t-2} + \ldots + \phi_p\varepsilon_{t-p} + \mu_1 + \theta_1\mu_{t-1} + \theta_2\mu_{t-2} + \ldots + \theta_q\mu_{t-q} \quad (14\text{-}1)$$

式中，ε_1 表示平稳序列；c 表示回归系数；μ_1 表示残差白噪声序列；ϕ_i, θ_j (i=1, 2, $\cdots$, p; j=1, 2, $\cdots$, q)分别是 ε_1 和 μ_1 的参数。

传统利用 ARIMA 模型进行时间序列分析和预测一般包含 6 个步骤，分别是时间序列的获取、时间序列的预处理(平稳性检验和白噪声检验)、模型识别(选择与给出的时间序列过程相吻合的模型)、模型定阶、参数估计和模型验证。然而由于研究区覆盖范围大，所包含的需要预测的像元极多，因此逐像元地对 2000~2018 年的 FDI 进行处理、识别、定阶和估计是不现实的。因此本书研究采用 R 语言 forecast 包中的 auto.arima 函数进行森林火灾风险的预测[2]。auto.arima 函数是将 ARIMA 模型应用于单变量时间序列的快速且集成的函数，能在提供的约束条件内对可能的模型进行搜索，并根据 AIC、AICc 或 BIC 值返回最佳 ARIMA 模型，从而实现上述 6 个步骤的自动处理。

14.3 森林火险趋势分析及验证

基于 2001～2018 年 FDI 产品（时间分辨率：8 天；空间分辨率：500m），利用 ARIMA 时间序列预测模型实现了基于像素尺度的上述 5 个森林火灾多发区域 2019～2020 年森林火险未来趋势的预测。

14.3.1 中国西南三省

图 14-1 显示的是 2001～2018 年中国西南三省森林火险历史平均变化与 2019～2020 年的趋势平均变化。从图 14-1 以及全年的统计可以看出，2005 年、2010 年、2012 年、2014 年这 4 年森林火险相对较高，而 2017 年森林火险相对较低。此外，从 12 月开始到次年 5 月中国西南三省森林火险处于相对较高的阶段，以 2～4 月为最高，而 6～11 月森林火险较低。通过提取该地区 4 个季节森林火险情况（图 14-2）可以看出，2001～2018 年西南三省春季森林火险相较于其他 3 个季节处于最高水平，火险状态变化较为平稳，春季的高森林火险与现有火灾事件的发生时间相吻合；冬季森林火险次之且有缓慢下降的趋势，该现象反映潜在的冬季火险在持续降低，将会对维持该地区的生态安全及保障民众生命财产安全起到积极的作用，但仍需警惕如 2019～2020 年火灾季的火险激增可能；夏秋两季火险状态呈现平稳，森林火险较低（$p > 0.05$）。

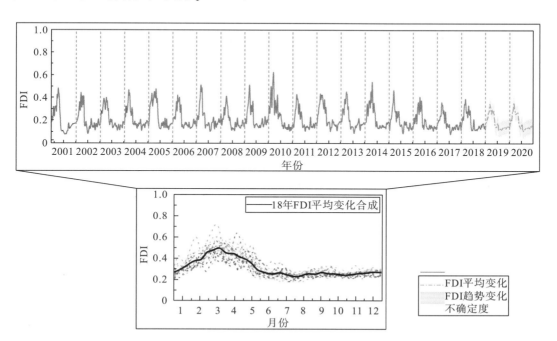

图 14-1 2001～2018 年中国西南三省森林火险历史平均变化与 2019～2020 年趋势平均变化

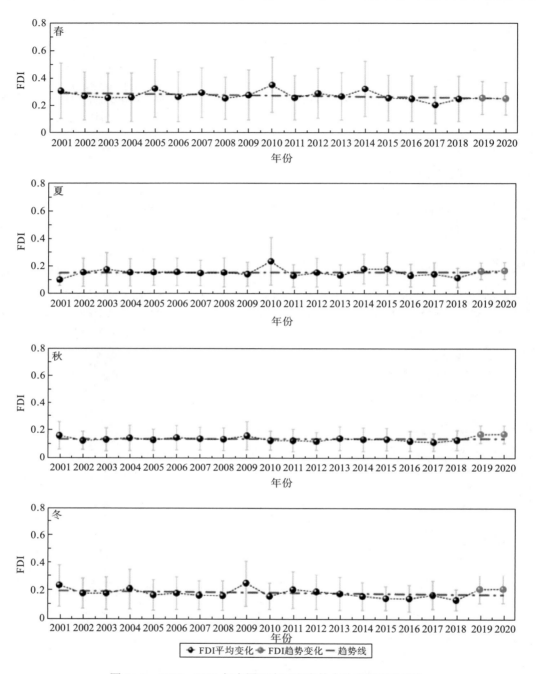

图 14-2　2001～2020 年中国西南三省森林火险四季平均变化

利用 ARIMA 时间序列预测模型对 2020 年西南三省森林火险的预测结果按季节空间制图，得到如图 14-3 所示的结果。其中红色越深表示森林火险越高，蓝色相反。至 2020年(图 14-3)，冬春季仍是中国西南三省森林火险较高的时期，需要重点关注。

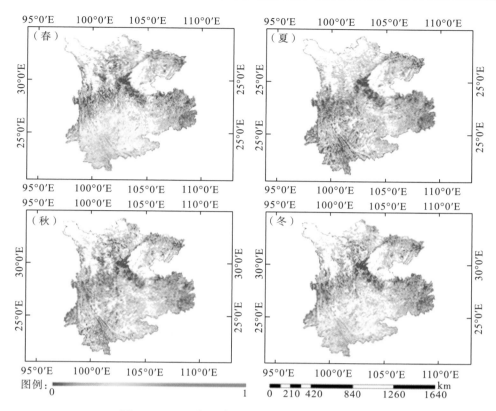

图例:
0 ————————————— 1

0　210　420　　840　　1260　1640 km

图 14-3　2020 年西南三省森林火险趋势空间分布

14.3.2　澳大利亚北部

图 14-4 显示的是澳大利亚北部 2001～2018 年以来的森林火险历史平均变化以及 2019～2020 年趋势平均变化,相较于中国西南三省森林火险,澳大利亚北部森林火险程度从空间分布来看普遍较高。从图 14-4 以及全年的统计可以看出,2002 年、2003 年、2005 年和 2015 年火险相对最高,2001 年火险相对最低。此外,澳大利亚北部森林火险在 2～6 月相对平稳且较低,7～8 月森林火险迅速攀升,9 月至次年 1 月为火灾高发时节,1 月之后森林火险逐步降低。图 14-5 为对应于图 14-4 的森林火险按季节合成结果。可以看出,澳大利亚北部森林火险在晚期干季处于相对最高水平,而在晚期湿季处于相对最低水平;森林火险在早期湿季与早期干季时介于上述两个时段之间。此外,从趋势角度来看,澳大利亚北部的森林火险在湿季和干季均呈现平稳的趋势,无明显变化($p > 0.05$)。

利用 ARIMA 时间序列预测模型对 2020 年澳大利亚北部森林火险的预测结果按季节空间制图,得到如图 14-6 所示的结果。其中红色越深表示森林火险越高,蓝色相反。至 2020 年(图 14-6),晚期干季仍是澳大利亚北部森林火险较高的时期,需要重点关注,早期干季的森林火险相对次之,而整个湿季阶段的森林火险都处于较低水平。

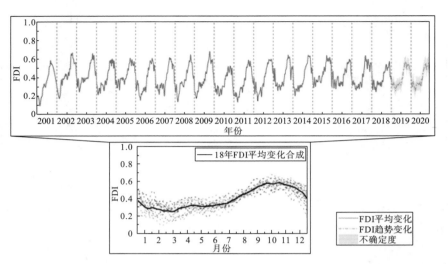

图 14-4　2001～2018 年澳大利亚北部森林火险平均变化及 2019～2020 年平均趋势变化

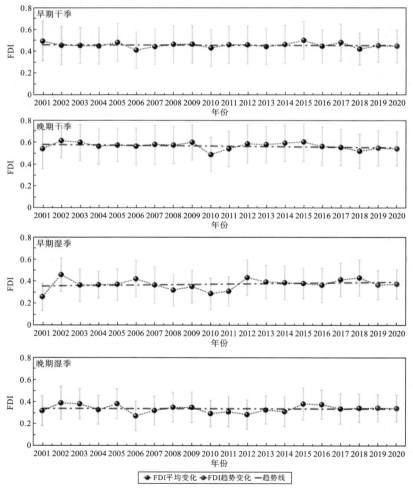

图 14-5　2001～2020 年澳大利亚北部森林火险季节变化情况

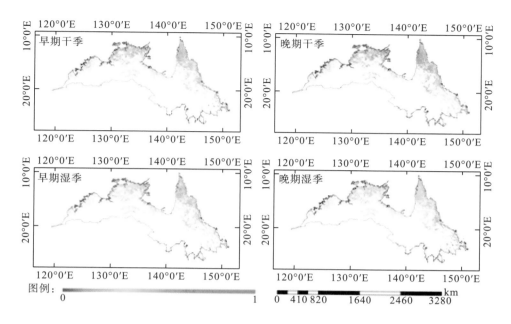

图 14-6　2020 年澳大利亚北部森林火险趋势空间分布

14.3.3　欧洲南部

图 14-7 显示的是 2001~2018 年欧洲南部森林火险历史平均变化及其 2019~2020 年
的趋势平均变化。从图 14-7 以及全年的统计可以看出，欧洲南部森林火险相对最高的年
份发生在 2001 年、2003 年、2009 年、2012 年、2015 年和 2017 年，而森林火险相对较低

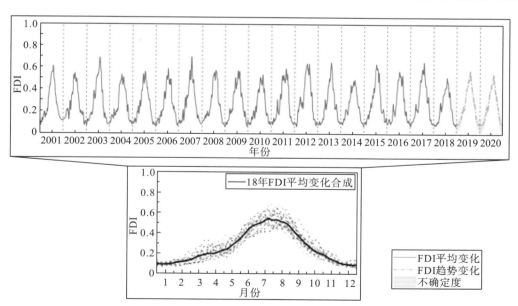

图 14-7　2001~2018 年欧洲南部森林火险历史平均变化及其 2019~2020 年平均趋势变化

的年份是 2010 年、2014 年和 2018 年；该区域 6~9 月为火灾高发季节，10 月至次年 5 月森林火险相对较低。通过提取该地区 4 个季节森林火险情况（图 14-8）可以看出，欧洲南部春夏两季森林火险明显高于秋冬两季，且以夏季森林火灾风险最高，而 4 个季节森林火灾风险没有明显的变化趋势（$p > 0.05$）。

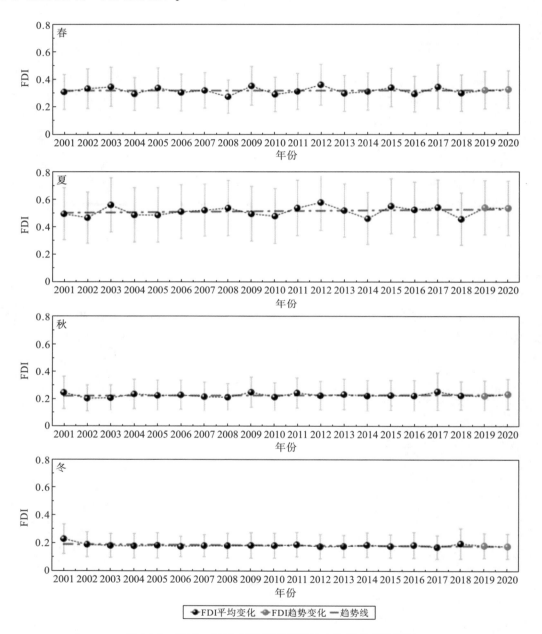

图 14-8　2001~2020 年欧洲南部森林火险四季变化情况

利用 ARIMA 时间序列预测模型对 2020 年欧洲南部森林火险的预测结果按季节制图，得到如图 14-9 所示的结果。其中，红色越深表示森林火险越高，蓝色相反。由图 14-9 可知，

2020 年欧洲南部冬季森林火险整体低，夏季森林火险整体较高，其中以西班牙中部、意大利北部以及希腊南部等区域尤甚，春秋两季森林火险介于两者之间。

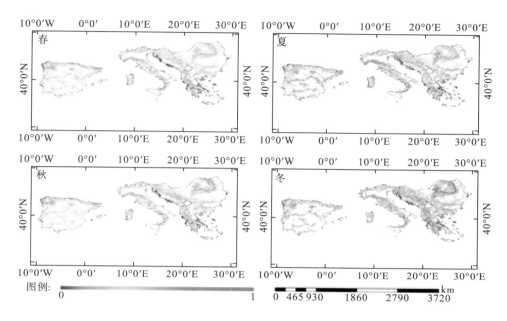

图 14-9　2020 年欧洲南部森林火险趋势空间分布

14.3.4　非洲中部

图 14-10 显示的是 2001～2018 年非洲中部森林火险历史平均变化及其 2019～2020 年的趋势平均变化。从图 14-10 以及全年的统计可以看出，该地区常年处于高火险状态；从

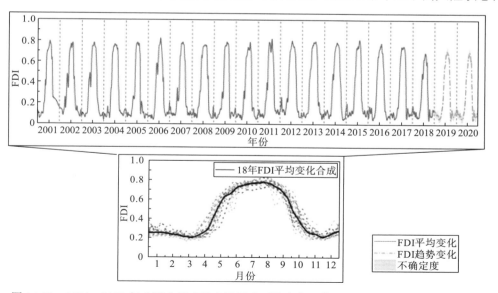

图 14-10　2001～2018 年非洲中部森林火险历史平均变化及其 2019～2020 年平均趋势变化

月份变化来看，4～6 月非洲中部森林火险显著升高，7～8 月森林火险最高，9 月之后森林火险降低。通过提取该地区 4 个季节森林火险情况(图 14-11)可以看出，与澳大利亚北部相同，该地区森林火险在晚期干季处于相对最高水平且并未呈现出明显的变化趋势(p＞0.05)，在早期干季处于相对较低水平且呈现进一步下降的趋势(p＜0.05)，湿季火险水平介于上述两时段之间且趋势相对稳定(p＞0.05)。

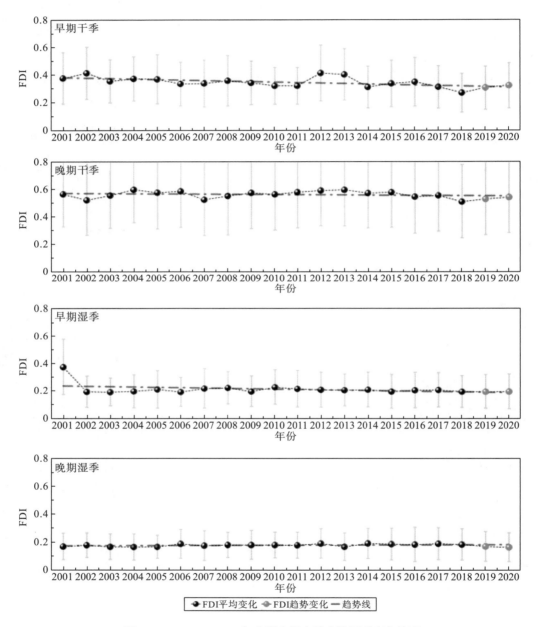

图 14-11　2001～2018 年非洲中部森林火险四季变化情况

　　利用 ARIMA 时间序列预测模型对 2020 年非洲中部地区森林火险的预测结果按季节空间制图，得到如图 14-12 所示的结果。其中红色越深表示森林火险越高，蓝色相反。至 2020 年，晚期干季仍是非洲中部地区森林火险最高的时段，从该地区森林火险总体的空间分布来看，刚果民主共和国南部和安哥拉等国家和地区的防火及管理需要重视。

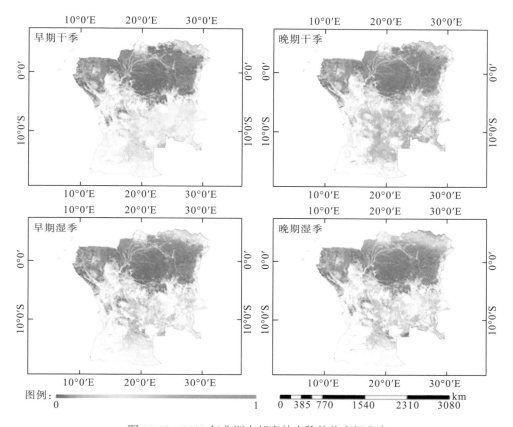

图 14-12　2020 年非洲中部森林火险趋势空间分布

14.3.5　美国西海岸

　　图 14-13 显示的是 2001～2018 年美国西海岸森林火险历史平均变化及其 2019～2020 年的趋势平均变化。从图 14-13 以及全年的统计可以看出，对于森林火险年际变化，2002 年、2012 年、2014 年以及 2015 年美国西海岸森林火险相对高于历年平均情况，2018 年森林火险相对较低。此外，虽然该区域森林火险从月份分布来看与欧洲南部相似，但全年总体森林火险较高，其中 6～9 月尤甚。通过提取该地区 4 个季节森林火险情况(图 14-14)也可以看出，美国西海岸夏季森林火险最高，同时森林火险总体呈轻微下降的趋势($p < 0.05$)，但需要注意的是其夏季森林火险程度仍维持在高发状态。

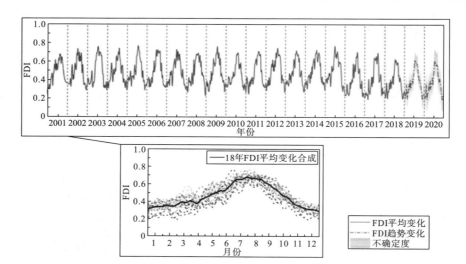

图 14-13　2001～2018 年美国西海岸森林火险历史平均变化及其 2019～2020 年平均趋势变化

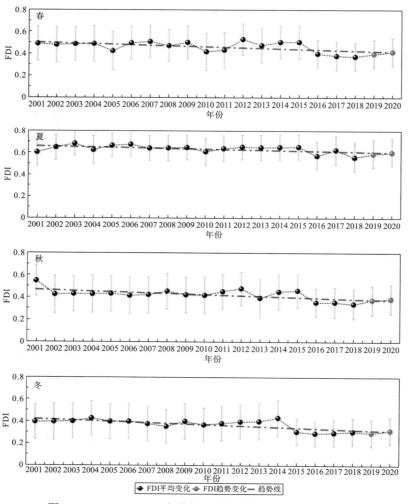

图 14-14　2001～2020 年美国西海岸森林火险四季变化情况

　　利用 ARIMA 时间序列预测模型对 2020 年美国西海岸地区森林火险的预测结果按季节空间制图，得到如图 14-15 所示的结果。其中红色越深表示森林火险越高，蓝色相反。从图 14-15 可以看出，该地区 2020 年森林火险趋势仍然保持在一个相对较高的水平，特别是夏季。该地区森林资源多、覆盖面积广，需要注意夏季干燥的海洋季风以及随之带来的灰尘导致大规模森林火灾发生的可能。

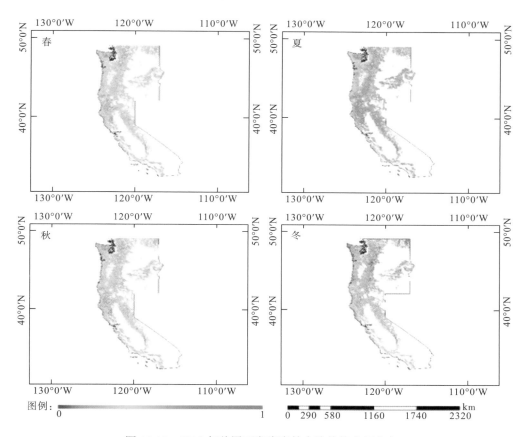

图 14-15　2020 年美国西海岸森林火险趋势空间分布

14.3.6　森林火险趋势验证

　　为了验证森林火险趋势预测的精度，本节采用 2019 年的实际林地火灾数据来进行验证（截至 2020 年 5 月 4 日，本书采用的 MODIS MCD64A1 火烧迹地产品只更新至 2020 年 2 月，因此 2020 年的森林火险趋势预测精度验证将在后续补充完善）。各林火多发区域的实际林地火灾数据的选择规则和验证方法如下：首先，根据 2001～2018 年各林火多发区域森林火险历史平均变化确定选择林地火灾数据的月份，即中国西南三省选择 2019 年 3 月，澳大利亚北部选择 2019 年 10 月，欧洲南部选择 2019 年 7 月，非洲中部选择 2019 年 6 月，美国西海岸 2019 年 7 月；然后提取各林地多发区域所选实际林地火灾数据所在像元的经纬度（使用 MODIS MCD64A1 火烧迹地产品和 MCD12Q1 土地覆盖 2018 年产品进行筛选和提取），再提取所在像元经纬度前半年的所有森林火险值；最后取半年内每个时相的森林火险值中值(去除空值和 0 后)作为实际林地火灾在该时相的整体森林火险表征，以定性和定量结合的方式对森林火险趋势进行验证。

通过 MODIS MCD12Q1 土地覆盖 2018 年产品筛选各林火多发区域的林地火灾后得到中国西南三省 19 个像元、澳大利亚北部 79 个像元、欧洲南部 93 个像元、非洲中部 57781 个像元、美国西海岸 277 个像元。由于部分地区样本量少且去除空值后样本不均，本节出图时使用小波去噪提取森林火险变化的重要信息。

图 14-16 为 2019 年中国西南三省森林火险趋势验证图，其森林火灾风险从 2018 年 9 月开始逐渐上升到 2018 年 11 月的接近 0.3，随后又开始逐渐下降到 2019 年 2 月的不到 0.1，其中 2019 年 1 月和 2 月两个预测月中整体较低,推测是由于其样本量过少造成的数据偏差。

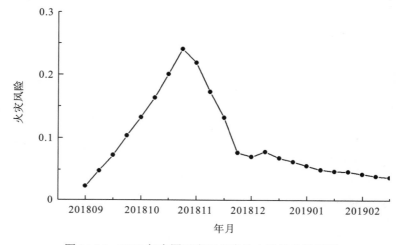

图 14-16　2019 年中国西南三省森林火险趋势验证图

图 14-17 为 2019 年澳大利亚北部森林火险趋势验证图，其森林火灾风险从 2019 年 4 月的 0.24 左右逐渐上升到 2019 年 9 月的接近 0.30。

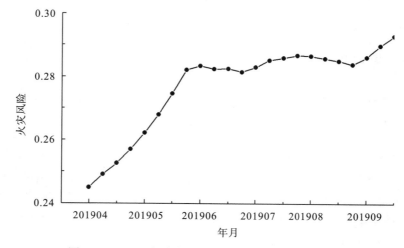

图 14-17　2019 年澳大利亚北部森林火险趋势验证图

图 14-18 为 2019 年欧洲南部森林火险趋势验证图,其森林火灾风险从 2019 年 2 月起便维持在一个较高的水平,并从 0.33 逐渐上升到 2019 年 5 月的最高值 0.65,虽然在 2019 年 6 月显现出一个下降的趋势,但总体仍维持在一个较高的水平。

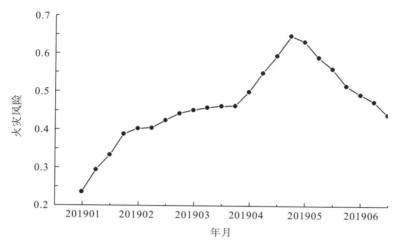

图 14-18　2019 年欧洲南部森林火险趋势验证图

图 14-19 为 2019 年非洲中部森林火险趋势验证图,其森林火灾风险从 2019 年 1 月的最低值 0.02 左右逐渐上升到 2019 年 5 月的最高值 0.79。同样在 2019 年 5 月中下旬开始呈现出一个下降的趋势,但总体仍维持在一个高火险水平。

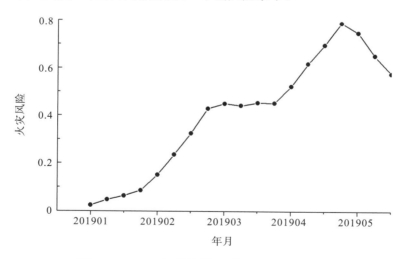

图 14-19　2019 年非洲中部森林火险趋势验证图

图 14-20 为 2019 年美国西海岸森林火险趋势验证图,其森林火灾风险从 2019 年 1 月的不到 0.1 逐渐上升到 2019 年 5 月的 0.41,2019 年 6 月呈现小幅下降,但全月火灾风险仍然处于较高水平。

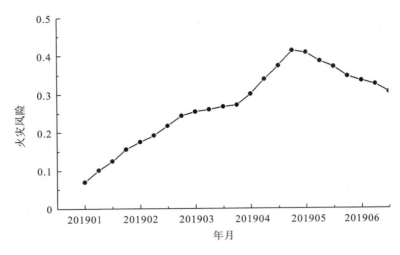

图 14-20　2019 年美国西海岸森林火险趋势验证图

通过 2001~2018 年森林火险历史平均变化确定选择各林火多发区域林地火灾数据的月份,再将其前半年内每个时相的森林火险值中值作为实际林地火灾在该时相的整体森林火险表征,以定性和定量结合的方式对森林火险趋势进行验证,结果显示长时间序列预测在较长步长内显示出较大的差异性,其主要受样本数据的数量、质量以及预测步长影响,总体来说,在样本充足、数据质量较高以及相对短期内预测的情况下,基于单像素长时间序列的森林火灾风险预测对于区域森林火灾风险的整体把握具有一定的预测意义和指导作用。

主要参考文献

[1] 虞安, 王忠. 基于 ARIMA 模型与时间序列的城市旅游倾向预测. 统计与决策, 2014,13: 86-89.

[2] Lê S, Josse J, Husson F. FactoMineR: an R package for multivariate analysis. Journal of Statistical Software, 2008, 25: 1-18.

第五部分　基于静止卫星的野火火点检测与蔓延速率提取方法

本部分主要针对传统的野火蔓延速率模型难以实现大区域近实时的野火蔓延速率估算的缺点，基于目前新一代的地球同步卫星数据(以 Himawari-8 数据为例)特点开发出新的基于遥感数据的野火蔓延速率提取方法，同时应用在野火实例中评价新方法的效果。主要研究内容如下：一是将常用的基于空间信息和时间信息的野火火点检测算法应用到研究的野火实例中，选择合适研究区的野火火点检测算法，为后面野火蔓延速率提取方法的建立提供基础数据；二是基于火点数据的特点以及野火传播理论，建立简单高效的野火蔓延速率提取方法，并通过野火实例检测方法的有效性；三是以野火实例为基础，探讨提出的方法中输入参数对于野火蔓延速率提取的影响，同时分析提取的野火蔓延速率与其他遥感信息之间的关系，为未来的野火蔓延速率预测提供建议和依据。为了完成上述研究内容，本书选取 Himawari-8 地球同步轨道卫星数据为研究对象，以 2015 年发生在澳大利亚的一场野火为研究实例，结合野火火点检测算法及野火蔓延理论，建立了一种快速高效的地球同步轨道卫星遥感数据近实时野火蔓延速率提取方法。

主要技术流程如下图所示，主要研究思路如下。

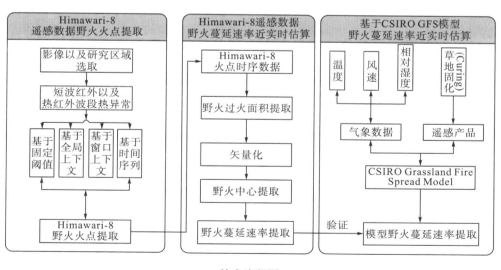

技术流程图

(1)近实时野火火点检测。为了给野火蔓延速率提取提供基础数据，在对国内外野火火点检测算法进行深入调研的前提下，本书选择了 4 种不同算法在 Himawari-8 数据的基础上进行野火火点的近实时检测，分为基于固定阈值的方法、基于全局上下文的方法、基于窗口上下文的方法以及基于时间序列的方法。基于前人的研究，调整设置符合研究区的参数。最后使用 MODIS 的野火火点产品对不同算法得到的火点精度做了比较评价。同时，Himawari-8 的测试版二级野火火点(WLF)产品的质量也一同被评估。

(2) 建立近实时野火蔓延速率提取方法。基于检测到的野火火点数据特征以及野火传播惠更斯理论。首先将野火火点数据进行累计获得野火过火面积数据。为了定量地表征野火任意时刻的分布，本书提出了野火中心的概念。野火中心通过提取过火面积的质心得到。然后通过计算野火中心的移动速率和方向来表征野火的传播速率及方向。

(3) 野火蔓延速率提取方法应用及分析。为了验证提出的新方法的有效性，根据数据获取的难易程度，选择澳大利亚的一场草地野火作为验证实例，其中验证数据来自澳大利亚草地野火经验传播模型。将不同的野火火点检测算法得到的火点数据和 WLF 野火数据输入到提出的新方法中。评估了输入数据(野火火点数据)以及参数(野火火点累计时间)的不同对于提出的新方法的性能的影响。基于最优的参数，从 Himawari-8 中提取近实时野火速率，将其与从遥感数据中提取的植被地形参数进行相关性分析，为野火速率的预测提供依据。

第15章 研究区概况及数据处理

15.1 研究区概况

本次研究区域位于澳大利亚西部的 Goldfields-Esperance 区域（121°20′00″～122°35′00″E，32°40′00″～34°55′00″S），位于西澳大利亚州南印度洋海岸附近。该地区属于典型的地中海气候，在每年的 10 月到次年的 3 月温度非常高。研究区域的月平均降水量为 18.9～97.0mm，平均午后相对湿度约为 58％。Goldfields-Esperance 地势平坦，平均海拔为 10.8m。太平洋与印度洋温暖水域强烈的厄尔尼诺-南方涛动事件增加了西澳大利亚州 2015～2016 年野火季节持续时间，特别是 Goldfields-Esperance 地区，由于高燃料负荷而具有野火高发风险。2015 年 11 月 15～26 日，Goldfields-Esperance 地区发生了非常严重的野火，包括两次重大野火（Cascades 和 Merivale）和一场复杂野火（Cape Arid），Cascades 地区燃烧面积为 128000hm²（320000 英亩），Merivale 地区燃烧面积为 18000hm²（44000 英亩），Cape Arid 地区燃烧面积为 164000hm²（410000 英亩）。野火烧毁了农作物、灌木和草地，导致 4 人死亡，设施严重受损。

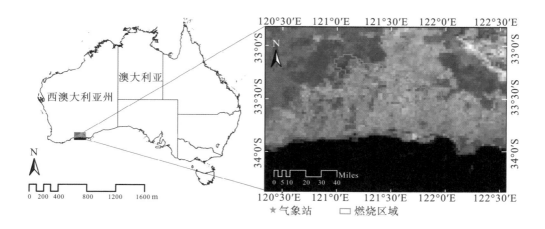

图 15-1　研究区的位置

注：背景是在澳大利亚西部标准时间 2015 年 11 月 17 日上午 9:30 获取的 Himawari-8 伪彩色合成图像

（RGB 对应于波段 6、4 和 3）。

15.2　遥感数据及预处理

15.2.1　Himawari-8 数据

Himawari-8 是日本宇航局（Japan Aerospace Exploration Agency，JAXA）以及日本气象局（Japan Meteorological Agency，JMA）联合设计和制造的新一代地球静止气象卫星，是多功能运输卫星（Multi-functional Transport Satellite，MTSAT）系列的最新卫星[1]。Himawari-8 卫星于 2014 年 10 月 17 日发射，并于 2015 年 7 月 7 日开始提供数据。

Himawari-8 卫星携带的高级可视化红外成像仪（advanced himawari imager，AHI）有 16 个观测波段，分布在可见光（3 个波段）、近红外（3 个波段）和热红外（10 个波段）范围内，各波段的光谱响应函数如图 15-2 所示，与之对应波段的具体信息和用途见表 15-1。与前几代卫星相比，Himawari-8 在光谱、时间和辐射分辨率上都有了很大的提高，其中卫星的重访周期提升至 0.5～10min，不同波段的空间分辨率也提升至 0.5～2km。Himawari-8 卫星可以组合来自 3 个可见波段的数据，快速地获取真彩色图像。Himawari-8 卫星的观测中心位于 140.7°E，其观测模式有 5 种（图 15-3）：全圆盘模式、日本区域模式（日本东北部

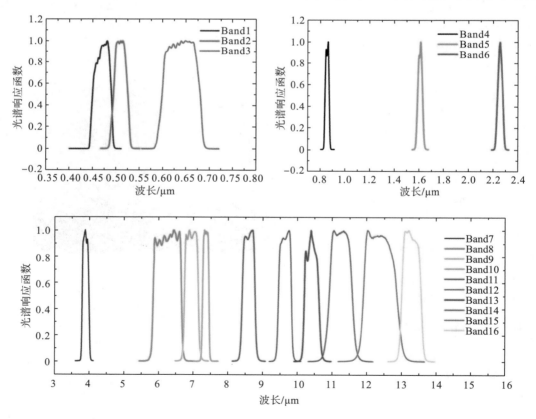

图 15-2　Himawari-8 数据各波段的响应函数[4]

表 15-1　Himawari-8 数据各波段的具体信息和用途[4]

波段号	中心波长/μm	波段宽度/μm	卫星下点分辨率/km	检测目标
1	0.455	50	1.0	气溶胶，海岸线
2	0.510	20	2.0	绿波段
3*	0.645	30	0.5	植被，野火，气溶胶，风
4*	0.860	20	1.0	卷云
5	1.610	20	2.0	云顶相位，粒子，雪
6*	2.260	20	2.0	地表，云，粒子，植被，雪
7*	3.850	220	2.0	地表，云，雾，野火，风
8	6.250	370	2.0	顶层大气水汽，风，降雨
9	6.950	120	2.0	中层大气水汽，风，降雨
10	7.350	170	2.0	低层水蒸气，风，二氧化硫
11	8.600	320	2.0	水，云，灰尘，二氧化硫，降雨
12	9.630	180	2.0	臭氧，气流，风
13	10.450	300	2.0	地表，云
14*	11.200	200	2.0	海平面温度，云，野火，降雨
15*	12.350	300	2.0	水、灰烬、海平面温度
16	13.300	200	2.0	气温、云高和云量检测

注：*本书中用到的波段。

和日本西南部）、目标区域模式(热带气旋目标区)和地标区域模式。全圆盘模式和日本区域模式的扫描范围是固定的，而目标区域模式和两个地标区域模式的扫描范围是灵活的，可以根据气象条件迅速改变。全圆盘模式的观测频次为 10min 一景，日本区域模式和目标区域模式的观测频次为 2.5min 一景，而地标区域模式的观测频次高达 0.5min 一景。因为卫星在每天世界标准时间(Coordinated Universal Time，UTC)的 02:40 和 14:40 需要维护，因此每天全圆盘模式下可以拍摄 144 景图像。此外，Himawari-8 卫星也具有良好的定位精度，可见光和近红外波段定位精度达到 0.5 像素[2,3]。

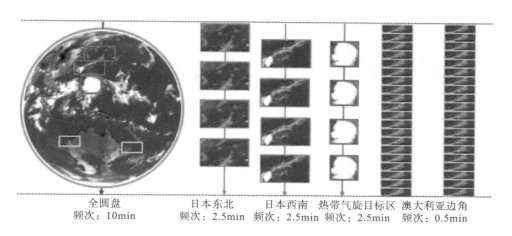

全圆盘　　　　　　日本东北　　　　日本西南　热带气旋目标区　澳大利亚边角
频次：10min　　　频次：2.5min　频次：2.5min　频次：2.5min　频次：0.5min

图 15-3　不同工作模式下 Himawari-8 卫星观测区域和速率[2]

Himawari-8 卫星每个波段的不同特点以及良好的定位精度使得其在遥感应用领域引起了广泛的关注。Himawari-8 数据被应用在大气科学、环境科学等众多领域[4-6]。

15.2.2　Himawari-8 数据预处理

根据实验区域的空间部分情况,实验所用到的数据为全圆盘模式下获取的 Himawari-8 数据。本实验中,使用了 AHI 于 2015 年 11 月 17 日拍摄的 Himawari-8 数据共 37 景。数据拍摄的时间为 UTC03:00～09:00,对应于澳大利亚西部标准时间(Australia Western Standard Time,AWST)的 11:00～17:00。数据从日本宇航局①网站下载。

实验中从 JAXA 所下载的数据为 NetCDF 格式,因此在进行野火火点和蔓延速率提取之前需要进行数据预处理。本实验中数据预处理包括格式转换、写入地理信息、剪裁以及重新投影到以澳大利亚地心基准面(Geocentric Datum of Australia,GDA)的 1994 南澳大利亚兰伯特坐标。最后获取易于处理的 GeoTIFF 格式数据。图 15-4 所示为实验区域预处理后波段 3、4 和 7 的亮温(brightness,BT)图像。

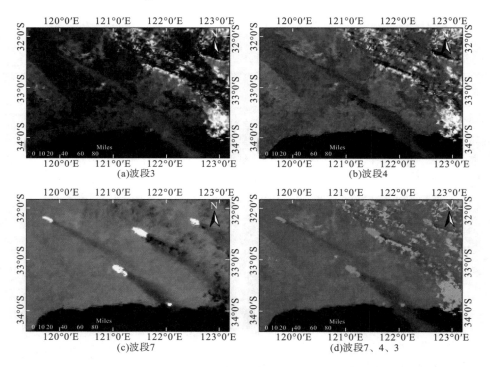

图 15-4　研究区域 Himawari-8 数据预处理后的亮温图像

15.2.3　遥感野火火点产品

在本书中使用到了两种野火火点产品,分别是 MODIS 第六版本(Colletion 006)的火点产品数据以及 JAXA 发布的测试版 Himawari-8 火点产品数据。

---

① http://www.eorc.jaxa.jp/ptree/.

MODIS 火点产品分为 5 种，其中包括二级(Level 2)基础火点产品 MOD14/MYD14、三级(Level 3)每日火点产品 MOD14A1/MYD14A1、三级(Level 3)8 天合成火点产品 MOD14A2/MYD14A2、三级(Level 3)气候模式格网火点产品 MOD14CMQ/MTD14CMQ 以及全球月度火点位置产品 MCD14ML。在本书中使用的是二级的基础火点数据。MOD14/MYD14 产品是 MODIS 提供的具有 1km 空间分辨率和 5min 时间分辨率的火点产品，每一景数据的覆盖范围是 2340km×2030km 的区域。它也是生产其他高级别火点产品的基础数据。火点检测算法介绍如文献[7]。MOD14/MYD14 数据以分层数据格式(hierarchical data format，HDF)存储，数据存储的是关于单个野火像元的信息，共计 27 个独立的层数。详细信息见表 15-2。

表 15-2　MYD14 产品数据不同层数所包含信息情况

数据名称	数据类型	单位	描述
PF_line	int16		火点像元的列数
PF_sample	int16		火点像元的行数
PF_latitude	float32	(°)	火点像元的纬度
PF_longitude	float32	(°)	火点像元的经度
PF_R2	float32		火点像元近红外(波段 2)发射率(白天)
PF_T21	float32	K	火点像元通道 21/22 的亮温
PF_T31	float32	K	火点像元通道 31 的亮温
PF_MeanT21	float32	K	背景像元通道 21/22 的亮温
PF_MeanT31	float32	K	背景像元通道 31 的亮温
PF_MeanDT	float32	K	背景像元亮温差异
PF_MAD_T21	float32	K	
PF_MAD_T31	float32	K	
PF_MAD_DT	float32	K	
PF_power	float32	MW	火点辐射功率
PF_AdjCloud	uint8		相邻云像素的数量
PF_AdjWater	uint8		相邻水像素的数量
PF_WinSize	uint8		背景窗口大小
PF_NumValid	int16		有效背景像元数
PF_confidence	uint8	%	检测置信区间估计
PF_land	uint8		地类标记
PF_MeanR2	float32		背景像元波段 2 反射率
PF_MAD_R2	float32		背景像元波段 2 反射率评价绝对偏差
PF_ViewZenAng	float32	(°)	观测天顶角
PF_SolZenAng	float32	(°)	太阳天顶角
PF_RelAzAng	float32	(°)	相对方位角
PF_CMG_row	int16		气候模式格网行数
PF_CMG_col	int16		气候模式格网列数

Himawari-8 野火火点(WildFire，WLF)数据分为 3 种，其中包括二级(Level 2)10min 时间分辨率野火火点数据、二级(Level 2)1h 时间分辨率野火火点数据、三级(Level 3)一

天时间分辨率野火火点数据和三级（Level 3）一个月时间分辨率野火火点数据。这些野火火点产品的空间分辨率都为 2km，数据均为测试版数据，没有相关的精度说明以及质量保证。在本书中使用的是二级 10min 时间分辨率野火火点数据。WLF 的数据格式为.csv 格式，数据的信息包括火点检测时间、处理时间、使用的算法、火点的行列号、经纬度信息等，与 MOD14/MYD14 数据包含的信息较为类似，相关信息的详细介绍可以查阅 JAXA 上关于该产品的介绍[①]。

　　本书使用到了两种野火火点数据，其中 MODIS 的火点产品作为基准数据来验证第 3 章不同火点算法提取的火点数据以及 Himawari-8 的二级（Level 2）火点数据的精度。Himawari-8 的二级（Level 2）火点数据同时也被用来和其他不同的火点算法提取的火点数据进行比较在野火蔓延速率中的效果。

15.2.4　遥感野火火点产品预处理

　　根据实验区域的数据覆盖情况结合火灾发生时间，符合实验要求的 MOD14/MYD14 数据共计 1 景（MYD14），过境时间为世界标准时间 05：25，数据可以从美国宇航局遥感数据分发系统（LAADS DAAC）下载获取。MYD14 火点数据的预处理包括火点像元经纬度提取和重采样两步。MYD14 火点产品提供火点像元的行列号以及经纬度两种位置信息，在本书的预处理过程中，选择使用经纬度信息。首先根据检查置信区间信息将符合要求的火点坐标数据转为矢量点数据，然后将矢量点数据转换为与研究区域相同的栅格数据，同时采样到与 Himawari-8 数据相同的 2km 分辨率。

　　Himawari-8 野火火点数据的预处理过程中，使用的是火点像元的行列号信息。首先根据 Himawari-8 数据全圆盘模式下提供的地理信息，获取整个全圆盘范围内的火点栅格数据，然后根据实验区域的范围裁剪得到不同时刻的 WLF 数据。两种野火火点数据如图 15-5 所示。

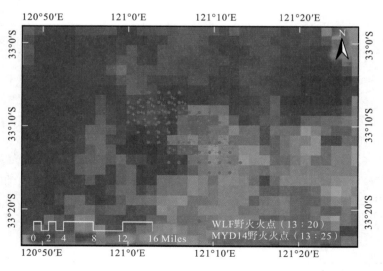

图 15-5　遥感野火火点产品示意图

---

① https://www.eorc.jaxa.jp/ptree/userguide.html.

15.3　气　象　数　据

气象数据是 CSIRO GFS 模型的主要输入参数。在本书中，研究区内的 3 个地面气象站(图 15-1)观测数据在试验中用到。气象站的信息见表 15-3。观测数据的主要要素包括过去 10min 的平均温度、过去 10min 的平均温度质量控制、相对湿度、相对湿度质量控制、过去 10min 的平均风速、过去 10min 的平均风速质量控制、过去 10min 的平均风向、过去 10min 的平均风向质量控制。这些数据都是从澳大利亚气象局(Australian Bureau of Meteorology，ABM)购买得到的。气象数据的时间分辨率为 10min，与所使用的 Himawari-8 数据时间分辨率一致。其中平均温度、平均风速、平均风向都是在过去 10min 内多次(大于 4 次)观测求取平均值获得，相对湿度数据使用电子相对湿度传感器测量获得。在图 15-6 中，在研究时段内，风速逐渐变大，从开始的 25km/h 上升到最大风速，约为 50km/h。同时，风向也由南风转向东南风方向。温度在中午时段保持较高，而相对湿度较低。

表 15-3　气象站信息

站名	编号	经度	纬度
ESPERANCE AERO	956380	121.8275°	−33.6825°
SALMON GUMS RES. STN	956390	121.6239°	−32.9869°
MUNGLINUP WEST	956440	120.6997°	−33.5547°

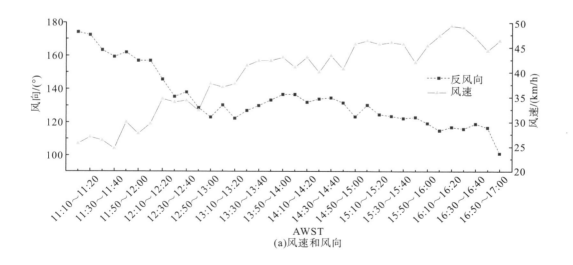

(a)风速和风向

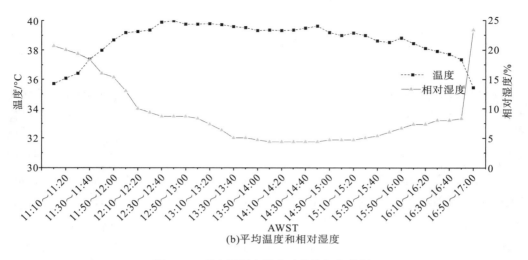

(b)平均温度和相对湿度

图 15-6　研究区野火发生时段的气象数据

主要参考文献

[1] Bessho K, Date K, Hayashi M, et al. An Introduction to Himawari-8/9-Japan's New-Generation Geostationary Meteorological Satellites. Journal of the Meteorological Society of Japan, 2016, 94(2): 151-183.

[2] 陈洁, 郑伟, 刘诚. Himawari-8 静止气象卫星草原火监测分析. 自然灾害学报, 2017(4): 197-204.

[3] Tabata T, Andou A, Bessho K, et al. Himawari-8/AHI latest performance of navigation and calibration. Earth Observing Missions and Sensors: Development,Implementation,and Characterization Iv, 2016: 9881.

[4] Zhang W, Xu H, Zheng F. Aerosol Optical Depth Retrieval over East Asia Using Himawari-8/AHI Data. Remote Sensing, 2018, 10(1): 137.

[5] Nagatsuma T, Sakaguchi K, Kubo Y, et al. Space environment data acquisition monitor onboard Himawari-8 for space environment monitoring on the Japanese meridian of geostationary orbit. Earth Planets and Space, 2017: 69.

[6] Imai T, Yoshida R. Algorithm theoretical basis for Himawari-8 Cloud Mask Product. Meteorol Satell Center Tech Note, 2016, 61: 1-17.

[7] Giglio L, Schroeder W, Justice C O. The collection 6 MODIS active fire detection algorithm and fire products. Remote Sensing of Environment, 2016, 178: 31-41.

第16章 Himawari-8 数据野火火点检测方法

野火火点数据是野火行为(包括野火蔓延速率)研究的基础数据。前人的研究表明,火点像元的识别,可以通过设定固定阈值进行筛选、与周围正常像元比较进行筛选以及与同时期正常像元比较进行筛选。在本章中,将 3 种常用的火点检测算法应用在 Himawari-8 数据上对研究区内发生的野火进行检测,分别是基于阈值的方法、基于上下文的方法以及基于时间序列的方法。在对各火点检测算法进行精度评价时,选择 MODIS 的 MOD/MYD14 火点产品。同时,Himawari-8 的具有 10min 时间分辨率的二级野火产品也使用 MODIS 的火点产品进行评价,作为比较。实验中选择了 Himawari-8 6 个波段的数据(波段 3、4、6、7、14、15)进行野火火点的检测。

16.1 基于阈值的野火火点方法

基于遥感图像检测火点像元的方法本质是一个二分类的问题,即根据遥感数据的特征将每一个像元分为火点像元和非火点像元。野火火点检测通常要求传感器具有中红外(MIR,3~5μm)和热红外(TIR,8~12μm)的光谱通道。火点检测中 3 个物理定律可以控制检测过程:普朗克定律,任何温度超过绝对零度的物体都会发出辐射;维恩位移定律,根据该定律,最大辐射发生发射的波长越短,辐射体的温度越高;史蒂芬-玻尔兹曼定律,根据该定律,物体发出的辐射随着温度四次幂的增加而增加。

基于固定阈值的野火火点检测算法是一种快速高效的火点检测算法。该算法也被称为多通道法,是根据物理解释,在不同光谱带(中红外、热红外、中红外与热红外差异)的最低温度值中建立的。算法的整个流程包括检测潜在的火点、水掩膜和云掩膜去除虚警。

(1)检测潜在的火点。根据野火火点检测的基础理论可以了解到,中红外主要用于火灾探测,中红外与热红外的差异用于区分火灾。因为野火火点在中红外通道通常具有较高值,而热的地表在中红外和热红外通道都具有高值。因此,通过公式的组合,潜在的野火火点就可以被检测出。

$$T_{MIR}>325 和 T_{MIR}-T_{TIR}>20 \tag{16-1}$$

其中,T_{MIR} 表示 Himawari-8 中红外通道的亮温值(波段 7,3.9μm),$T_{MIR}-T_{TIR}$ 表示 Himawari-8 中红外(MIR)通道的亮温值与热红外通道(TIR)通道亮温数据(波段 14,11.2μm)的差异值。

基于阈值的野火火点检测方法中,由于温度对环境的影响,阈值的设定取决于算法,最重要的是取决于地理区域。在本书中,325 和 20 两个阈值是根据实验区域的天气情况和地理情况选取的。

(2)水掩膜和云掩膜去除虚警。因为白昼时段,与陆地在 2.3μm 附近可见光通道对电磁波辐射吸收能力相比，水体有更强的吸收能力。因此，遥感图像上水体像元表现为更低的反照率值。那么，水体的区域就可以通过在通道 2.3μm 设定固定的阈值来进行提取。而对于晚上的时段，因为水体和陆地的反照率都表现为较低的值。用于白天判断的规则不适用于夜间。但是中红外 (3.9μm) 波段晚上野火火点的识别虚警率较低，所以可以使用日间某一时刻的检测结果或者不进行云和水的掩膜。根据以上描述，满足以下条件的像元被标记为非水域像元：

$$（A_{2.3}>0.05）或夜间$$
$$夜间：[\mathrm{abs}(A_{0.64})<0.01] 和 [\mathrm{abs}(A_{0.86})<0.01] \tag{16-2}$$

式中，$A_{2.3}$ 表示某一个像元在 Himawari-8 数据 2.3μm 通道的反照率值；$\mathrm{abs}(\cdot)$ 表示 $(\cdot)$ 的绝对值。

野火发生的过程中通常伴随着云和野火燃烧释放的烟雾，正确地检测出这些对于降低虚警非常重要。在白昼时段，云由于显示出高亮的特征，在可见光 (0.64μm) 和近红外 (0.86μm) 通道有较高的反射率或反照率。同时，在厚云覆盖的区域，像元在远红外 (12.4μm) 通道呈现出较低的亮温值。根据以上描述，满足以下条件的像元被标记为非云覆盖像元。

$$（A_{0.64}+A_{0.86}>1.2）和（T_{12.4}>265K）以及$$
$$[（A_{0.64}+A_{0.86}<0.7）或（T_{12.4}>285K）]或夜间 \tag{16-3}$$

因为最后需要对 3 个算法的野火火点检测精度进行对比，所以在 3 个算法中水掩膜和云掩膜采用同样的规制。同时，还需要说明的是，因为研究的时间段集中在白昼时段，所以未对夜间的火点检测做进一步的探讨。

16.2   基于上下文的野火火点检测方法

上下文方法的原理首次出现是在 Justice 和 Dowty 关于火灾检测的算法综述中[1]。当人们在视觉上解释图像时，由于野火火点本身与其周围环境之间存在巨大的热量差异，所以人眼通常会很容易发现火点。这也正是上下文算法的工作原理：通过比较可能的野火火点像元的亮温值与其直接邻接的像元亮温值来作出关于像素是否为真实野火火点的决定。如果两者之间的差异足够大，则该像素被识别为野火火点像元。与传统的固定阈值算法的主要区别在于，基于上下文的野火火点的判断是基于相对值而不是绝对值。

与基于固定阈值的野火火点检测方法不同，基于上下文的野火火点检测方法，首先设定比较低的阈值检测出潜在火点，然后通过比较潜在火点像元与周围背景像元的亮温值来确定潜在火点是不是真实的火点。在选取周围背景像元的方法中，有基于全局的背景选取方法和基于滑动窗口的背景选取方法。在本节中，使用这两种方法对研究区的火点进行了检测。

16.2.1　基于窗口上下文的野火火点检测方法

基于窗口上下文的野火火点检测算法参考最新发布的 MODIS 第六版本的 MOD/MOY14 火点检测算法。该算法是目前火点检测最常用的算法之一。该算法的核心是在确定火点像元时，与周围滑动窗口内的背景像元进行比较，若超出置信区间则被判定为过火像元。算法实现的步骤包括较低固定阈值提取潜在火点、上下文背景信息确定火点。

1. 较低固定阈值提取潜在火点

潜在火点的提取过程与基于阈值的野火火点检测方法相似，但降低了中红外通道检测火点的阈值。目的是检测到更多疑似火点，降低漏检率。在白昼时段，遵循的准则如下：

$$T_{MIR}>320 \text{ 和 } T_{MIR}-T_{TIR}>20 \text{ 和 } A_{0.86}<0.31 \tag{16-4}$$

其中，T_{MIR} 表示 Himawari-8 中红外通道(波段 7，3.9μm)亮温值；$T_{MIR}-T_{TIR}$ 表示 Himawari-8 中红外(MIR)通道(波段 7，3.9μm)亮温与热红外通道(TIR)通道(波段 14，11.2μm)亮温的差异值；$A_{0.86}$ 表示某一个像元在 Himawari-8 数据 0.86μm 通道的反照率值。

2. 上下文背景信息确定火点

在对潜在火点进行上下文背景信息对比时，以潜在野火火点像元为中心，在以 3×3，5×5，…，11×11 为大小的窗口内寻找适合当作背景的像元。背景像元要满足具有有效的观测值、非云覆盖、非水域以及不是潜在火点像元。其中，非云覆盖和非水域像元的识别，选择 16.1 节中的水掩膜和云掩膜规则。当窗口内的像元数小于窗口总像元数据的 1/4 时，放弃该像元，标记为非火点像元。反之，根据公式判断该像元是否为确定的野火像元。

$$(T_{MIR}>360) \text{ 或}$$
$$[(\Delta T>\overline{\Delta T}+3.5\sigma_{\Delta T}) \text{ 和 } (\Delta T>\overline{\Delta T}+6K) \text{ 和 } (T_{MIR}>\overline{T}_{MIR}+3\sigma_{MIR})] \text{ 以及} \tag{16-5}$$
$$[(T_{TIR}>\overline{T}_{TIR}+\sigma_{TIR}-4K) \text{ 或 } (\Delta\sigma_{MIR}>5K)]$$

式中，T_{MIR} 表示潜在野火火点在 Himawari-8 中红外通道(波段 7，3.9μm)的亮温数据；T_{MIR} 和 T_{TIR} 分别表示背景像元在 Himawari-8 中红外通道(波段 7，3.9μm)和热红外通道(波段 14，11.2μm)的亮温值；$\overline{T}_{MIR}$、σ_{MIR} 和 $\overline{T}_{TIR}$、σ_{TIR} 分别表示背景像元在 Himawari-8 中红外通道(波段 7，3.9μm)和热红外通道(波段 14，11.2μm)的亮温值的平均值和平均绝对偏差值；$\Delta T=T_{MIR}-T_{TIP}$ 表示背景像元在 Himawari-8 中红外(MIR)通道(波段 7，3.9μm)与热红外通道(TIR)通道(波段 14，11.2μm)亮温的差异值；$\overline{\Delta T}$ 和 $\sigma_{\Delta T}$ 分别表示背景像元亮温数据差异值的平均值和平均绝对偏差值。

16.2.2　基于全局上下文的野火火点检测方法

基于全局上下文的野火火点检测算法参考文献[2]。该算法的构建受 MOD/MOY 火点检测算法的启发，与 MODIS 基于滑动窗口的火点检测算法不同的是，它将整个研究区作为一个大的窗口进行野火火点的提取。算法的整个流程包括检测潜在的火点、水掩膜和云掩膜去除虚警。算法流程如图 16-1 所示。

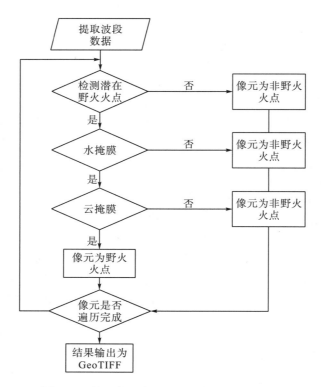

图 16-1　基于全局上下文的野火火点检测流程

1. 检测潜在野火火点

野火发生时，像元通常在中红外波段 (3.9μm) 产生较高的亮温值，同时中红外波段和热红外波段 (11.2μm) 具有较大的差异。因为遥感图像上不同土地类型的像元接收的电磁波辐射在一天中的每个时刻都有着不同的值，因此在确定某一个像元是否为火点的过程中，应该与整个区域瞬时的平均条件进行比较。因此，在该算法中，潜在野火火点的检测使用以下规则：

$$(Z_{T_{3.9}} > 0.8) \text{ 和 } (Z_{T_{3.9}-T_{11.2}} > 1.5) \tag{16-6}$$

式中，$Z_{(\cdot)} = \dfrac{(\cdot) - \text{mean}(\cdot)}{\text{std}(\cdot)}$，mean($\cdot$) 和 std($\cdot$) 分别表示研究区范围内 ($\cdot$) 的均值和标准偏差值；0.8 和 1.5 阈值根据研究区的情况设定，满足式 (16-6) 的像元被标记为潜在野火火点。

2. 水掩膜和云掩膜去除虚警

运用 16.1 节中描述的检测云和水的规则，对待检测潜在火点时刻的遥感影像进行水和云的检测，满足 16.1 节规则的像元被标记为无云和无水。最终图像中像元是潜在火点同时也是无云和无水的像元被标记为真实的野火火点。

16.3　基于时间序列的野火火点方法

目前许多基于卫星的野火探测和检测方法,都是以太阳同步轨道卫星平台上传感器获取的数据为主。然而,它们相对较低的时间分辨率(小时或者天)显然不足以检测短时间内的事件或以明显的昼夜循环和快速进化时间为特征的野火。与太阳同步轨道系统不同,地球同步轨道卫星的静止姿态确保了在像素级上可以进行非常稳定的观测,包括固定视角、每天的相同过境时间以及相同的地面分辨率。这些都为基于多时相分析的火灾探测提供了帮助。

本书中使用的基于时间序列的野火检测方法使用的是 Filizzola 等[3]2016 年提出的用于野火检测和监测的鲁棒卫星技术(robust satellite technique,RST)。RST-FIRES 算法是鲁棒卫星技术在野火方面的具体应用。RST 是基于同一位置(co-located)卫星图像的多时间分析和自动变化检测方案。根据 RST 方法的原理,当一个信号在统计上显示偏离其在特定地点和观察时间的正常条件情况时,可以将这个信号视为“异常”。野火检测的过程中,野火像元的确定就是“异常”像元的确定过程。算法实现的步骤包括背景数据准备、检测潜在的火点、水掩膜和云掩膜去除虚警。

(1)背景数据准备。RST-FIRES 算法中,背景数据是异常检测的基础。背景数据是指没有云且不受干扰的数据。RST-FIRES 算法要求的背景数据来自一年中的同一个时期,也就是需要来自每年中的同一个月,因为每月的时间范围可以被认为是一个很好的折中方案,其可以最大限度地减少与植被周期相关的表面特性变化,并且可以在时间序列上有足够数量的数据记录。因为本书研究的野火实例发生时间是 2015 年 11 月 17 日,Himawari-8 于 2015 年 7 月开始提供数据,因此无法获取上一年同一个月份的数据。因此,在本书中,选取了火灾发生前一个月共计 144×30 景数据来计算背景值。在背景值的计算过程中,被检测为水、云以及可能为火点的像元被排除在外,使用的方法是基于窗口上下文的野火火点检测算法中的去云去水潜在火点提取方法。

(2)检测潜在的火点。在潜在火点的检测中使用两个参数,分别是绝对局部环境变化密度指数和光谱绝对局部环境变化指数。

绝对局部环境变化密度指数的计算式如下:

$$\otimes_{\mathrm{MIR}}(x,\ y,\ t) \equiv \frac{T_{\mathrm{MIR}}(x,\ y,\ t) - \mu_{\mathrm{MIR}}(x,\ y,\ t)}{\sigma_{\mathrm{MIR}}(x,\ y,\ t)} \tag{16-7}$$

式中,$T_{\mathrm{MIR}}(x,\ y,\ t)$ 表示 Himawari-8 卫星传感器中红外通道(3.9μm)在 t 时刻(待检测潜在火点的时刻)获取的卫星图像上以 $(x,\ y)$ 为中心像元的亮温;$\mu_{\mathrm{MIR}}(x,\ y,\ t)$ 表示在 3.9μm 通道获取的遥感图像上位置 $(x,\ y)$ 在过去相同时刻从背景数据获取的亮温值的均值;$\sigma_{\mathrm{MIR}}(x,\ y,\ t)$ 表示标准偏差,也是基于相同的背景数据计算得到的。

野火过火像元在 3.9μm 通道的值通常远远高于未过火像元在 3.9μm 通道的值。因此,预期 $\otimes_{\mathrm{MIR}}(x,y,t)$ 指数明显大于零。而高强度异常(即较高正值的 $\otimes_{\mathrm{MIR}}$ 指数)可能与大(高温)火灾的存在有关。类似地,较低正值 $\otimes_{\mathrm{MIR}}$ 指数表明具有较小尺寸或相对强度较小的野火。

　　绝对局部环境变化密度指数是 RST-FIRES 中最为基础的索引指数。Mazzeo 等将该指数应用于 NOAA-AVHRR 数据上对意大利南部(北部)地区夏季(冬季)野火进行了探测[4]。与传统的固定阈值的方法相比，该方法在可靠性(减少了在热的、高反射以及低植被区的虚警)和敏感性方面(检测到野火的百分比)取得了很好的权衡。

　　光谱绝对局部环境变化指数的计算式如下：

$$\otimes_{MIR-TIR}(x, y, t) \equiv \frac{\Delta T_{MIR-TIR}(x, y, t) - \mu_{\Delta T}(x, y, t)}{\sigma_{\Delta T}(x, y, t)} \tag{16-8}$$

式中，$\Delta T_{MIR-TIR}(x, y, t) = T_{MIR}(x, y, t) - T_{TIR}(x, y, t)$ 表示 Himawari-8 卫星传感器中红外通道(3.9μm)与热红外通道(11.2μm)在 t 时刻(待检测潜在火点的时刻)获取的卫星图像上以 (x, y) 为中心像元的亮温差异值；$\mu_{\Delta T}(x, y, t)$ 和 $\sigma_{\Delta T}(x, y, t)$ 分别表示 $\Delta T_{MIR-TIR}(x, y, t)$ 时间序列上的平均值和标准偏差值，均从过去相同时刻的时间序列背景数据中计算得到。

　　基于双通道索引的光谱绝对局部环境变化指数能够更好地检测出占据卫星像元很小部分的野火火点，因为像元中最热部分的辐射对较短波长的中红外波段的贡献大于波长较长的热红外波段。同时，不像简单的差异 $\Delta T_{MIR-TIR}(x, y, t)$ 在正常冷的背景下会记录较高的值以及会出现虚警；因为 $\mu_{\Delta T}(x, y)$ 在同样的情况下也会是高值，从而使得光谱绝对局部环境变化指数预期会保持一个低值。

　　(3)水掩膜和云掩膜去除虚警。基于检测潜在火点中描述的两个参数可以对待检测潜在火点时刻获取的 Himawari-8 卫星图像进行逐像元的野火火点检测。在检测完火点之后，需要进一步对检测的潜在火点进行去云去水的操作。去云去水操作使用 16.1 节中描述的规则。

16.4　实验结果对比分析

　　本书中,在对上面 3 种野火火点检测算法得到的 Himawari-8 火点数据以及 Himawari-8 的二级测试版野火数据进行精度评定时，选择 MODIS 的 MYD14 产品作为基准数据进行验证。遵循的原则是，只要 MYD14 的一个火点落在 Himawari-8 火点像元上，那么这个 Himawari-8 火点像元就被称为真实的火点像元。同时，为了更加定量地评估野火检测的精度，通过混淆矩阵引入了相关的评价参数，见表 16-1。

表 16-1　野火火点评价混淆矩阵

矩阵	MYD14 野火火点数(M)	MYD14 非野火火点数(m)
Himawari-8 野火火点数(H)	HM	Hm
Himawari-8 非野火火点数(h)	hM	hm

$$Comission = \frac{Hm}{HM + Hm}$$

$$Omission = \frac{hm}{HM + hm}$$ 　　　　　(16-9)

$$CO = \frac{2(1 - Comission)(1 - Omission)}{1 + (1 - Comission) - Omission}$$

式中，Comission 表示 Himawari-8 野火火点像元在 MYD14 野火数据中未被检测到所占的比例，也称错检率；Omission 表示 MYD14 中的野火火点像元在 Himawari-8 野火数据中未被检测到所占的比例，也称漏检率。同时，为了进一步综合评价算法的精度，引入 CO 指标，CO 越接近 1 表示算法的性能越好。

基于不同野火火点检测算法得到的野火火点数据与 MODIS 的 MYD14 野火火点产品对比的统计结果见表 16-2。表中 Threshold 表示基于固定阈值检测到的野火火点数据，Contextual_Window 表示基于窗口上下文检测到的野火火点数据，Contextual_Global 表示基于全局上下文检测到的野火火点数据，Temporal 表示基于时间序列检测到的野火火点数据。从表中可以看出，基于全局上下文的野火火点检测方法综合表现最好，CO 值达到 0.663；其次是基于时间序列的检测方法，基于固定阈值和基于窗口上下文两种算法的综合评价精度较为接近，JAXA 提供的测试版 WLF 数据的精度最差，CO 的值只有 0.625。在漏检率方面，基于全局上下文的算法表现最好，138 个真实火点像元只遗漏了 28 个像元，而 WLF 的数据漏检率最高，达到 34.06%。在错检率方面，虽然 WLF 数据取得较低的值，但是其检测到的野火火点像元最少，与之相反，基于全局上下文的方法检测到最多的野火火点，但是其检测到的错误火点也比较多。综合所有的统计参数，可以看出基于全局上下文的算法在研究区域表现最好，WLF 数据在野火火点检测方面表现较差。

表 16-2　不同野火检测算法精度统计数据

算法	HM	Hm	hM	Comission/%	Omission/%	CO
Threshold	103	79	35	43.41	25.36	0.642
Contextual_Window	98	69	40	41.32	28.99	0.643
Contextual_Global	110	84	28	43.30	20.29	0.663
Temporal	102	72	36	41.38	26.09	0.654
WLF	91	62	47	40.52	34.06	0.625

同时，也统计了不同算法在验证算法精度的时刻(UTC 05:20)检测到的野火火点面积数据，如图 16-3 所示。可以看出，基于全局上下文检测到的野火火点数据最多，达到 776.26km^2，这也使得其可以更多地检测到真实的野火火点数据，但同时误检为野火的像元也比较多(表 16-2)，其次是基于阈值和基于时间序列的方法，检测的野火火点面积分别为 728.24km^2 和 692.23km^2；WLF 检测到的野火火点面积数据最少，只有 612.22km^2，与检测到最多面积相比，少了将近 150km^2。

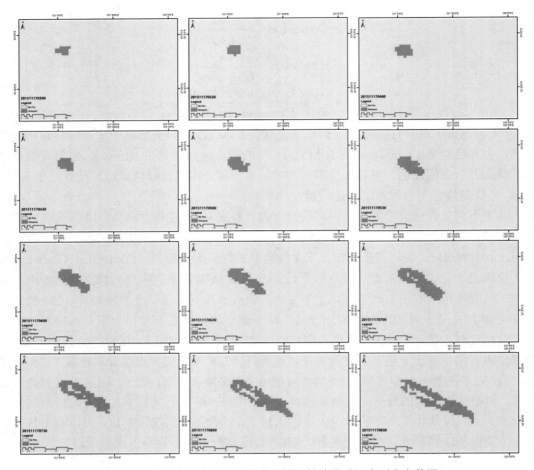

图 16-2   基于全局上下文野火火点检测算法的时间序列火点数据

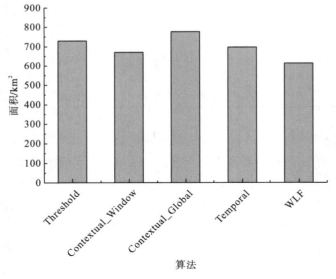

图 16-3   不同野火火点检测算法检测的野火火点面积统计图

主要参考文献

[1] Flasse S P, Ceccato P. A contextual algorithm for AVHRR fire detection. International Journal of Remote Sensing, 2007, 17(2): 419-424.

[2] Xu G, Zhong X. Real-time wildfire detection and tracking in Australia using geostationary satellite: Himawari-8. Remote Sensing Letters, 2017, 8(11): 1052-1061.

[3] Filizzola C, Corrado R, Marchese F, et al. RST-FIRES, an exportable algorithm for early-fire detection and monitoring: description,implementation, and field validation in the case of the MSG-SEVIRI sensor. Remote Sensing of Environment, 2016, 186: 196-216.

[4] Mazzeo G,Marchese F, Filizzola C, et al. A Multi-temporal Robust Satellite Technique (RST)for Forest Fire Detection. International Workshop on Analysis of Multi-temporal Remote Sensing Images, 2007: 1-6.

第 17 章　Himawari-8 数据野火蔓延速率提取方法

本章将介绍提出的 Himawari-8 数据野火蔓延速率提取方法(简称 H8-FSR)，其主要利用遥感野火火点检测数据，首先通过对野火火点数据进行时间序列累计获取过火面积数据，然后根据质心理论提取野火中心，最后通过野火中心的位置变化计算近实时的野火蔓延速率。同时，将提出的新方法运用到实验区域的野火当中进行蔓延速率提取。由于缺少实地观测数据，实验中选取澳大利亚英联邦科学与工业研究组织(Commonwealth Scientific and Industrial Research Organization，CSIRO)发布的草地火灾传播(grassland fire spread，GFS)模型模拟的结果为基准结果进行验证。同时，本章还讨论了使用第 3 章中不同的野火火点提取算法对于野火蔓延速率提取结果的影响，以及分析了提取的野火蔓延速率与研究区地形植被之间的关系。

17.1　野火蔓延速率提取方法

野火蔓延速率表示单位时间内野火朝某个方向蔓延的距离，是表征野火行为特征的重要基础。及时地获取野火蔓延速率数据可以为野火防控提供有效的监控信息，提高相关部门野火救援的效率。然而，传统的野火蔓延速率估算方法都难以实现大区域且(近)实时的野火蔓延速率估算。随着新一代地球同步卫星 Himawari-8 的发射，其时间分辨率和空间分辨率都有了较大的提高，使得(近)实时野火蔓延速率提取成为可能。因此，本节基于 Himawari-8 数据的特点建立了(近)实时野火蔓延速率提取方法。该方法包括 3 步，详细描述如下。

17.1.1　野火过火面积提取

野火过火面积表示野火燃烧之后留下的痕迹。全球气候观测系统认为野火过火面积数据是气候研究中最基本的变量。从遥感数据中提取野火过火面积通常可以分为 3 种方法：第一种是从野火火点中提取，也是最简单易操作的一种；第二种是通过分析像元反射率数据在时间序列上的光谱特性，因为野火发生时和发生后植被对电磁波的吸收呈现不同的特征；第三种是将反射率数据与野火火点检测数据相结合的混合方法。

由于 Himawari-8 数据高频次的对地观测，使得更多的野火研究都集中在检测野火火点[1-3]。截至目前，还没有关于 Himawari-8 数据野火过火面积的算法提出。然而 Himawari-8 数据的高时间分辨率使得可以通过对野火火点(active fire，AF)数据进行时间序列上的累计得到不同时刻的野火过火面积(burned area，BA)数据。在本书中，将时刻 i 的野火过火

面积定义为过去 n 个时刻内野火火点的并集，具体如下：

$$\mathrm{BA}_i = \mathrm{AF}_i \cup \mathrm{AF}_{i-1} \cup \cdots \cup \mathrm{AF}_{i-n} \tag{17-1}$$

式中，BA 和 AF 分别表示野火过火面积和野火火点数据；n 的取值应该根据研究区域不同的地形和植被条件进行改变。

　　如图 17-1 所示为 2015 年 11 月 17 日 UTC 时间 03:50 时刻的野火过火面积(当 n=5 时)示意图。

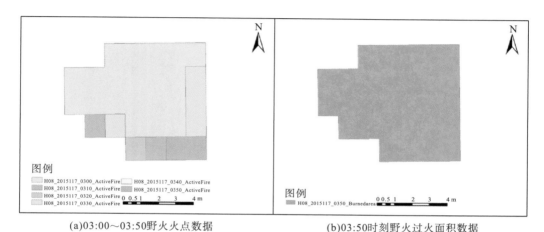

(a)03:00~03:50野火火点数据　　　　　(b)03:50时刻野火过火面积数据

图 17-1　过火面积累计示意图

17.1.2　野火中心提取

　　为了更好地表征某一时刻野火的状态特征，在本书中首次提出了野火中心的概念，并将其定义为野火过火面积的质心。质心通常被称为"重心"或"质量中心"，是用于度量某一个目标在空间上分布情况的重要参数[4,5]。因此，野火过火面积的质心(野火中心)可以代表任何时刻野火的平均位置。在获取了时间序列的过火面积数据之后，使用 ArcGIS 软件对过火面积数据进行处理得到栅格面数据，之后通过 R 语言编程就可实现提取时间序列上野火中心的地理坐标。野火中心的计算公式如下：

$$X_{(t,c)} = \frac{\sum_{i=1}^{n} m_i x_i}{\sum_{i=1}^{n} m_i}, \quad Y_{(t,c)} = \frac{\sum_{i=1}^{n} m_i y_i}{\sum_{i=1}^{n} m_i} \tag{17-2}$$

式中，$X_{(t,c)}$ 和 $Y_{(t,c)}$ 分别表示在 t 时刻野火中心的地理坐标；n 表示 t 时刻野火过火面积包含的像元的个数；x_i 和 y_i 表示第 i 个野火过火像元的地理坐标；m_i 表示第 i 个野火过火像元的面积，因为投影的原因，每个过火像元的面积不同。

　　如图 17-2 所示为 2015 年 11 月 17 日 3 个不同时刻的野火中心示意图。

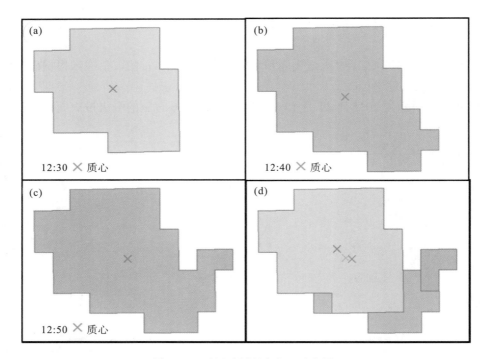

图 17-2   不同时刻野火中心示意图

17.1.3   野火蔓延速率计算

Himawari-8 数据每 10min 提供一次观察，通过分析野火中心的移动，可以实现近实时地计算野火传播的速率。众多野火速率估算模型都是基于惠更斯小波原理建立的，该原理假设在野火边缘(火线)上的每个点都以椭圆形扩展，并且野火在无风和平坦区域条件下以椭圆形向外扩散，同时以恒定速率蔓延[6-9](图 17-3)。因此，可以假设，在有风的环境下，野火传播速率可以通过野火中心移动的速率来表示。此外，野火蔓延速率估算模型通常将野火蔓延方向定义为与风向相反[10]。而在陆地上，风向通常以 16 个方向表示，平均为 22.5°(图 17-4)。

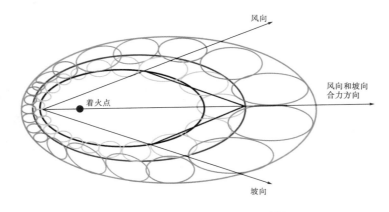

图 17-3   惠根斯原理示意图[11]

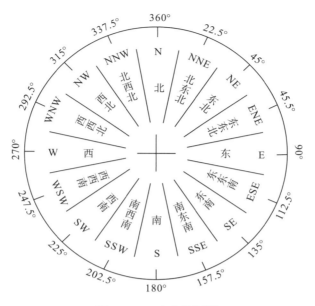

图 17-4　风向方位图[12]

根据以上原则，计算野火近实时蔓延速率的步骤如下。

首先计算连续两个时刻内野火中心移动的角度[式(17-3)]。然后计算野火中心移动的角度与反向风向之间的差异(Δ)[式(17-4)]。

$$\alpha_i = \arctan \frac{Y_{c_{t_{i+1}}} - Y_{c_{t_i}}}{X_{c_{t_{i+1}}} - X_{c_{t_i}}} \tag{17-3}$$

$$\Delta = \left| \alpha_i - \left(\text{DR}_{\text{Wind}} \pm 180° \right) \right| \tag{17-4}$$

式中，$X_{c_{t_i}}$、$Y_{c_{t_i}}$、$X_{c_{t_{i+1}}}$、$Y_{c_{t_{i+1}}}$ 分别表示第 i 和 $i+1$ 时刻野火中心的地理位置；DR_{wind} 表示风向的反方向。

最后计算野火中心移动的角度与反向风向之间的差异小于 22.5° 所对应时刻的野火传播速率[式(17-5)]。

$$V_{(i, \ i+1)} = \frac{D_{(i, \ i+1)}}{T_r} \tag{17-5}$$

式中，T_r 表示 Himawari-8 数据的时间分辨率；$V_{(i, \ i+1)}$ 表示从 i 到 $i+1$ 时间段内野火的传播速率；$D_{(i, \ i+1)}$ 表示从 i 到 $i+1$ 时间段内野火中心移动的距离。

$D_{(i, \ i+1)}$ 通过如下公式计算：

$$D_{(i, \ i+1)} = \left(X_{c_{t_{i+1}}} - X_{c_{t_i}} \right)^2 + \left(Y_{c_{t_{i+1}}} - Y_{c_{t_i}} \right)^2 \tag{17-6}$$

17.2　CSIRO GFS 模型及精度评定方法

17.2.1　CSIRO GFS 模型

英联邦科学与工业研究组织（Commonwealth Scientific and Industrial Research Organization，CSIRO）草地火灾传播（grassland fire spread，GFS）模型由 CSIRO 和 Cheney 等于 1997 年开发[13,14]。CSIRO GFS 模型使用澳大利亚的 121 次实验野火和 20 次真实野火进行校准，自模型建立以来已在澳大利亚许多地方的消防中使用[15]。由于难以获取实验区域的野火传播速率实际观测数据，本章为了评估本书提出的方法的有效性，选择 GFS 模型估计的野火传播速率作为基准。GFS 模型是模拟未受干扰和放牧草地野火蔓延速率的经验模型。根据本研究区域的情况，在放牧草地的情况下模拟野火传播速率。模型的输入参数包括气象数据［10m 处风速（km/h）（U_{10}）、温度（℃）、相对湿度（RH）以及草地固化指数（grassland curing index，GCI）（%）（C）］。该模型由式（17-7）表示。

$$MC = 9.58 - 0.205T + 0.138RH$$

$$\phi_M = \begin{cases} \exp(-0.108MC), & MC<12\% \\ 0.684 - 0.0342MC, & MC\geqslant12\%,\ U_{10}<10km/h \\ 0.547 - 0.0228MC, & MC\geqslant12\%,\ U_{10}\geqslant10km/h \end{cases}$$

$$\phi_C = \frac{1.036}{1+103.99\exp(-0.0996(C-20))} \tag{17-7}$$

$$FSR = \begin{cases} (0.054 + 0.209U_{10})\phi_M\phi_C, & U_{10}\leqslant5km/h \\ [1.1+0.715(U_{10}-5)^{0.844}]\phi_M\phi_C, & U_{10}>5km/h \end{cases}$$

式中，MC 表示死可燃物水分含量（基于烘箱干重的百分数）；ϕ_M 表示死可燃物水分系数；ϕ_C 表示草地固化系数。

在本实验中，气象数据来自气象站观测数据，数据详细信息见 15.3 节描述。其中草地固化数据定义为单位面积内死（干）物质的百分比，是影响草地野火传播的重要因素。截至目前，澳大利亚有两种基于卫星数据反演的草地固化指数产品，时间和空间分辨率分别为 8 天和 500m。两款产品中，由 Martin 等开发的草地固化指数产品比 Newnham 等开发的草地固化指数产品更准确[16,17]。Martin 等开发的算法是使用从 MODIS（MOD09A1）卫星数据的 3 个窗口［中心为 0.64μm（波段 1）、0.86μm（波段 2）和 1.64μm（波段 6）］计算的归一化差异植被指数（NDVI）和全球植被监测指数（Global vegetation monitoring index，GVMI）来反演草地固化数据。该算法使用遵循澳大利亚国家消防局（Country Fire Authority，CFA）指南获得的实地草地固化观测数据进行了训练[16]。因为 Himawari-8 数据具有与反演使用的 MODIS 数据相同的波段，因此，最终基于 Martin 等开发的算法，使用 Himawari-8 数据反演获取了距离野火爆发时间较为接近时刻（当地时间 09:30）的草地固化数据。草地固化数据分布如图 17-5 所示。

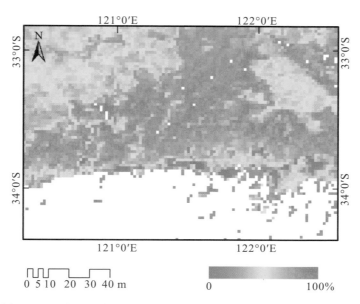

图 17-5 研究区域草地固化指数(2015 年 11 月 17 日当地时间 09:30)

17.2.2 精度评定方法

在本实验中，选择 CSIRO GFS 模型模拟的草地野火速率作为基准值(真值)与使用本书中提出的方法从 Himawari-8 卫星数据中提取的草地野火速率进行比较。评价的指标参数[18]有回归系数(slop)、决定系数(R^2)、平均偏差(mean bias error，MBE)[式(17-8)]、平均绝对百分误差(mean absolute percent error，MAPE)[式(17-9)]和均方根误差(root mean square error，RMSE)[式(17-10)]。其中 MBE 描述了估计值的残差分布，正值表示与真实值存在高估现象，而负值表示存在低估现象。MAPE 表示一个模型的估计精度，当值接近 0 时表示模型表现最好，10%～20%表示模型表现较好，20%～30%或更高表明模型表现一般。RMSE 是用来评价模型总体性能的度量，RMSE 越低表示模型性能越好。

$$\mathrm{MBE} = \frac{\sum \left(V_{\mathrm{H\text{-}8}} - V_{\mathrm{M}} \right)}{n} \tag{17-8}$$

$$\mathrm{MAPE} = \frac{\sum \left(\dfrac{V_{\mathrm{H\text{-}8}} - V_{\mathrm{M}}}{V_{\mathrm{M}}} \right)}{n} \times 100\% \tag{17-9}$$

$$\mathrm{RMSE} = \sqrt{\frac{\sum \left(V_{\mathrm{H\text{-}8}} - V_{\mathrm{M}} \right)^2}{n}} \tag{17-10}$$

式中，$V_{\mathrm{H\text{-}8}}$ 表示从 Himawari-8 卫星数据中提取的野火传播速率；V_{M} 表示从 CSIRO GFS 模型估计的野火传播速率；n 表示实验中提取到野火传播速率的次数。

17.3　基于不同野火火点检测算法的验证结果

　　在 H8-FSR 方法中，野火蔓延速率通过野火中心时间序列的移动计算得到。因此，野火中心的提取对于野火蔓延速率的计算至关重要。野火中心通过提取野火过火面积质心得到。而野火过火面积通过野火火点数据的时序累计得到。那么野火火点提取的准确性以及得到野火过火面积的累计时间都将影响 H8-FSR 方法提取野火蔓延速率的表现。通过第 3章野火火点检测算法的性能比较可以发现基于全局的上下文方法在研究区域表现最好。因此，本书首先使用该算法计算了研究区最佳的过火面积累计时间，也就是 17.1 节中提到的累计时间 n 的取值。确定了 n 的取值之后，将相同的累计时间 n 应用到另外 4 种野火火点数据(基于固定阈值的、基于窗口上下文的、基于时间序列的以及 WLF 火点数据)上，进而提取相应的野火蔓延速率来讨论不同的野火火点检测算法对于近实时野火蔓延速率的影响。

　　实验的火灾速率提取的时段为 2015 年 11 月 17 日 UTC 时间 03:00～09:00(AWST:11:00～17:00)，共计 6h，36 个时刻。将第 3 章描述的 4 种野火火点检测算法得到的野火火点数据以及 WLF 火点数据输入 H8-FSR 方法中，就可以得到基于 Himawari-8 遥感数据提取的野火蔓延数据。对于基准野火蔓延速率的获取，本书使用 17.2.1 节中描述的 CSIRO GFS 模型。如图 17-6 所示，此次提取野火蔓延速率的野火发生位置在 3 个气象站的中间。因此，以 3 个气象站风速、温度以及相对湿度在每个时刻上的平均值作为 CSIRO GFS 模型输入值得到近实时的基准野火蔓延速率。

　　如表 17-1 中的参数所示，可以看出当累计时间为 1.0h(n=3) 和 2.0h(n=12) 时，H8-FSR 算法提取野火蔓延速率的效果较好。其中，当 n=3 时，Himawari-8 卫星数据中提取的野火蔓延速率(V_{H-8})与 CSIRO GFS 模型估计的野火蔓延速率(V_M)的散点图如图 17-6 所示。

表 17-1　不同累计时间下 Contextual_Global 算法用于 H8-FSR 提取的野火蔓延速率精度统计

累计时间/h	slop	R^2	MAPE/%	RMSE/(m/s)	MBE/(m/s)
0.5	0.806	0.354	36.22	1.190	−0.320
1.0	0.832	0.442	31.79	1.060	−0.210
1.5	0.728	0.364	34.05	1.150	−0.480
2.0	0.799	0.453	30.57	1.030	−0.410
2.5	0.719	0.376	33.65	1.140	−0.520
3.0	0.785	0.436	32.58	1.060	−0.420
3.5	0.777	0.444	30.90	1.040	−0.420
4.0	0.790	0.426	32,35	1.080	−0.430
4.5	0.785	0.437	32.38	1.060	−0.430
5.0	0.752	0.408	32.89	1.080	−0.440

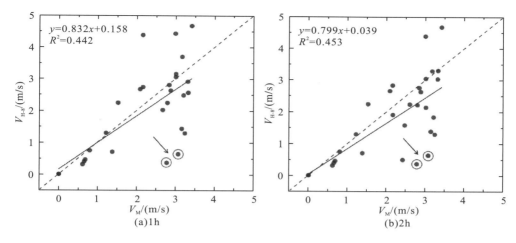

图 17-6　不同累计时间 $V_{H\text{-}8}$ 与 V_M 的散点图

注：图中虚斜线是 1∶1 线，实斜线是回归线。

从图 17-6 可以看出，位于红色圆圈内的两个时刻的基准速率远远大于图像提取的速率。本书检查 3 个气象站的数据，发现在这个两个时刻 3 个气象站数据的波动比较大，因此在这两个时刻选择距离野火发生较近的气象站数据对基准速率进行了修正。修正后的统计结果见表 17-2。

表 17-2　基准速率校正后不同累计时间下 Contextual_Global 算法用于 H8-FSR
提取的野火蔓延速率精度统计

累计时间/h	slop	R^2	MAPE/%	RMSE/(m/s)	MBE/(m/s)
0.5	0.909	0.438	35.73	1.090	−0.260
1.0	0.944	0.552	31.25	0.930	−0.150
1.5	0.780	0.405	33.29	1.090	−0.430
2.0	0.898	0.557	30.06	0.910	−0.350
2.5	0.806	0.461	33.16	1.030	−0.460
3.0	0.883	0.537	32.08	0.930	−0.360
3.5	0.875	0.547	30.40	0.910	−0.360
4.0	0.887	0.523	31.84	0.960	−0.370
4.5	0.882	0.537	31.88	0.940	−0.370
5.0	0.857	0.513	32.37	0.960	−0.370

根据表 17-2 的参数统计结果可以看出，对基准速率数据进行修正后，H8-FSR 算法的效果有明显的提升，其中依旧是在野火火点累计 1h 和 2h 表现最好。

基于上述最优累计时间的寻找，本书将累计 1h 和 2h 应用在 Threshold、Contextual_Window、Temporal 和 WLF 的火点数据上来提取研究时段的野火蔓延速率，并讨论不同野火火点质量对 H8-FSR 方法的影响。

表 17-3 为累计 1h 各野火火点在 H8-FSR 方法上的表现效果；表 17-4 为累计 2h 各野火火点在 H8-FSR 方法上的表现效果。

表 17-3   各野火产品累计 1h 用于 H8-FSR 提取的野火蔓延速率精度统计

算法	slop	R^2	MAPE/%	RMSE/(m/s)	MBE/(m/s)	CO
Threshold	0.718	0.333	32.32	1.130	−0.400	0.642
Contextual_Window	0.679	0.299	32.76	1.160	−0.500	0.643
Contextual_Global	0.944	0.552	31.25	0.930	−0.150	0.663
Temporal	0.949	0.362	36.58	1.330	0.030	0.654
WLF	0.631	0.304	35.06	0.990	−0.430	0.625

表 17-4   各野火产品累计 2h 用于 H8-FSR 提取的野火蔓延速率精度统计

算法	slop	R^2	MAPE/%	RMSE/(m/s)	MBE/(m/s)	CO
Threshold	0.713	0.443	30.21	1.040	−0.510	0.642
Contextual_Window	0.685	0.402	31.00	1.050	−0.500	0.643
Contextual_Global	0.898	0.557	30.06	0.910	−0.350	0.663
Temporal	0.935	0.421	32.83	1.180	−0.100	0.654
WLF	0.577	0.276	35.95	1.070	−0.620	0.625

从表 17-3 和 17-4 的统计数据可以看出，基于检测野火性能最好（CO 值最大）的 Contextual_ Global 方法得到的野火数据运用 H8-FSR 提取野火蔓延速率效果最好，各评价参数都优于基于其他野火火点数据使用 H8-FSR 得到的参数。使用 Temporal 方法得到的野火火点数据应用在 H8-FSR 上表现效果次之，虽然 RMSE 的值最大，但是 slop 值也是最大的。同时，性能较为相近的 Threshold 和 Contextual_Window 算法提取的野火火点数据在 H8-FSR 方法上的表现效果也较为相近。检测野火火点效果最差的 WLF 火点数据应用在 H8-FSR 上得到的各参数表现都很不好。通过上述分析，可以看出使用 H8-FSR 来提取近实时野火蔓延速率，野火过火面积的准确性十分重要。野火火点检测算法精度越高，使用 H8-FSR 方法提取野火蔓延速率的效果越好。

最后，本节以累计时间为 1h 得到的野火过火面积为例，进一步分析 H8-FSR 在近实时野火蔓延速率提取中的效果和潜力。

如图 17-7 所示，实验计算了两个连续时刻过火面积的差值。其中，从 Himawari-8 中提取的研究时段内的过火面积总计为 1090.62km²。在澳大利亚西部当地时间（AWST）13:20 之前，野火过火面积从 0km²/10min（11:30～11:40 和 12:20～12:30）波动到 41.35km²/10min（13:10～13:20），平均速率为 13.44km²/10min。然而，此后它迅速增加，在 15:30～15:40 和 15:50～16:00 时达到接近 90km²/10min 的峰值。

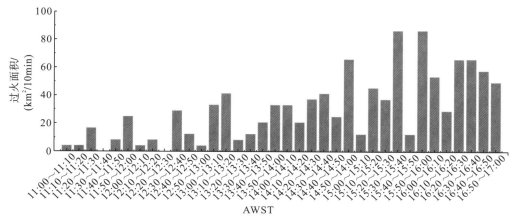

图 17-7　过火面积变化统计

同时，使用 H8-FSR 中等式［式(17-4)］计算了研究时段内野火蔓延方向与风向反方向的差异。统计落入不同差异区间的时间段的数量(表 17-5)。结果显示，有 30 个时刻的差异低于 22.5°，可以提取到有效的野火蔓延速率。为了进一步分析野火在不同方向上的蔓延特性，我们分 3 个方向来评价 H8-FSR 的效果：提取方向及风速分解的两个方向(东和南方向)。评价参数的统计情况见表 17-6。同时，绘制了 V_{H-8} 与 V_M 的散点图(图 17-8)和时间序列趋势图(图 17-9)。

表 17-5　FSD 和 RWD 之间差异的统计

差异	$\Delta/(°)$				
	0~5	5~10	10~15	15~22.5	>22.5
数量	13	7	6	4	6
所占比例/%	36.11	19.44	16.67	11.16	16.67

表 17-6　在 3 个方向上的定量比较

参数	提取方向	东方向	南方向
MBE/(m/s)	−0.15	−0.02	−0.21
MAPE/%	31.25	39.79	44.63
RMSE/(m/s)	0.93	0.75	0.63
R^2	0.552	0.649	0.313

从表 17-6 可以看出，与 CSIRO GFS 模型的结果相比，H8-FSR 在提取方向、东和南方向提取的野火蔓延速率均有低估的现象。MAPE 值在提取方向和东方向上有较为合理的值，分别为 31.25%和 39.79%。统计指标以及图 17-8 的散点图表明，与南方向相比，提取方向和东方向上提取的野火蔓延速率与模型估计值之间的一致性更好。在南方向上，统计参数表现出较大的 MAPE 值(44.63%)和较小的 R^2 值(0.313)。同时，回归线也较大地偏离了 1∶1 的理想线。但是，南方向的 RMSE(0.63m/s)小于其他两个方向的 RMSE。

图 17-8 显示了 3 个方向上的散点分布图。可以看出，H8-FSR 从 Himawari-8 上提取的野火蔓延速率在南方向上的最大值（2.2m/s）远远小于东方向和提取方向上的最大值。这可能是南方向上 RMSE 具有较低值的原因。

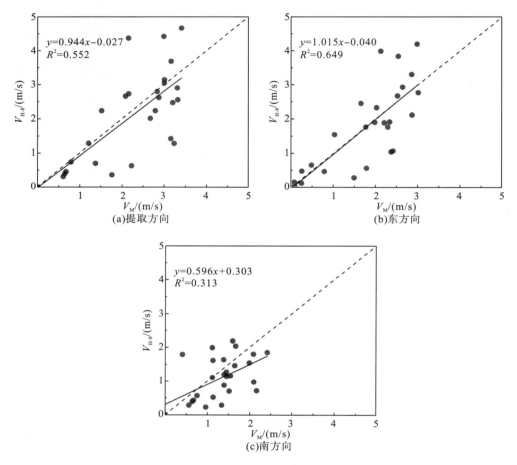

图 17-8　不同方向上 V_{H-8} 与 V_M 的散点图

注：图中虚斜线是 1∶1 的线，实斜线是回归线。

从图 17-9 可以看出，在 11:00～12:40 时间段内，从 Himawari-8 数据中提取的野火蔓延速率与 CSIRO GFS 模型估计的结果非常接近，特别是在东方向上[图 17-9（b）]。而在 12:50～15:10 时间段内，当 CSIRO GFS 模型估算出较大的野火蔓延速率时，V_{H-8} 与 V_M 之间出现了较大的偏差。同时，只有两个时间段（15:30～15:40 和 15:50～16:00）从 Himawari-8 数据提取的野火蔓延速率高于 CSIRO GFS 模型估计的野火蔓延速率。

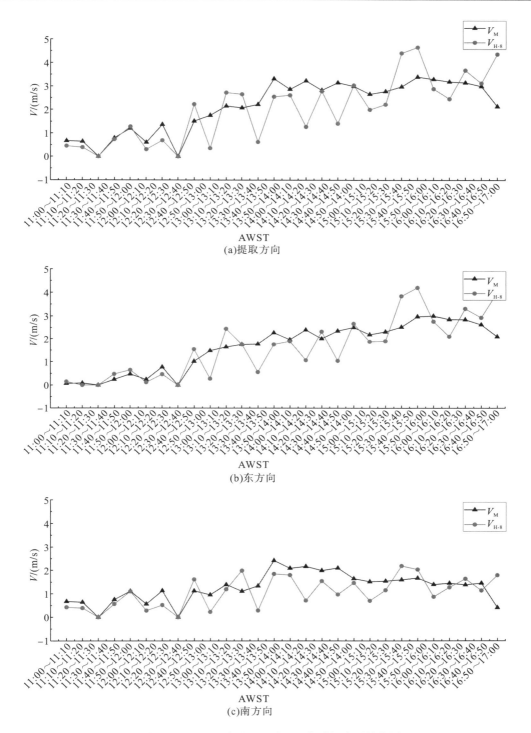

图 17-9　不同方向上 V_{H-8} 与 V_M 的时间序列趋势图

总的来说，在本书研究区域，将 Contextual_Global 算法得到的野火火点数据用于 H8-FSR 方法中，可以很好地提取近实时野火蔓延速率，同时产生的误差也在可以接受的范围之内。但是从整体上看，与 CSIRO GFS 模型得到的基准速率相比，H8-FSR 对结果普遍低估。低估的原因可能来自两个方面：一是 CSIRO GFS 模型固有的缺陷，二是 H8-FSR 方法的局限性。根据文献介绍，因为 CSIRO GFS 模型假设野火在其增长期间不会受到限制，因此通常会过高估计野火蔓延速率[19]。同时，天气、燃料和地形是影响火灾行为的关键因素[20]。CSIRO GFS 模型中未考虑地形因素的影响。本书中，气象信息是根据从 3 个不同气象站获得的平均值计算得到的。从本节开始的分析中可以看出，有些时刻 3 个站的气象信息波动较大，在这些时刻取均值可能不能很好地代表该时刻的气象条件，因此我们对基准数据进行了简单的校正。另外，燃料包含死可燃物燃料和活可燃物燃料，已被证明是影响野火风险评估和野火蔓延速率的关键指标[21-23]。然而，CSIRO GFS 模型只考虑死可燃物燃料，计算来自气象因素[14]。近年来，许多研究已经实现了使用遥感数据来检索燃料含量以及分布情况并取得了较好的结果[24-26]。还需要指出的是，在此次研究中，研究区域以草原为主，但也包括作物和灌木。使用的 CSIRO GFS 模型主要是针对草地地区，因此研究区域植被的不均一性也同样会影响基准数据的建立，进而影响 H8-FSR 方法的性能评价。H8-FSR 也存在局限性。首先，H8-FSR 中假设野火过火面积的质心代表火灾的平均位置，因此，野火过火面积是野火蔓延速率提取的基础。从 Himawari-8 数据中提取的野火蔓延速率在 12:50～13:00、13:20～13:30 和 15:00～15:10 时间段内很小（图 17-9）。相应地，燃烧面积增长率也很小（图 17-6）。因此，过火面积数据的不准确性会影响 H8-FSR 的精度（表 17-3 和表 17-4）。其次，H8-FSR 通过计算在有风的情况下野火过火面积质心移动来估计 FSR 的总体分布。当所有野火火点像元在每个时间段内都具有相似的移动方向时，野火中心移动的速率可以很好地表示整体 FSR。然而，小的风速伴随着方向的多变性[27,28]，这意味着当风速非常小时，不同位置的野火过火面积像元具有不同的方向。因此，野火中心的移动实际上不能正确反映野火火势蔓延，从而影响 H8-FSR 的有效性。

17.4　野火蔓延速率与植被、地形相关性分析

　　植被和地形是影响野火行为的重要因素。因此，在本节中，将分析研究区内从 Himawari-8 数据中提取的野火蔓延速率与植被、地形之间的关系。其中，植被信息选择最常用的表征植被冠层生长状况的归一化植被指数、表征植被燃料特征的冠层活可燃物含水率以及 17.2.1 节中计算的草地固化数据。地形数据选择空间分辨率为 1km 的 GMTED2010 高程数据，并计算了相应的坡度（Slope）数据。为了与 Himawari-8 数据 2km 的空间分辨率一致，使用之前对其进行重采样。

　　对于植被信息与野火蔓延速率的关系，从图 17-10(a) 中 NDVI 和 V_{H-8} 之间的关系可以看出，在 NDVI 较低的区域，野火蔓延更快。相反，当 NDVI 值较高时，意味着植被非常茂盛且难以点燃，相应的野火蔓延速率变小。结合图 17-10(b) 也可以看出，当植被的固化程度越高（死/干物质含量越多）时，野火蔓延的速率也越快。对于地形因素与野火蔓延速率的关系，在研究区域内，野火蔓延速率与 DEM 呈负相关关系[图 17-10(d)]，地势越高野火蔓延越慢，地势越低野火蔓延越快，这可能与不同地势上的植被分布有关系。由于实验区域较为平坦，研究区坡度与野火蔓延速率无显著相关性。

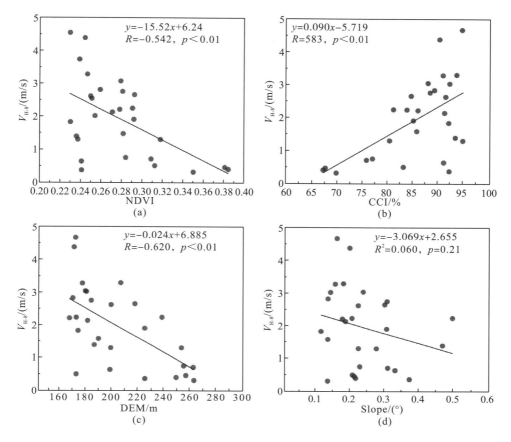

图 17-10 不同植被、地形因素与野火蔓延速率的关系

主要参考文献

[1] Jang E, Kang Y, Im J, et al. Detection and monitoring of forest fires using Himawari-8 geostationary satellite data in South Korea. Remote Sensing, 2019, 11 (3): 271.

[2] Chathura W, Simon J, Karin R, et al. Development of a Multi-Spatial resolution approach to the surveillance of active fire lines using Himawari-8. Remote Sensing, 2016, 8 (11): 932.

[3] Li N, Zhang J, Bao Y, et al. Himawari-8 satellite based dynamic monitoring of grassland fire in China-Mongolia border regions. Sensors (Basel), 2018, 18 (1): 276.

[4] D Rocchini, Cateni C. On the measure of spatial centroid in geography. Asian Journal of Information Technology, 2006, 5 (7): 729-731.

[5] Deakin R E, Bird S C, Grenfell R I. The centroid? Where would you like it to be be?. Cartography, 2002, 31 (2): 153-167.

[6] Richards G D. A general mathematical framework for modeling two-dimensional wildland fire spread. International Journal of Wildland Fire, 1995, 5 (2): 63.

[7] Rios O, Jahn W, Rein G. Forecasting wind-driven wildfires using an inverse modelling approach. Natural Hazards and Earth System Science, 2014, 14 (6): 1491-1503.

[8] Glasa J, Halada L. On elliptical model for forest fire spread modeling and simulation. Mathematics and Computers in Simulation,

2008, 78(1): 76-88.

[9] Richards G D. An elliptical growth model of forest fire fronts and its numerical solution. International Journal for Numerical Methods in Engineering, 1990, 30(6): 1163-1179.

[10] Plucinski M P, Sullivan A L, Rucinski C J, et al. Improving the reliability and utility of operational bushfire behaviour predictions in Australian vegetation. Environmental Modelling & Software, 2017, 91: 1-12.

[11] 苏柱金. 结合 Huygens 原理的 GIS 山火蔓延模拟系统. 汕头: 汕头大学, 2008.

[12] 马敏杰. 全球风能资源时空分布特征及开发潜力评价. 成都: 电子科技大学, 2018.

[13] Cruz M G, Gould J S, Kidnie S, et al. Effects of curing on grassfires: Ⅱ. Effect of grass senescence on the rate of fire spread. International Journal of Wildland Fire, 2015, 24(6): 838.

[14] Cheney N, Gould J, Catchpole W. Prediction of fire spread in grasslands. International Journal of Wildland Fire, 1998, 8(1): 1-13.

[15] Cruz M G, Gould J S, Alexander M E, et al. A guide to rate of fire spread models for Australian vegetation. Australia: Australasian Fire and Emergency Service Authorities Council Limited and Commonwealth Scientific and Industrial Research Organisation, 2015.

[16] Martin D, Chen T, Nichols D, et al. Integrating ground and satellite-based observations to determine the degree of grassland curing. International Journal of Wildland Fire, 2015, 24(3): 329.

[17] Anderson S A J, Anderson W R, Hollis J J, et al. A simple method for field-based grassland curing assessment. International Journal of Wildland Fire, 2011, 20(6): 804-814.

[18] Willmott, Cort J. Some comments on the evaluation of model performance. Bulletin of the American Meteorological Society, 1982, 63(11): 1309-1313.

[19] Sullivan A L. Grassland fire management in future climate. Advances in Agronomy, 2010, 106: 173-208.

[20] Pyne S J, Andrews P L, Laven R D. Introduction to wildland fire. Introduction to Wildland Fire, 1996.

[21] Rossa C G. The effect of fuel moisture content on the spread rate of forest fires in the absence of wind or slope. International Journal of Wildland Fire, 2017, 26(1): 24.

[22] Rossa C G, Fernandes R M. Short communication: On the effect of live fuel moisture content on fire-spread rate. Forest Systems, 2018, 26(3): eSC08.

[23] Dasgupta S, Qu J J, Hao X, et al. Evaluating remotely sensed live fuel moisture estimations for fire behavior predictions in Georgia, USA. Remote Sensing of Environment, 2007, 108(2): 138-150.

[24] Quan X, He B, Yebra M, et al. Retrieval of forest fuel moisture content using a coupled radiative transfer model. Environmental Modelling & Software, 2017, 95: 290-302.

[25] Quan X, He B, Xing L, et al. Estimation of grassland live fuel moisture content from ratio of canopy water content and foliage dry biomass. IEEE Geoscience and Remote Sensing Letters, 2015, 12(9): 1903-1907.

[26] Yebra M, Quan X, Riaño D, et al. A fuel moisture content and flammability monitoring methodology for continental Australia based on optical remote sensing. Remote Sensing of Environment, 2018, 212: 260-272.

[27] PA Jiménez, Dudhia J. On the ability of the WRF model to reproduce the surface wind direction over complex terrain. Journal of Applied Meteorology and Climatology, 2013, 52(7): 1610-1617.

[28] Mahrt L. Surface Wind direction variability. Journal of Applied Meteorology and Climatology, 2011, 50(1): 144-152.